源源本本看建筑

[希腊] 帕夫洛斯 · 莱法斯　著

杨　菁　仲丹丹　译

中国建筑工业出版社

感谢 Michael Iliakis 将本书翻译成英文，感谢 Sofia Bobou 在初期阶段的帮助，同时感谢对原文进行文本编辑的 Inez Templeton。

我还要感谢以下同仁：Hasan Badawi、Panayotis Evangelides、Panagiotes Ioannou、Lilian Karali、Nikos Karapidakis、Yannis Kokkinakis、Eleni Kondyli、Michael Kordosis、Martin Kreeb、Callirroe Palyvou、Stylianos Papalexandropoulos、Qiang Li、Eleni Sakellariou、Gebhard Selz、Panayiotis Tournikiotes、Jonathan Taylor、Dusanka Urem-Kotsou 和 Lorenzo Verderame，他们帮我避免了一些错误并纠正了我一些错误的理解。

在每一章的结尾，列出了一些直接影响作者观点的书籍和论文；本书没有列出通用书目，因为它们不断被更新和补充。

这本书谈的是建筑、与它们相关的事件、当时人们的追求和成就，以及这些作品是如何被理解的。

然而，这种记述本身并不公平，和其他的叙事类似，其中的案例以西方建筑居多,而且它也不是那些真实的、成千上万的、普通的房屋——人们能在其中生老病死。无论是小小的宝石还是浮华的古迹，抑或是那些再普通不过的作品——它们都是辛苦劳动的成果，也是人们寄以希望的载体；不能以看似稍好的、更重要的，或是更著名的同期建筑作参照，而将这些作品遗忘在深深的角落。

因为有权进行选择、记录或忽略，这本书一定程度上是曲高和寡的，它通过特定某人的透镜来审视过往，在充满混沌和复杂性的世界他们是想要探究人们为什么以及怎样建造建筑的人。

过往的一幕幕将会出乎意料地呈现在你眼前。这是最好的证明：有一些肯投入时间和精力的人们，他们日复一日、一砖一瓦地创造出我们今天生活的环境。

本书立足未来，并回溯过去。随着阅读的深入以及对这些历史源流的检视，我希望它能激励读者探寻其他的观点，并补充自身的知识体系，使他们重新骋目四顾，看看将我们环绕的这个世界到底有怎样不可思议的力量。

目　录

1

建筑是否有原型？

德哈阿玛塔的棚屋（The Terra Amata Huts）

一件服装过时后，可以轻松处理——或收进衣柜，或捐献出去。但房屋与服装大相径庭，建成后很难更改。虽然建筑师们不必为迎合新一季的流行趋势而绞尽脑汁，但总希望自己的房屋可以历久弥新，并不是只穿一季的“快消品”。同样，房主们希望大价钱投资的房子能尽量长久地保值；使用者则希望炫酷的外观不影响房子基本的功能要求。所以古往今来，“建筑是否有原型？”这个问题始终是理论的焦点，至今仍无定论。而建筑原型是一种我们或多或少、有意无意间就会再现的形式，其中蕴含了无可驳辩的智慧，我们对它的诉求也永远不会消失。“形式”（Form）这个词的本义是事物的结构、组织或本质特征，而不仅是指外观。因此建筑原型是兼具重要性和长期性的模本，不但要在时代变迁中保留其自身主要特质，同时也要不断适应时代的具体需求。

以我们身边的日常所见为例：观察儿童绘出的理想家园，每一座竟然都出奇地相似——小小的坡屋顶和冒着烟的烟囱——仿佛这些孩子们的脑海中都不可思议地存在着同一种建筑。事实可能确实如此：在遥远的过去，人类习惯建造的棚屋

棚屋，德哈阿玛塔，法国，约 40 万年前；亨利 · 普埃什复原 / 德哈 · 阿玛塔博物馆 / 尼斯市

（hut）与我们对居所的纯粹感知非常相似，是一座我们所能想象的、最简朴的、冒着炊烟的庇护所（shelter）。

20 世纪 60 年代，以亨利 · 德 · 拉姆利（Henry de Lumley）为首的研究小组在法国南部城市尼斯附近的德哈阿玛塔（Terra Amata），发现了距今 40 万年前建造的大型棚屋群遗迹。但有学者对他们的研究并不认可，也对时间区域表示质疑。因为 40 万年是如此惊人地遥远，建造棚屋的那代人早已泯灭无迹，而目前普遍的共识是现代人从非洲迁移到欧洲的时间仅在约 4 万年前。对比历史上的重要时间点可能有助于我们理解：帕提农神庙建于 2500 年前；达 · 芬奇构想他的飞行机器是在 500 年前；伦敦第一条地铁线开始运行仅过了 150 年。

德 · 拉姆利的发掘表明，在当前土地表面下数米深的一些地方，沙土的质地偏薄，他解释说这是因为插进土壤的木枝留下的孔洞中堆积污垢所致——尽管木枝会慢慢分解，但孔洞四周会留下痕迹，这进一步印证了他的猜测。聚集于不同组的孔洞，并不垂直，表明这些分叉汇聚在一起构成真正的屋顶。这些棚屋呈椭圆形，面积为 4 ~ 5 米 × 8 ~ 12 米，沿着当时已形成的海岸搭建，为那些来此打猎或捕鱼的人提供临时住所。每间棚屋的中心都有生火后的痕迹，以此推测在屋顶中心上方会开一道让烟排出的缝隙。在一些裸露的地方，他们还发现了堆在一起的相似遗留物，如石头废墟、动物骨头和食物残留等，说明每间棚屋内的空间布置经过了组织，划分后的区域与现代住宅相似，用于不同的功能（如厨房、工具房和卧室等）。

在离德哈阿玛塔仅几公里远的一座山洞内，发现了一处 15 万年前的居住点。这座名叫拉扎赫的岩洞(Grotte du Lazarret)中，很多大石头围成长约 11 米、宽约 3.5 米的区域。区域外基本没有人类活动的痕迹，而内部则发掘出大量骨头、石器和石头碎片等史前人类生活过的证据。其中一些石头废墟以及两处碳浓度很集中的圆形区域，被研究人员认定为生火处。这些迹象表明，稳固的石头撑起木枝构成洞穴的墙壁，其上分层覆盖兽皮，

洞穴棚屋，拉扎赫岩洞，法国，约 15 万年前，CNRS 复原绘制

形成一处庇护所。而从生火后的残留物表明，庇护所内慢燃和快燃木材的比例，明显高于山洞周围方圆数公里区域内此种木材的比例。

这些原始人明显拥有了较科学的认知：他们知道这种圆木烧得慢，能燃烧得更久，从而使庇护所内一直拥有宜人的温度。另一些发现证明，洞穴仅在一年中最冷的季节才会使用，这段时间里，温度下降明显，夜间更甚。火炉周围有成堆的贝壳，似乎洞穴居民为了能睡得更舒服些，会收集海边的海藻，将它们置于火旁做成铺垫。

全球各地陆续发现了各种早期人类居住的痕迹。利用暂时定居在某个地点这样的生存策略，早期人类通常会选择一处“营地”来居住。“营地”为老弱病残提供全天庇护，为他们遮风挡雨，抵御动物攻击，而那些身强力壮的成员则去打猎或进行其他工作。“营地”中会生火，用来取暖和烹调肉类，这样更加健康卫生和利于人体消化。这里同样是大部分工具的生产地，也是晚上能让人们安心睡眠的地方。它们的位置一般靠近淡水，最好是位于原材料丰富的地点，以便于取得做工具的石头、生火的枯枝、能满足食物需求的野果和猎物等。理想状况下，场地的周围应当便于居民进行探查，以减少他们受到突然袭击的可能性。有时候，场地还能提供额外优势，比如更易抵御和回击那些翻山越岭的来犯者。从倾向于拥有美景和开阔视野的场地，到可以更好地保护自己的高地，我们的祖先经历了从高层次追求到回归本能的过程。

人类的这些建造活动提升了有利地势在充当居所方面的优势：我们的祖先意识到花精力去改善大自然提供的庇护所是多么值得。如果必要，他们会从头开始建造更好的所在。

正如我们所见，建造活动一直在进行，举个例子，如在乌克兰的梅日里奇村（Mezhirich）出土了距今约 1.5 万年的棚屋。

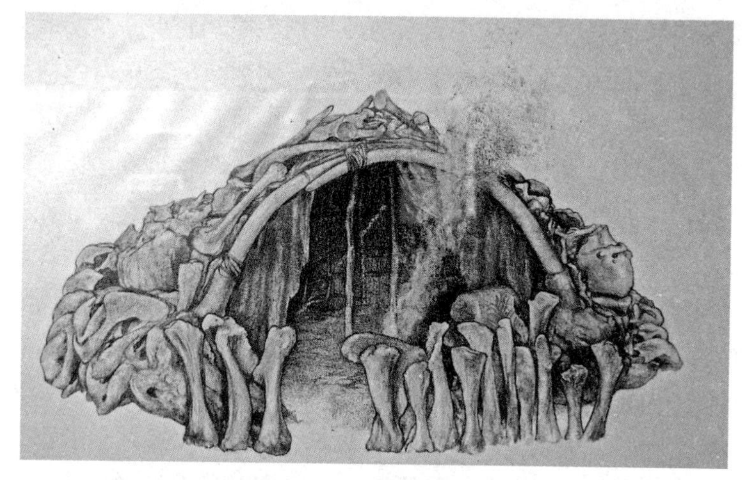

猛犸骨棚屋，梅日里奇，乌克兰，约 1.5 万年前（部分皮毛覆盖被去除以示意结构）
Pavel Dvorsky 绘制复原图

棚屋用猛犸的下颚骨、长牙和其他骨骼制作框架，并用皮毛分层覆于其上以抵御冬季的刺骨寒风。搭建棚屋需要消耗重达数吨的材料，居民们要通力合作几天才能完成。尽管如此，为了满足庞大群体的居住需求，部落成员们会团结一致，合力追捕巨大的猛犸，以获取足够的建造原材料。

建造梅日里奇棚屋的人对当地材料利用得相当巧妙，也许人们已经持续这种建造活动成百上千年，并且现在仍在继续。但他们建的小屋与德哈阿玛塔的棚屋或是拉扎赫岩洞的庇护所没有本质的区别，不论是在建造理念、整体布局、还是小屋内外具体功能的划分上。由此可见，至少 40 万年来，甚至发现的 1.75 亿年前坦桑尼亚北部奥杜威峡谷（Olduvai George）中的遗址都可以告诉我们，人类房屋的建造方式似乎并没有发生质的变化。

与此相反，人类活动在其他领域都取得了巨大进步。250 万年前能用于各种用途的燧石和锋利的“斧子”也逐渐被更复杂的工具取代。距今25万年前，比梅日里奇更久远的时期，人类已经能用石头和动物骨头制造非常专业并适用于各种需求的工具——从骨针、钩子到枪、矛和刀。

丧葬仪式的产生是人类历史上另一转折点，它在某些方面强有力地（但不是充分地和必然地）证明了人类在自我意识层面上的提升，以及在形而上学中的思考：诸如，我们是什么，死后又会发生什么，等等问题。最早的丧葬可能起源于至少公元前10万年，在共存过一段时间的晚期智人（anatomically modern humans）和尼安德特人（Neanderthals）时期，丧葬的仪式趋于成熟。

接下来，艺术也随之发展：乐器的产生可以上溯到至少3.5万年前；对真实和虚拟世界的描写数万年前既已有之。这些艺术并不与人类日常必需的活动休戚相关，如确保食物充足、维持篝火不灭，或是建造住所等，所以在某种意义上，它们是多余的。尽管这些证据还不足以说明艺术对高度社交化的智人必不可少，但在现代社会，所有为我们知道的社团、部落和组织都在这种并"没有直接用途"的艺术品上殚精竭虑。

早期的艺术大多发现于那些相对偏僻的洞穴深处，并不适合让人观赏。如在法国南部的拉斯科（Lascaux）发现了距今1.5万年的神秘洞穴壁画，是当时的人出于控制自然的目的，采用类似巫术的方法，由那些有天赋者绘制。此外，正如当今广泛流传的纹身艺术，部落成员人皆有之的装饰，主要出于仪式目的，用来呈现既定的社会秩序，或是表明和确认部落成员的身份。人类当时建造临时住所的装饰也经过了考量，虽然没有充分的证据证明这些装饰对于房屋的结构不可或缺。

显然，这些非功利化的艺术品不是毫无意义的。它们有利于凝聚族群，鼓励个人发展，并强化出有组织力、生产力和创造力的群体或社团应有的集体意识。这么做一定会使整个团体或部落变得更强大，助其在竞争日益激烈的世界中占据优势。

人类不仅是在适应环境，他们还不断尝试改变环境，趋利避害，这种对大自然的干预远超地球上的其他生物。通过改造天然庇护所及建造棚屋等方法，人类在世界各地建立生存据点，并以此摆脱些许自然条件的限制，为后来利用“建筑”（姑且用这个词）塑造出我们了解的世界作出了重大贡献。这种结构能够提供给人类基本的可控环境，并增强居住的安全性；我们通过研究考古学或人类学中相似行为，推断出一些象征主义和内外使用空间的特征形式，如当代文化中现代蒙古包以仪式来分割空间等例子，通过加入这些要素，居住环境改善了，并大量推广开来。这种居所不仅能够缓解痛苦，提高居住者的生存概率，也可能产生额外的心理抚慰，比如带给居住者内心的平静。与其他灵长类动物明显不同，人类需要一种有屋顶遮蔽的栖身之所。大猩猩和黑猩猩每晚都会重筑它们建在树上的巢穴：掰几根较粗的树干枝杈，用细小的树枝将其束缚住，踏平露出的枝杈，让窝的表面变得平滑，短短的几分钟内，他们就能开辟出摇篮般的庇护所。

虽然有了先进的工具，有了自我意识更强的仪式，以及后来出现的艺术，但人类的居住条件并未得到相应的改善。也许曾经有过类似尝试，但人类很快意识到，将宝贵的精力和额外的努力耗费在改善住房上，显得有些劳而无功和得不偿失，因此不值得再继续下去。从进化的角度看，“建筑”上的任何发展似乎对人类毫无用处。年复一年，利用坚硬材料做框架，覆以植物枝叶或动物皮毛，临时搭建的住所已能满足大部分地区人类在居住方面的需求。

所有的发现均表明，人类开始在具体地点定居下来之前，一直沿用这种方法修建住所。但后来，情况改变了。人们开始额外地将精力投入到住所的建设中，这一时期的房子较之从前

黏土模型，克兰农，希腊，约公元前 5000 年

明显地坚固和安全。庇护所不再是临时建筑，变得更耐久，且采用了新材料，因此人类能更有效的控制内部环境条件并更好地抵御入侵。此外，这些庇护所用每位参与部落建设的成员都知晓的方式进行建造，一套完整的秩序就此形成。

当用木石建造的临时庇护所已不能满足居住要求时，新材料开始使用，其中运用最广泛的是黏土。黏土是一种富含白黏土的泥土，与水混合后易造型，晾晒于阳光下即变硬。与砂混合后加入类似秸秆的植物，可用于建造的方方面面：抹在承重构架间用枝条、扁竹和稻草填充的“墙”上用以防水；平铺在石质地基上以联结上层结构；在太阳下晒晾成型来制砖。用整根树干和树枝加工成的大块木料也逐渐应用在住宅的建造中。这些新技术改变了住宅的构造，墙体垂直了，相应出现了更大的内部空间。然而，在希腊中部城市塞萨利（Thessaly）发现了一座 7000 年前的小型黏土住宅模型，由此可见房屋的基本概念并没有改变，人们头上仍是坡屋顶，很少建成平的。

新建筑，即是长期使用的庇护所，出现后的几千年，伴随文化史新篇章的开启，建筑的形式和地位今非昔比。人类社区弹指间历经了之前万千年所不曾发生的剧变，催生出种种实现凝聚力的新手段，其中之一就是修建公共的、壮观的大型建筑。因此对于“建筑是否有原型”这一问题，答案是显而易见的。

奥斯卡·王尔德（Oscar Wilde）曾说“假若环境舒适宜人，何苦费力创造建筑”[1]，如果建筑的定义是：通过建造服务于个体或集体直接用于生存的住所，并能够体现人类目标明确和有意识的改变周围环境的行为。那么德哈阿玛塔的棚屋完全可以代表建筑的原型：首先，它是能满足生存需要的构筑物，有能够遮风挡雨的屋顶；并且，它在某些方面又投射出居住者的世界观。棚屋从古至今持续在建造，有趣的是，它们汇聚了人类的想象力，并在不同民族的民俗和宗教仪式中起到关键作用——有些民族的建筑在此期间已经发展得极为先进，如埃及、希腊和日本——直到建筑理论家的鼻祖维特鲁威（Vitruvius）出现，棚屋一贯是建筑中神圣不可侵犯的经典。

如果营造华厦是建筑最主要的目的，那么它将与艺术的追求异曲同工——壮丽的建筑在过去几千年得以高度发展，成为一种提升社会凝聚力的工具。若它们仅仅是某时某地从原始模型中脱颖而出的，那么很难挑出其中的一种作为建筑原型。如我们所见，建筑中与功能相适应的形式随着时间的推移一再变化，因此没有任何一种形式能代表建筑的原型。宗教建筑和陵墓、民居和宫殿呈现出各种可能的样貌，它们既可以高耸，也可以平缓，既可以眼花缭乱、极尽奢华，也可以庄严肃穆、神圣典雅。

唯一在数十万年间，仍然保留了其建筑原初形态的就是古老的住宅——棚屋。尽管它在不同时期、不同地区具有多样性，但这种结构的基本特征已渗入到我们所建造的每一栋大厦中，从每一次设计之始我们就在不停重复。此行为的根本原因是我们将棚屋作为原型，对其本质持续模仿，甚至是无意识地一直因袭下去。

注释

1　Wilde, Oscar: “The Decay of Lying.” In: *Intentions*. The Nottingham Society, New York 1909, 4.

参考文献

de Lumley, Henry: *Terra Amata*. editions CNRS 2008.

Ingold, Tim: “Building, Dwelling, Living.” In: M. Strathern（ed.）: *Shifting Contexts*. Routledge 1995.

Leakey, Mary: *Olduvai Gorge, Vol. 3*. Cambridge University Press 1971.

Pidoplichko, Ivan Hryhorovych: *Upper Palaeolithic Dwellings of Mammoth Bones in the Ukraine*. BAR, International Series, 712.

Rykwert, Joseph: *On Adam's House in Paradise: The Idea of the Primitive Hut in Architectural History*. MIT Press 1981.

Villa, Paola: *Terra Amata and the Middle Pleistocene Archaeological Record of Southern France*. University of California Press 1983.

2

建筑与场所

美索不达米亚的椭圆形神庙

人类在定居生活之前，无法想象他们会创造出庞大复杂的建筑——如果这些华厦不耐使用或因迁徙而难以完工，那建造活动将会徒劳无功。再者说，没有长期定居的条件，在偶尔的建造行为下，人类也实现不了这样的壮举。不论环境条件优劣，游牧民族从未建造过金字塔、体育馆、摩天大楼或剧院，他们的生活并不需要建筑师。

因此，农业是对建筑发展影响最长远，贡献最大的一项技术活动，它的出现改写了人类的命运。经过几个月的辛勤努力，从土地收获粮食作为回报，就是土地耕种，同时也是一种对土地的投资。而作物生长需要固定的土壤，也会促使人们在邻近定居下来。据统计，现代的狩猎——采集型社会每天需要约三至四小时来确保食物供给，总共需要五到六个小时来完成每天生活所需的必要活动。人们一直随着食物来源而迁徙，他们无力也不愿储存剩余粮食来周转，只生产满足生存的少量物质财富。不过这种生活拥有大量空闲时间，是绝大多数现代人无法想象的。诚然，农业社会产生的技术和知识代代相传，至今还为我们的生活作出贡献。在人类学会耕种之前，至少在气候条件宜人，也没有人口过剩的当时，满足生活所需的工作量一直没什么变化。

农业最有可能发源于世界范围内至少五到六块独立区域。这些地区的人口数量达到了一定程度，天然的食物已经不能满足需求，人们不得不找寻其他方式来增加粮食产量。也许是因为不适合，或是还有别的未知原因，人们采取的其他生存战略并未奏效，如增加部落的流动性或减少人口密度，于是他们选择从根本上创新。有证据表明，大约 1.1 万年前，人类第一次在诸如新月沃土（the Fertile Crescent，位于今日的以色列至叙利亚北部，土耳其的东北部至伊拉克地区）这些我们熟知的地方，开始种植那些能结可食用果实的植物。几乎是同一时间，人类开始驯养山羊以获取肉类、羊奶和皮毛（多始于山区）；借助狗（当时新出现的物种）来放牧和狩猎。

种植区的范围缓慢且稳定地持续向偏远地区扩大，并最终覆盖地球的大部分土地。以此为基础，过去的人类常以拥有共同血缘的、20 ~ 50 人的规模一起生活，这就是氏族。它们构成部落的一部分，并通过迁徙来保证食物的供给，在当时人口稀少的情况下是可以生存的。但他们也会在一些食物和水充足，原材料丰富的地区长期定居下来。

尽管部分氏族并没有长期定居在一处，但农业作为一种“延迟回报”的活动，它的出现加强了定居这一趋势——当作物成熟时，氏族就会迁回，长此以往定居下来的部落人口渐渐增多。在这些部落里形成了复杂的权利平衡关系，促进或直接导致了社会阶层的出现。公元前 5000 年，在当时世界最发达的地区之一，今日的伊拉克地区新月沃土的东南部——其希腊名称更为我们熟知——美索不达米亚（Mesopotamia），一块位于底格里斯河（Tigris）和幼发拉底河（Euphrates）之间的土地上，组织生产、灌溉土地，以及运输水果的需求变得愈发迫切，累积盈余出现了。管理和控制这些余粮可能是一种在粮食歉收时的应对机制。文字的发明比农业晚得多，大约在公元前3000年才出现，它是传播先进文明最重要的工具，或许就是为了系统记录这些余粮而产生的。对专门劳动力的需求也开始增多，很可能不再按性别单独区分劳动任务——以性别区分是简单社会的一种现象。基于现代民族学的数据，所有的男人和女人都有知识和技能来扮演他们自己或是家族生活所需要的角色。专业化提高了生产力，也同样增进了相互依存的关系。

长期定居在大部落（城市）里的人类，以个体都遵循和接受的共同生存原则聚集在一起。其中，部落成员间不同角色的分配允许有权利、地位和威信的差别，同时系统地取消了过去沿用的相对平均主义。统治阶级形成了，以集体讨论进行管理的方式越来越少。城市居民，相较于农民，可能更多的是工匠、商人和管理人员，获取的权利比农村地区更多。

为解释抽象问题而产生的鬼神论也纳入到仪式中来，尽管早在农业诞生前这就已经产生了。神职人员逐渐垄断了人神对话的权力，他们将这种机制落到实处，并设计出可以严格组织社会的更为有效的教义。苏美尔人（Sumerians）在当地进化程度最高，他们当时已经建立了相当全面的世界观，也似乎确信人是一种复杂的实体。已知的第一位史诗英雄，吉尔伽美什（Gilgamesh），他身体的三分之二流着神的血，三分之一则继承自人类[1]；而对于普通家族的所有成员，某种意义上大家拥有共同的部分——由保卫和引领他们的家族神的身份所代表。因此，每个人都被纳入到一种稳定而永恒的世界秩序中，并且其主要的身份定义了他们在社会里的分工、地位和居所；甚至连各式各样的神也难免如此，他们按照掌握的某种能力而非个体特质以区分其身份，这与后来的古希腊神祇完全不同。

公元前4000年早期，一些城市出现了专权的趋势。掌权者在部落中稳固自身的地位，并逐渐篡夺领导权。当然在部落面临危险和需要时，他们必须承担保卫城市的职责，这也是扩大自身权利所要付出的代价，社会阶层和特权世袭的出现也随之逐渐顺理成章。借助不同程度的垄断，这种更加专制和强权的管理行为达到前所未有的程度，于是，国家应运而生。

但并非新的掌权者就是受益者，所有参与促进王权诞生的组织都享受到更大的权利，其中最重要的就是宗教。正如接下来几千年中发生的那样，宗教实施管理最有效的工具之一便是建筑。

部落往往会通过一些方法来宣示他们对所在土地的使用权，尽管这需要经过艰苦努力，而且最开始也没有物质上的手段。他们开始发展相关的信念和神话，很快物质上的手段就介入了。建立于几千年前的第一个国家想尽方法来标识他们已占有的大片土地，并以一种能维持稳定统治、保证可控权力的方式来建设这个国家。有形的标识可能在宣示和维持新秩序中起到至关重要的作用，它有两个基本的支柱：国家疆土和阶级制度。而纪念性建筑在此新秩序中扮演着非凡的角色。正如农民与生养他们的土地唇齿相依，这些为显示王权而建、材料重达几千吨的建筑是确立疆土的公然声明，其不变的位置也象征着时间的永恒。因此，建筑表达了对现状的认可，有利于巩固领导层和统治阶级的权威。

近期刚发掘的哥贝克力石阵（Göbekli Tepe）位于今日土耳其南部，是一座 1.1 万年前的庇护所，一些几何形状的巨石规律地排列在地面上，比英国巨石阵（Stonehenge）还早 6000 年。石阵的规模之大、时代之远，似乎打破了我们一直以来的观念——高度复杂的大型建筑物只能是几千年前的产物。它的全体或部分建造者，应是永久定居在这片土地上，并以打猎和采集为生。他们似乎也放弃了游牧民族的一些特质，比如，为

神庙，哥贝克力石阵，安纳托利亚，土耳其，约公元前 9000 年

了方便迁移，人工制品变得少之又少，或是采用利于在下一个临时驻扎地安装的构筑物。当时的社会分层达到何种水平还属未知，但在这个实例中，一些社区成员已不必再参与繁重的建造活动来维持自己和家人的生存，因为供养工匠和相关神职人员更加需要他们的劳动。这又促进了人类社会从采集社会到农业社会的转变，后者可在预知的时间点确保足够的食物供应。

圣所（sanctuary），这种在整个地区同类型中最大、最独一无二的建筑，通过实际上或象征性的方式，成为当地居民集会和精神寄托的场所，似乎确立了其在更大区域内的关键地位。在这种情形下，维多利欧·格里高蒂（Vittorio Gregotti）的说法值得注意，他声称建筑起源于置于地面的石块而非原始木屋，这些石块是用来认知一处介于未知领域和无垠宇宙中方位的基础。当然，这种说法需要确凿的证据。[2]

建造被迫中断的情况时有发生，一方面说明其带给社会的压力已不胜其负，另一方面也体现出此类修建狂欢的后继无力。换言之，由于投资与回报的比率很低，这些营建活动未被重启。建筑的功能可以通过纪念性的手段达到可视化，无论是实用性方面还是象征性方面，都成为社区生活的中心。但此作用被遗忘数千年，几乎消失殆尽，直到公元前 4000 年才在美索不达米亚和其他一些独立的地区再次出现。为进一步加强社会的凝聚力，纪念性建筑被“重新塑造”，尽管这种发展是以平等和正义为代价的。

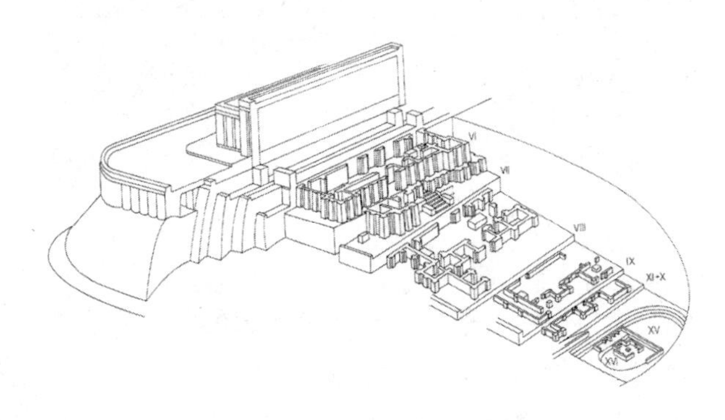

恩基神庙，埃利都，伊拉克南部，第 XVI 期（约公元前 4900 年）至第 I 期（约公元前 3000 年），E. Heinrich & U. Seidl **绘制复原图，**DAInst

埃利都（Eridu）❶是一座建于公元前 5400 年左右的城市，在这里我们可以清晰地追溯建筑稳步迈向纪念性的全过程。始建于公元前 5000 年的恩基神庙（The templeof Enki）❷，最初只是一间用土坯建造的规模大约 3 米 ×3 米的小房间。几年后，小房间被新建筑取代，两者尺度相似，仅在入口对面的墙壁上开辟了一个放置神像的壁龛。虽然外观平凡，两座神庙之间的区别仍十分明显：为了强调神的重要性，新神庙的地面层次更加鲜明。在它们的遗址上，更大更复杂的建筑矗立起来，在其成为废墟后，继而又有更宏伟的神庙出现。恩基神庙在两千年的时间中经历了 17 次类似的重建,并且规模沿同方向逐渐扩大。

---

❶ 今阿布・沙赫赖因。——译者注

❷ 又译为水之神庙。——译者注

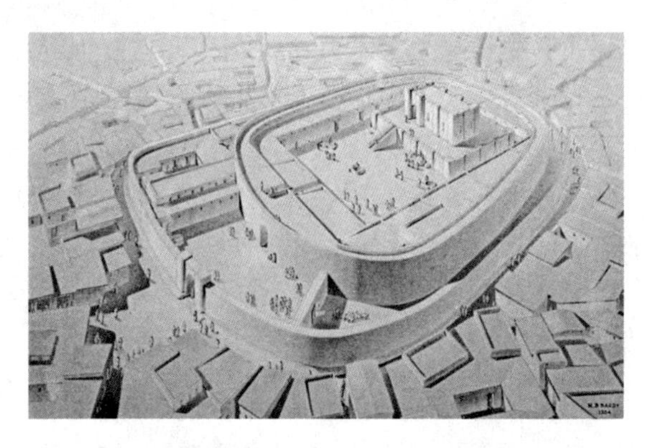

椭圆形神庙，图图卜（现代哈法耶），伊拉克中部，约公元前 2700 年；P. Delougaz 绘制复原图，芝加哥大学东方研究所

神庙逐渐抬升，脱离地面，人们要耗费更大的气力才能进入其中。

在美索不达米亚，可能没有比椭圆形神庙更能代表建筑新角色的了，甚至我们可以用建筑的初生来形容其意义。椭圆形神殿建于公元前约 2700 年的图图卜（Tutub），即现在的伊拉克哈法耶（Khafajah）[1]，建筑十分复杂，占地面积达 8000 平方米。在当时大庙并不罕见，它们与星罗棋布的小庙宇和几十上百的居住区共存于城市中。

椭圆形神庙像一座堡垒，由两道不规则椭圆外墙包围。围墙极具特色，其醒目的外形充分凸显，因此不需要再将其置于城市的几何中心来强调神庙的地位。沿着椭圆形纵轴连续排列着一系列门关和庭院；纵轴终点处的高台上矗立着主庙。谷物贮存在中央祭祀庭院周围的储藏室内，由祭司们负责分配。这些祭司在重新分配剩余价值和处理危机中扮演着重要角色，再一次巩固了他们无可置疑的权威性；在那时，神庙作为权力中心与宫殿和大庄园就重要资源进行竞争。

[1] 又译为海法吉。——译者注

神庙位于城市的东端，靠近外城墙中的一座大门。该地区几百年前就有人居住，人口稠密，并有狭窄的街道。为了营建这些神庙，私宅被拆毁，墓地也被迁移；整个地段被开挖至8米深直至地下水位线；发掘出的小骨头、树枝、旧建筑材料和食物残留被清走，然后在坑中回填干净的、经过筛选的砂土。其寓意十分明确：神庙中应消除人类所有的痕迹，象征着时间的流逝和事物变迁。

神庙是人与天堂和诸神联系的场所，同时也是与地下世界沟通的领地。它的存在证实了马丁·海德格尔的观点，这位20世纪备受争议的哲学家主张建筑物创造场所；建筑物不占用已有的场所。[3] 海德格尔认为，场所之所以存在是因为非常的建筑结构，是因为不断的维护，是因为建造它们的劳动所创造出的人类与土地之间的默契。

随着时间流逝，塔庙（*ziggurats*）❶在整个美索不达米亚如雨后春笋般出现，它们大概参照了山的形状，具有几何形的外观。来自山间的雨水给予了土地和人类以生命，而塔庙就是诸神下凡会见人类的场所，当然，实际上是会见代表人类的高级祭司。

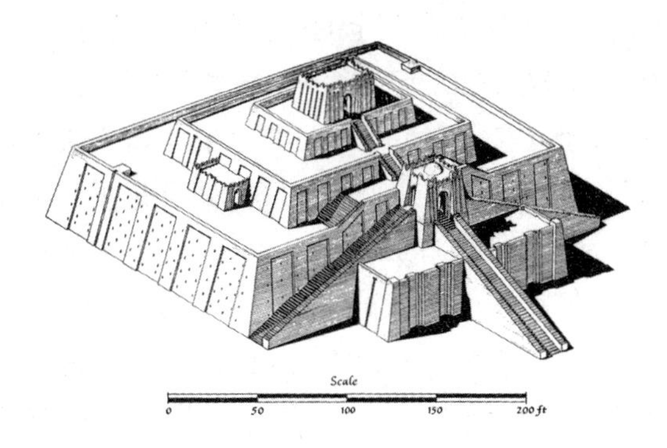

乌尔纳姆王塔庙，乌尔，伊拉克南部，约公元前2000年，L·伍利复原，宾夕法尼亚大学考古和人类学博物馆，大英博物馆

❶ 又译为庙塔、山岳台。——译者注

主庙和神龛仅是塔庙顶上的一小部分。不同于基督教教堂、清真寺或犹太教堂，塔庙并不接待虔诚的信众。祭司在那里观察星象，以此制定日历和预测未来，因此占星术在该地区高度发达，也使得塔庙拥有了巨大的道德权威。几个世纪里，塔庙在城市中拥有稳固而突出的地位。然而，自此两千年后，情况发生了变化，塔庙数量减少，特别在那些由君主垄断了城市权利和管辖土地的地方。

在椭圆形神庙中，有一件人造物被视为人神之间不可或缺的中介。它被供奉在特定的位置，并清除了之前所有的人为痕迹。这种中介不再仅仅停留在幻想阶段，像椭圆形神庙的这类建筑能够提供进一步可触碰的仪式，用来加强人与神之间的联系。因此，意味着宗教变得更加可信和明确，同时彻底掌控了各种教义，也正因为如此，宗教成为一股统一社会的力量。进一步说，这时的人已经意识到芸芸众生与神之间的隔绝，只有少数人才能参与的祭祀仪式才是与神沟通的正确途径，并且需要在类似巨型建筑的顶部等特定地点才有可能进行。具备了这种时空稳定的特征，与神的沟通才可能发生。建筑有助于巩固各自的“规则”，如宗教和既定的社会秩序。作为与土地密不可分的一部分，宗教圣殿既能展现其权威性，也能延续它。

建筑没有建立在特定的场所，那么它也就失去了作用。而场所中没有一栋特定的建筑，这个场所也会毫无意义。在耶路撒冷，岩石圆顶寺（the Dome of the Rock）坐落在一座山丘上，穆斯林信徒相信那是穆罕默德搭梯进入天堂的地方；犹太人相信那是所罗门的第二圣殿的位置（这也许是一个好的理由），里面存放着他们珍贵的圣物。两千年前，罗马人摧毁了这座圣殿，将犹太人驱逐，并在此地为罗马神祇建庙，因此这是一座流淌了千年血泪的圣山。直到今天，此山仍然处在危险和动乱之中，但其地位是周围任何山丘都不可企及的。

从历史上看，社会和社区的身份认同通过建筑树立起来，这种认同和地点紧密相关。其贡献有两方面：一方面，它使人有了归属；另一方面，它肯定了土地所有制。这造成了一些人将土地据为己有，并将他人拒之门外的状况。这通常不利于建设一种着眼于未来的和平、开放、宽容的社会，而会产生束缚在过去冲突中的社会。

人被束缚在他们某一时刻所处的土地上，难道建筑要为此受到责难吗？抑或是否存在一栋真正脱离了场所的建筑？随着遗址的发掘，五千年前哈法耶的椭圆形神庙引出了这个基本的问题，并得到回答，而在21世纪的头十年里，任何我们一直在建造的建筑，又赋予了这些问题新的生命和活力……

注释

1 George, Andrew: *The Babylonian Gilgamesh Epic—Introduction, Critical Edition and Cuneiform Texts*. Oxford University Press 2003, I,ii.

2 Gregotti, Vittorio: "Territory and Architecture"（1966）. In: *Architectural Design Profile 59*, no. 5–6, 1985, 28–34.

3 Heidegger, Martin: "Building Dwelling Thinking"（1951）. In: David Farrell Krell（ed）: *Basic Writings From Being and Time*（*1929*）*to The Task of Thinking*（*1964*）. Routledge & Kegan Paul Ltd 1978.

参考文献

Crawford, Harriet: *Sumer and the Sumerians*. Cambridge University Press 2004.

Delougaz, Pinhas: *The Temple Oval at Kafajah*.
University of Chicago Press 1940.

Gowdy, John (ed.) : *Limited Wants, Unlimited Means: A Reader on Hunter-Gatherer Economics and the Environment.* Island Press 1998.

Safar, Fuad/Mustafa, Mohammad Ali/Lloyd, Seton: *Eridu.* Iraq, Ministry of Culture and Information, State Organization of Antiquities and Heritage 1981.

Selz, Gebhardt: "Composite Beings: Of Individualization and Objectification in Third Millennium Mesopotamia." In: *Archiv Orientálni*, 72, 2004, 33ff.

Verderame, Lorenzo/Capomacchia A.M.G.: *Some Considerations about Demons in Mesopotamia.* SMSR - Studi e materiali di storia delle religioni 77/2 (2011), 291 ff.

3

概念与物质

吉萨金字塔群

可能最初是为了响应实际需要——重建每年被尼罗河洪水冲毁的地标，用来估量石块的体积，或是标记星座的位置——古埃及人和苏美尔人相似，也开发了一套计算体系，并被认为是几何学的前身，古希腊人用它来测量土地。该体系参照了有形的物质——石头、人造构筑物和星座，因为它们的相对位置具有简单的形状和关系：如点、体积、直线和角度。毫无疑问，将具象存在的物质转变为抽象的概念是我们大脑的基本功能之一，其中语言最典型，也最珍贵。一旦这种转化确立，并以一种严谨有效的方式组织起来，那么其将成为当代文明的基石——减少复杂的自然现象，将其转化为可估量的物质的方法，成为今日科学之基础；由钱币数量来衡量物品的价值，获得就得付出相应交换物的行为，也成为货币经济学的滥觞。美索不达米亚和埃及可能是世界上最初见证这种系统化过程，并迈出第一步的文明。进步主要体现在早期数学和文字的发展上，如美索不达米亚的楔形文字和埃及的象形文字。然而在尼罗河沿岸，人们利用几何形体，实现了从具象物质到抽象概念的转变，并且伴随着物质崇拜，这种吸引人的活动无论从字面上还是从形象上，使得物质成为每一次超越自身尝试的先决条件。

在早期历史中，古埃及人就选择了一种简单的几何体作为他们最重要建筑的外形。离开罗城中心 15 千米，距古代首都孟菲斯（Memphis）以北约 20 千米的吉萨地区（Giza），金字塔形的陵墓成为用来承载三位最杰出的法老，即埃及神化的国王身后世界的载体：他们是胡夫（Khufu）、哈夫拉（Khafre）和门卡乌拉（Menkaure），直到最近，他们的希腊名字基奥普斯（Cheops）、卡夫拉（Chephren）和美尼斯（Mycerinus）才为我们所熟知。由“自由公民”而非奴隶建造这些金字塔的可能性更高，他们也许是以一种前工业社会很常见的服徭役（*corvée*）的方式进行工作；在他们的日常住宅中遗留下了若干涂鸦，反映出不论工作条件多么艰苦，人们都以此为荣的心态。

胡夫金字塔（最前者）约公元前 2530 年，哈夫拉金字塔（中间者）约公元前 2510 年，门卡乌拉金字塔（最远者），约公元前 2485 年，吉萨，开罗

三座金字塔中的第一座是胡夫金字塔，约建于公元前 2530 年，二十年内即完工。当时正处于古王国时期，即埃及统一后的第一个历史时期，从公元前 27 世纪至公元前 22 世纪（专家们对埃及历史上关键事件的确切日期保有争议）。许多迹象都显示，设计这座金字塔依赖于埃及神职人员对天文学巨大而先进的领悟力，与其他两座金字塔相似，它的基座精确地朝向四个基本方位。

从早期的美索不达米亚开始，世界各地纪念性建筑的设计都认真考虑了天文因素。这包括了关键的气候现象（如夏至时分地平线上日出位置的变化，预示着白天将会越来越长），以及重要的天文现象（如由一群看似邻近却相隔数亿公里的星系，在夜空中呈现出的星座）。伟大的阿布·辛贝勒神庙（Abu-Simbel，约建于公元前 1265 年），雕琢于岩壁之中，它在设计里融入了自然现象，每两年一次的特定日子，太阳光会在黎明时射入石窟寺内，照亮庙深处除下界之神普塔（Ptah）外所有神祇的雕像。位于秘鲁马丘比丘（Machu-Picchu）和印度胜利之城（the Fatehpur Sikri Jami）的两座太阳神庙（the Temple of the Sun），历史均超过 2500 年，也存在着类似但又独立发展的天文因素。即便今日，建造基督教堂也遵循着将主入口朝向太阳升起之东方的惯例。

胡夫金字塔由巨大的石块构成，体积为 250 万立方米，重达 590 万吨，高度约为 146 米，正方形底边周长 230 米。金字塔的表面经过抛光处理，塔顶在阳光下闪闪发亮。外部比例和房间的长宽高等尺寸遵循着特定的几何关系：较为典型的是金字塔的横剖面，吻合黄金比；其他一些则符合 3 : 4 : 5 的关系，表明人们已能熟练运用勾股定理。

埃及人将他们对于几何的热爱表现在每一座重要建筑物上，其他很多民族亦如此。在历史的进程中，规则的几何体被广泛运用于建筑设计中：从中世纪的印度城市如马杜赖（Madurai），到西方文艺复兴时期的小镇如帕尔马诺瓦（Palmanova）；从美索不达米亚的塔庙[1]，到17世纪凡尔赛的花园；从部雷（E. L. Boullée）的建筑革命[2]，到20世纪80年代罗西（A. Rossi）的新理性主义（Neo-Rationalism）。规则的几何体极易被辨析出，以表明是人们有意识的选择，旨在传达复杂的含义和象征，而不是由大量动因造成的易变和随机的结果。

法老斯尼夫鲁（Sneferu）的"曲折式金字塔"（bent pyramid），代赫舒尔（Dahshur），埃及，约公元前2570年

然而，重要建筑选取基本几何体的情况仅出现在古埃及历史的个别阶段。最早将方锥体应用于建筑中的情况发生在吉萨墓葬群，持续了一段时间后，王族陵墓不再采用此形式了。

早于公元前2000年，也就是吉萨金字塔建成后仅500年，

---

❶ 详见第2章。——译者注

❷ 详见第20章。——译者注

法老胡尼（Huni）的“崩溃式金字塔”（broken pyramid），美杜姆，埃及，约公元前 2580 年

一座大型且复杂的建筑出现，却并不以金字塔为主——这是为孟图霍特普二世（Mentuhotep Ⅱ）营造的墓葬建筑群。孟图霍特普二世开创了古埃及的中王国时代，是埃及统一后的第二个历史时期，时间从公元前 21 世纪到前 17 世纪。这座陵墓所在的戴尔 - 埃尔 - 巴哈利（Deir el Bahri），位于卢克索（Luxor），即古代底比斯城（Thebes）对岸，今开罗以南 600 公里处。陵墓中可能仍有尺寸缩小了很多的金字塔存在，象征着太阳每天升起所越过的山顶。之后埋葬在这里的某些法老继承了古王国时期的传统，将金字塔作为陵墓的显著特征。然而，从公元前 18 世纪开始，这种做法被逐渐摈弃。最后一座留有典型金字塔特征的陵墓，是约公元前 1500 年法老雅赫摩斯（Pharaoh Ahmose）为他自己建造的陵墓，他是新王国时代（公元前 16 世纪到前 18 世纪）的建立者。在此之后的陵墓采取了不同的建筑形态，持续重复这种形式，并以一些理想化的方式来复制神化国王死后的生活环境。

即使身后，逝去的国王仍希望维持生前的一切。何种建筑形式能够成为他最后的居所反映了当时的建筑理念；而建筑的发展也表明理念会随着时间而变化。吉萨金字塔群中三座伟大陵墓的建筑理念是一致的，但处理手法略有不同。相比之下，孟图霍特普二世墓与吉萨金字塔群的建筑理念相去甚远，帝王谷（the Valley of the Kings）中的石窟墓则与之差别更大：在吉萨，金字塔的天文和神学象征是重点；500年后的孟图霍特普二世墓，场所如何呼应环境，将每年举行的祭祀仪式衬托的雄伟壮观是关键；几个世纪后帝王谷的石窟墓，将墓室隐藏以防亵渎是核心。当然，陵墓的安全同样是吉萨金字塔群的首要条件，如我们所知，通往墓室走廊的入口隐藏得非常好，接近它们时遇到的障碍几乎不可逾越。

在古埃及，祭祀始终要求重点体现已故法老的来世意图，并由负责仪式的神职人员，即大祭司，承担实现它的责任，因此，大祭司往往就是陵墓的主建筑师。2000年后的古典希腊，建筑师管理工匠建造，将业主提出的设计要求转化为实体，或负责分配任务。一位建筑师能发挥的主动性，他的地位及责任，在不同的社会中差别巨大。

距今5000年前，埃及人显然已掌握了主要的建筑操作流程：可顺利将脑海中的图景实施；这个实现概念的过程，也使建筑获得了身份。事实上，在某些时候，他们选择一种基本的几何形状作为其重要建筑的外形，不仅由于他们掌握了先进的数学知识；更因为他们能够清晰地认识到每种建筑理念都有可能陷入困境，当很多理念脱离了建筑范畴，并且在实现条件不足的情况下，相当多的概念被放弃了，金字塔就是典型的案例。

对他们而言，实现灵魂不朽的方法是保存易腐烂的尸体。同样，吉萨金字塔群表明，经久耐用的材料是精神物质化的反映。物质成为崇拜的对象，这在以前仅是字面意思，在后来的实例中，则衍生出隐喻含义——作为一种媒介，维持灵魂的存在。建筑

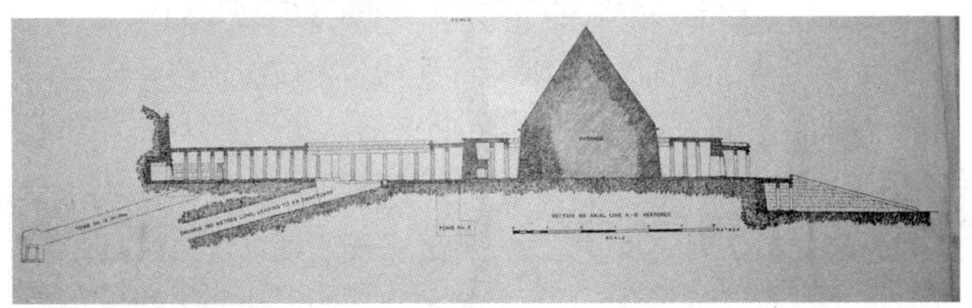

孟图霍特普二世的陵墓建筑群，戴尔 - 埃尔 - 巴哈利，古代底比斯，埃及南部，约公元前 2040 年，鸟瞰图（上图），剖面图（下图）；金字塔为假想复原；E. Naville 绘制

明显区别于图纸上的几何形体，并且当采用不同材料实现相同概念时，也会产生不一样的结果。假设吉萨金字塔不是 146 米高，而是 5 米高，那会是怎样的情形？如果说建筑相比其他“创造性”艺术更具独特性，其最重要的一点就是它能让物质顺应人们头脑中的构思。

没有比法老昭赛尔（Pharaoh Djoser）[1] 的金字塔更能清晰地证明埃及人专注于物化（字面意义）的概念。法老昭赛尔的金字塔建于约公元前 2630 到公元前 2610 年，早于胡夫金字塔几十年，位于靠近孟菲斯（Memphis）名为萨卡拉（Saqqara）的地点。

陵墓达到前所未有的规模：最终建成部分经测量已达到约 15 万平方米之巨。主要墓室最初的形状为矩形的“玛斯塔巴”

[1] 又译左塞。——译者注

（mastaba），“玛斯塔巴”像一座低矮的被截断的金字塔，长宽大约 57 米 ×57 米，高 8 米，是当时典型的墓室形式。这种结构至少在早期是符合象征性和仪式感需求的，这种需求可能有很详细的规定。此外，整个建造过程遵循严格的仪式，与我们已知的、其后建造的陵墓群的基本仪式相类似：在星夜里，大祭司标示出陵墓四角的位置；用绳将这些点挨个连接起来并让其垂落到地面；他们用木铲挖出基础形状，形成祭坑。仪式也确定了建筑结构上许多关键的特征。在昭赛尔王的墓葬建筑中，墙上以 14 座雕刻的“门”为特征，作为门户使法老的灵魂“卡”（*ka*）能自由出入。大概只有很少的普通人允许进入陵墓内部，他们必须在唯一真正的入口进入。墓室房间并没有使用功能，仅起到象征的作用，入口也只是为死去国王而设计。按照传统，墓室位于玛斯塔巴下方，但有井道使法老的灵魂能与外界沟通。

法老昭赛尔的墓葬群，萨卡拉，开罗南部，约前 2610 年

然而，仅仅将昭赛尔王陵墓局限于玛斯塔巴的形式，并不能满足这座建筑的需求。连续的扩张使陵墓的体积越来越大，数量越来越多——起初陵墓只在四边中的一面进行扩建，很快随着需求四面都增加了，玛斯塔巴最终转变为有四级水平台阶的金字塔。这种结构在宽度和高度上均有拓展，最后形成一座在尼罗河就可以看见，62 米高、约 109 米长、125 米宽的六层阶梯状金字塔。

一些埃及学家认为，建筑的中心从玛斯塔巴转变为阶梯状金字塔的设计变化，是由于刻意的象征性或是丧葬仪式变化造成的，但这种情况在几年内发生过五次之多。我们或许会认为这只是轻微的差异，但是当时的人可能会认为这个差异是显著的。无论如何，如果象征性和仪式性的要求确实发生了改变，那么这也可能与逐渐形成的结构是否适合它们有关。与一些艺术形式特别是当代艺术相比，建筑的最终结果，即最终形式，比建造它所遵循的步骤要重要得多。通往天国的阶梯必须像 20 层现代建筑一样高（假设这是新的象征）；显然，最初 8 米的结构过于低矮，更别说让法老抵达北极星了。当一种抽象的概念转变为一件由成千上万吨材料堆积的事情时，它就获得了所需的地位，变得有说服力并受人尊敬。

一位有远见的人连续四次意识到，旧的陵墓建筑不能满足其目标，并且无法持续进行新的拓展，他可以被称为建筑的奠基人——他的官方身份是大祭司，名叫伊姆荷太普（Imhotep），在他去世两千年后被赋予了无上的荣誉并被神化，这种荣誉甚至超过了的普利茨克建筑奖。他作为一名医生和治疗师被神化的事实，无法掩盖他作为建筑师所取得的成就：伊姆荷太普的名字与玛亚特（Ma' at）的名字相关联，玛亚特是化身正义和维持宇宙秩序的女神。在古代，疾病通常会使人体正常的生理秩序紊乱，扰乱人体各部分之间的平衡，所以对建筑和医学而言，

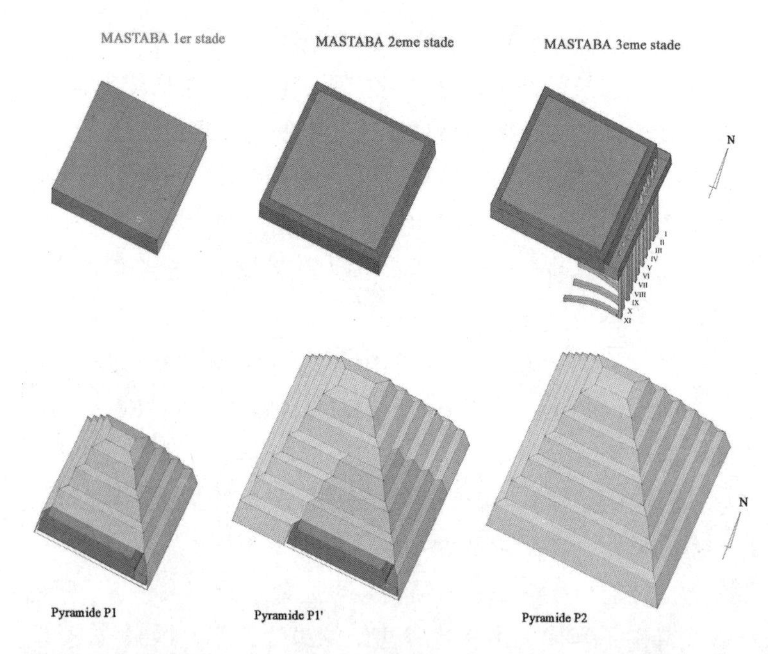

昭赛尔金字塔的建设过程，萨卡拉，开罗南部，约公元前 2610 年，F. Monnier 绘

秩序为根本。无独有偶，设计了著名的卢浮宫东立面、并将维特鲁威翻译成法语的克劳德·佩罗（Claude Perrault），既是柯尔培尔（Colbert）[1] 和路易十四信任的建筑师，又是一名医生以及法国科学院第一批成员之一。

在吉萨金字塔群中，建筑流露出极其清晰的双重性：空灵得好似完全脱离于物质世界，但又需现世的实际操作才能落成。毋庸置疑，过去的 5000 年里，当人们谈及建筑的“形式”时，他们不单单指的是建筑的几何特征，同样也包括了尺寸和质量。普鲁塔克（Demetrius Phalereus）记载：“忒修斯（Theseus）和雅典青年安全返航所乘的是有三十支桨的大帆船，雅典人把这

[1] 即让 - 巴普蒂斯特·柯尔培尔，法国国王路易十四的财政大臣和海军大臣。——译者注

只船一直保存到德米特里·法勒琉斯（Demetrius Phalereus）的时代。他们一次又一次地拆掉了朽烂的旧船板，换上坚实的新船板。从此以后，这只船就成为哲学家们……经常援引的实例，一派认为它还是原来那只船，另一派争辩说它已不再是原来的船了。”❶[1] 从伊姆荷太普时始，建筑师即已知晓，概念与物质对建筑来讲同等重要。

注释

1 Plutarch: *Thes.* 23.

参考文献

Arnold, Dieter: *The Encyclopaedia of Ancient Egyptian Architecture*. Princeton University Press 2003.

David, Rosalie: *The Pyramid Builders of Ancient Egypt: A Modern Investigation of Pharaoh's Workforce*. Routledge 1996.

Lehner, Mark: “Of Gangs and Graffiti: How Ancient Egyptians Organized their Labor Force.” In: *AERAGRAM*, 7（1）, 11 ff.

Lehner, Mark: *The Complete Pyramids*. Thames & Hudson 1997.

Robins, Gay: *The Art of Ancient Egypt*. Harvard University Press 2000.

Spencer, A. J.: *Early Egypt: The Rise of Civilization in the Nile Valley*. British Museum Press 1993.

❶ [古希腊]普鲁塔克著，黄宏煦主编，陆永庭 吴彭鹏等译，《希腊罗马名人传》（上册），北京：商务印书馆，1990：23。——译者注

4

城市的魔力

乌尔的伊格米尔欣之宅

当今世界一半的人口生活在城市中。他们在城市文明的潜移默化下熟知各种生存之道：使用人行天桥才能安全穿越高速公路；填写上百种商品情况以完成退税申请；从超市货架上五十种意面中选出想要的食品；估算出从家到100或1000公里以外所需的时间。但如若他们不幸流落到人迹罕至的森林中或海滩上——这是很多人在日常生活里不时幻想的场景——可以肯定，无人能够幸存。

人类从什么时候开始感觉城市生活更加舒适？从什么时候开始对基于对美好生活的憧憬所创造的人工环境感到如此熟悉？又是从什么时候开始，城市给人类带来了恐惧？

答案可能很简单：专业化和劳动分工，它们使人们掌握了一些能在复杂的社会环境中生活的技能和知识，但却无法在自然环境中发挥作用。正如我们在第2章所看到的，虽然专业化早在城市诞生之初业已存在，但只在复杂和层级分明的城市社会里才得到最大程度的拓展。美索不达米亚南部的种种考古迹象表明，城市化大约在7000年前就已开始。几百年时间，新的生活方式诞生了，并最终衍生出一种新的文明。

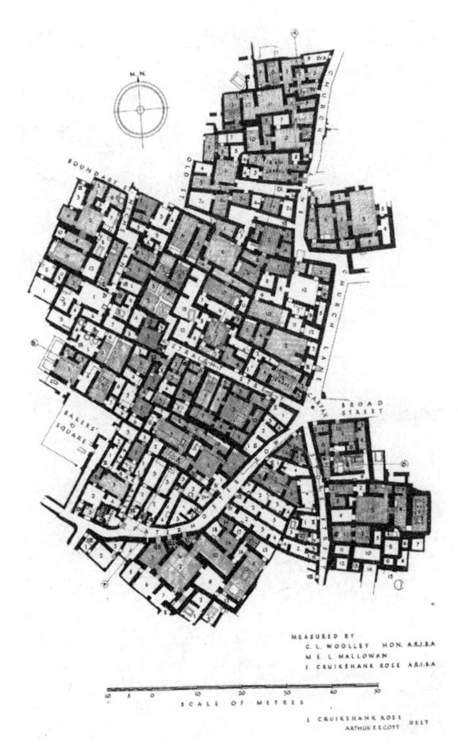

拉尔萨时期乌尔城的居住组群，乌尔，伊拉克南部，约公元前 1900 年，宾夕法尼亚大学授权

《吉尔伽美什史诗》(*Epic of Gilgamesh*) 高度赞扬了乌鲁克 (Uruk) ❶，在公元前 3000 年，它的城墙长达 9 公里。[1]《苏美尔神庙赞诗》(*The Sumerian Temple Hymns*) 提到的美索不达米亚南部的 35 座城市，其很可能诞生于公元前 2200 年。在《苏美尔王表》[2] (*Sumerian King List*) 中，埃利都是世界上第一座城市，而如果说埃利都是最古老的城市，那么乌尔 (Ur) ❷ 可能就是最闻名的城市。对这片地区研究最突出者应该是伦纳德·伍利爵

❶ 美索不达米亚西南部苏美尔人的古城城名，位于今伊拉克境内。——译者注

❷ 美索不达米亚古城，位于今伊拉克境内。《圣经》中译本将其翻译为吾珥。——译者注

士（Sir Leonard Woolley）[1]，据其所述，该地区的人口在公元前1900年左右已达到20万人，甚至有可能是50万人，而这还是在几十年前遭遇毁灭并随后附属于邻国拉尔萨（Larsa）的情况下。在一座没有汽车、铁路系统、电话和网络的城市，这一数字相当巨大，且很难达到。我们城市里的祖先所要面对的不再是几百年前的情况，比如怎样躲避野兽来保护自己，怎样捕捉野猪来获取肉类和皮毛等等。他们可能一心想着的是怎样或支付多少的代价来获取食物，如何处理他们产生的垃圾；如果他们是工匠或手工业者，怎样获取原材料和在哪里能销售产品是日常需要面对的考验。

以上这些成为早期城市居民自我认知的根本基础，带给日常生活空前的巨变。或许，其中一些人和我们一样，对城市生活乐在其中，而他们也只能生活于此，城市环境就是他们新的自然栖息地。因此，城市占据了美索不达米亚文学和艺术作品中的很大一部分，这种现象绝非偶然，甚至在第一座城市出现的3000年后情况照旧。

证明此巨大变化的物质遗迹仍零星可寻。在坚持不懈的考古研究下，这些废墟得以重见天日。城市和建筑自身向我们讲述着当时居民的日常生活，讲述他们的崭新世界，当然，那也反映了我们今天的世界。

在公元前1900年，只有约六分之一的乌尔居民居住在城墙之内，发现那里的考察队称呼它为“老城”。即使在城墙外1英里远，人口也和城内同样稠密。而更远处，沿着主要干道延伸至6英里处，就到了一些人口稀疏的地区，类似于今天的“郊区”和卫星城。几乎可以肯定的是，这里同样会有简易的房子和临

[1] 查尔斯·伦纳德·伍利（1880—1960），英国考古学家，其专业生涯最著名的考古活动，是于1922—1934年，领导大英博物馆和美国宾西法尼亚大学联合考古队，对乌尔遗址进行大规模系统挖掘。——译者注

时建筑，利用芦苇和其他不耐久的材料搭建，因此没有留下任何痕迹。

“老城”的房子相互搭接而建，形成大片不规则的建筑体块。正如 1500 年后古典时期的雅典和共和国时期的罗马，城市呈“有机”发展,预先并没有做过规划。道路非常窄且不直。尽管该地区率先发明了轮子——其起初仅用于制陶，后来才用做交通运输——但四轮马车并没有在这里流行，交通和运输仍靠徒步行走，借助搬运工或者驮畜。在街角处，砌筑的房屋抹圆角是常见做法，这样行人就不会被尖锐的砖擦伤，同时一些地方布置了高度较低的踏步砖，高出路面两到三级，很明显是为了方便驾车人而设。[3] 大部分的道路没有铺装，在下雨时会泥泞不堪,但是又没有当今在许多地方仍普遍存在的沿街明沟。居民似乎会将清理房屋产生的垃圾、灰尘和污垢以及小装修后的碎石扔到门外，当然相较于我们今天产生的日常垃圾，数量极其微小。未建的“地块”和城市周边的土地也被用来当垃圾场。随着时间推移，街道的水平高度上升，最后达到临界值；因此当下雨天时，泥水就会灌入房屋。解决的办法是建立新的临界值，即抬高台阶，并不断重复。因此就出现了进入房子需要向下五或六个台阶的情况。无限提高台阶决不可行，因为台阶虽然增加了，但门楣的高度不变，门就会越来越矮。随着门楣高度受限，整座房子必须拆除，以被“埋”的墙壁处作为基础，重新搭建。

尽管房子各不相同，但其布局大同小异。这种建筑范式适应性非常广泛，即便整体形状完全不规则的房子也适用。房屋标准化的另一种体现的是产生了许多所谓的“家宅箴言”(oracles)。这些预兆般的句子都使用了“假若……，将……”的语言结构,其中一些涉及建筑和城市。例如其中一条箴言,“假若房基占用街道，此屋将弃之不用，房主将更迭不断。”[4] 为了维护家庭稳定，每个人都乐于尊重已经形成的建筑边线，并保持其房屋前道路的宽度。另一则箴言更加耐人寻味："假若宅门外启，妻将招祸于夫。"[5] 人们本着宁信其有的心态，除了将自己的大门向内开，还能有其他选择么？不过对于路人这有实际的利处，当路边一扇门突然打开时，再不必担心它撞到自己的脸了。

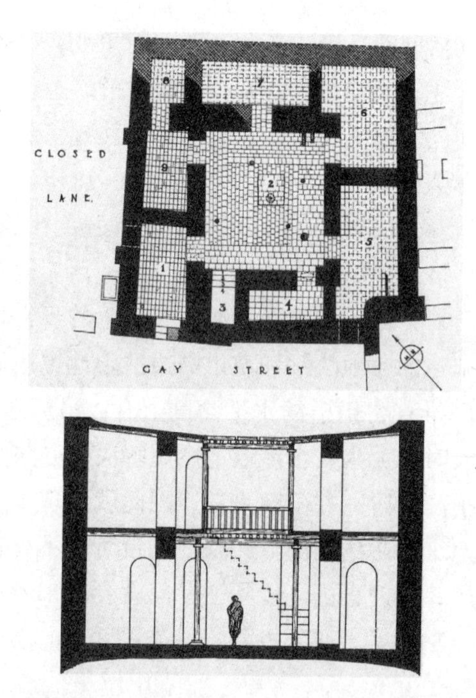

盖街三号宅，乌尔，伊拉克南部，约公元前 1900 年前，底层平面图和横剖面图；L.Woolley 绘制，宾夕法尼亚大学授权

房子的外门通常很小，直接通向前厅。推开前厅内的二道门，就进入了铺装好的庭院，在一些案例中，庭院的屋顶平坦且高高架起，可以引入充足光线和新鲜空气。所有的房间围绕着庭院而建：正对着是接待室，白天访客在此就座，并且当他们留

下来过夜时，可以设置床铺。接待室对面是一间小厕所和储藏室,然后是厨房。紧邻厨房的房间供家奴休息;当时没有洗衣机、微波炉和吸尘器，必须靠使唤劳力来满足城市生活的需求。向上的内置楼梯可能占据了一间房的大小。挖掘人员因此假想房屋通常有两层（因为可移动的木楼梯已经足够爬上二楼了）；如果是这样的话，房屋主人的私人卧室和家庭成员的房间应该设在楼上，通过环绕庭院的木制走廊相连接。

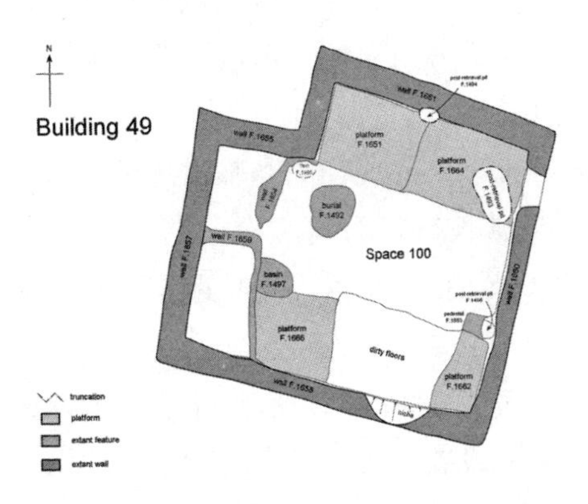

房屋 49 号，恰塔尔休于（Çatalhöyük），安纳托利亚，土耳其，约公元前 7000 年，底层平面，J. Swogger 绘制，恰塔尔休于研究项目

房屋 56 号，恰塔尔休于，安纳托利亚，土耳其，约公元前 7000 年，室内复原，J. Swogger 绘制，恰塔尔休于研究项目

部分经过烧制、持久性更高的砖砌筑在房屋底层，此上则使用未经高温的砖坯。建造质量是件倍受关注的事情，因为任何劣质工艺和潜在的塌陷都会威胁到附近的行人和房屋。之后不久的公元前 18 世纪，《汉谟拉比法典》(Code of Hammurabi) 在该地区施行；其中就包括已知的针对开发商的最古老法规，用来惩罚承包商在建造中的不当和疏忽。

乌尔的住宅证实了新文明的全面发展，即明确区分出了城市和农村的居民。但乌尔住宅与德哈阿玛塔（Terra Amata）的棚屋截然不同，它们并不是"人造洞穴"——后者竭尽其能与周围的自然环境相隔离。❶ 这种与"外界"相对的人造洞穴一直存在，成为各种形式的庇护所和临时房屋的范式，直到约公元前 3000 年中期才被打破。

公元前 7000 至前 8000 年，在靠近土耳其科尼亚的恰塔尔休于 ❷ 出土的房屋也是一种人造洞穴。房屋彼此相邻，只间隔几厘米或共用一堵墙，相互间没有道路连通，形成了紧凑的居住组团。人们从屋顶进入房间。房屋被遗弃和坍塌后形成的空地成为邻房的室外生活空间或垃圾场。一间平面呈长方形，5 ~ 6 米见方，相当宽敞的房间（有时附加一到两间狭长的储藏室）是房屋的主体，并拥有木制横梁支撑的平屋顶。墙壁粉刷过，有时还用壁画和牛角装饰着。根据这一时期普遍的做法，去世的人被埋葬在房屋地面之下，孩子和父母一般分开居住。当时还没有公共建筑，就算有，外形也和普通住宅没什么区别。建筑形式还未根据功能而定：我们现在认为正常的建筑形式差别，如公寓楼与教堂和剧院具有不同的外表（正如我们在第 2 章所见），超出了当时人们的认识，所以还未发生。从某种意义上讲，恰塔尔休于定居点的紧凑结构是向个人住宅范式的大规模转化。

---

❶ 详见第 1 章。——译者注

❷ 土耳其语意为加泰土丘，又译恰塔霍裕克。——译者注

每栋房屋似乎独自存在，与环境脱离，但又因为居民必须偶尔冒着将自己暴露的风险外出，至少得与邻居保持联系，所以它又是依赖于环境的。

这也是美索不达米亚的城市住宅自出现以来的情况。公元前 5000 年，这里的城市住宅大概由一间细长的堂屋和紧邻的一些小房间组成。只有临街、面对空地或花园，才开有一扇狭窗，窗户彼此相邻，还未形成连续的体系。

恰塔尔休于，安纳托利亚，土耳其南部，约公元前 7000 年居住地假象场景；
J. Swogger 绘制，恰塔尔休于研究项目

在第三个千年的中期，新的房屋模式出现，其中最典型的例子就是公元前 1900 年乌尔的住宅。它与旧模式的根本区别在于，开放和较宽敞的庭院取代了狭长的堂屋。现在房子能为居民提供长时间在室内逗留的条件了，他们再不必冒险将自己暴露于自然环境和公众视野之中。在城市人群集中且喧嚣的环境下，其内敛的布局好似平静的绿洲。它们不必面向街道，而是朝天空开敞。大自然不再是敌人，也不再是屋内住客的威胁；天空带来有益的阳光和舒缓的雨水，而阳光和雨水是构成生命

的基本元素。现在对于城市居民来说，唯一的威胁可能只有谣言了。他们也不再需要为了调查周边的环境，防止未知的攻击而离开自己的房屋，城墙和军队将确保他们的安全。邻居也不再至关重要了，如此一来就不必用牺牲隐私的方式以换取帮助。正如我们在文章一开始时的推测，透过住房的特殊形式，反映出居民的日常生活和自我形象发生着的改变。

在某些情况下，乌尔的住宅经历了较大的改变，尤其在宽街 1 号（Broad Street no. 1，街道的名称是进行挖掘的考古人员所定）极为明显。一楼房间通向院子的门道用砖封死，因此，院子、会客室和洗手间与其他房间仅通过一个小开口相连。同时，在院子的北墙上开设了新门道直接通往街道。遗址内发现了约 2000 块散落的泥板，为我们探知房屋从前的历史提供了大量信息。房主是名为依格米尔 - 欣（Igmil-Sin）的祭司，是从几封同一收件人的信件推断出来的。依格米尔 - 欣改变了其房屋的部分功能，使其成为一所私立学校。从中出土了几块类似于现代学校笔记本的泥板，大概是为学生写作和做数学练习的。其他一些泥板包含了历史和宗教信息，可能是用于听写和背诵；还有一些则包含了几何规则和乘法表。依格米尔 - 欣的学生显然学习了所有必需的技能，借此他们能投身到日益复杂的管理和经济建设中，而这一切成为生活在城市中的必备技能。街道更远处，一座房子被改造为邻里厨房，其中一间作为餐厅。

乌尔住宅中的那些变化表明，人们对营造的建筑环境感觉相当舒适。几千年来，居住在房屋中已变得习以为常，这样的房屋有相对可控的气候条件和屋顶提供的安全环境。显然，从为居住在恶劣环境中的居民提供生存保护的角度来讲，公元前 1900 年的乌尔住宅显然是值得尊重的；它不再是神圣的天穹。房屋已经失去了它的魔力，变为一种工具。正如现代建筑最伟大的理论家勒 · 柯布西耶对 20 世纪的住宅所希望的一样，房屋或多或少已成为“居住的机器”（*une machine àhabiter*）❶。

盖街三号宅，乌尔，伊拉克南部，约公元前 1900 年，庭院；L. Woolley 绘制，宾夕法尼亚大学授权

有三条古老的准则用来评价建筑，并沿用至今。简而言之它们是：（1）物理特性，即将建筑作为实物来判定，如它所提供服务的优劣，外观美丑等等；（2）承载的概念，即将建筑作为实现创建者意图的工具；（3）反映其所在文化环境的价值体系，即建筑作为象征物的意义。这些标准会随着社会和时代的发展而变迁，人物更迭和情境变化更起着决定性的作用。当我们在倾盆大雨中面对一栋不错的房屋时，完美的比例、设计者非凡的概念、引人入胜的象征意义等特质都会被忽略，进去避避雨

❶ 原句为法文，来源于柯布西耶的名言“Une maison estune machine à habiter”，即“住宅是居住的机器”。——译者注

才是迫切需要解决的问题。

如何使用这三条准则？每条所占分量究竟该是多少？重视它们并不断发展还是抛弃它们转而寻求别的标准？这是相当复杂的问题。对房屋加以改变，以适应生活是解决这个问题的第一步。而这人类历史上的第一步，清晰又自信地发生在美索不达米亚的第一座城市中。

当然，人们随时会改动自己的房子；在恰塔尔休于，有许多建筑在 8000 年前改建所留下的痕迹。特别有趣的是，多数情况下，乌尔房屋变化的原因不是别的，正是对复杂城市环境中，不断变化的日常生活需求的回应。

城市是连接人们与建筑的纽带，城市的建成环境是人类生活的舞台。在城市中，建筑不再是令人敬畏和崇拜的壮举，人们对它们习以为常，甚至有些无足轻重。

第一次人们生活方式发生革命性的变化是在 5000 年前的美索不达米亚。想象世界的变化直接影响了现实世界的进程，接下来的一切发展只是时间问题。

注释

1 George, Andrew: *The Babylonian Gilgamesh Epic: Introduction, Critical Edition and Cuneiform Texts*. Oxford University Press 2003, I, i.

2 Jacobsen, Thorkild: *The Sumerian King List*. Oriental Institute, Assyriological Studies 11, University of Chicago Press 1939.

3 Woolley, Leonard: *Ur Excavations, Vol. VII: The Old Babylonian Period*. British Museum Publications 1976, 16.

4 Freedman, Sally M: *If a City is Set on a Height*. Samuel Noah Kramer Fund, the University of Pennsylvania Museum 1998, Chapter 5, Omen 22.

5 *Ibid*: Omen 75.

参考文献

Adams, Robert McCormick: *Heartland of Cities*.

University of Chicago Press 1981.

Çatalhöyük Archive Reports, esp. 2006 &2008. Çatalhöyük Research Project.

Liverani, Mario: *Uruk: the First City*. Equinox Publishing/ 2006.

Pollock, Susan: *Ancient Mesopotamia, The Eden That Never Was*. Cambridge University Press 1999.

Postgate, J.N.: *Early Mesopotamia*. Taylor & Francis 1992.

Woolley, Leonard: *Excavations at Ur*: *A Record of Twelve Years' Work*. Apollo 1965.

5

建筑与身份

卡纳克的阿蒙神庙

建筑，即便不是最重要的，也是最有特色的社会创造物。这种判断是否言过其实？我们常用建筑物来代表一个国家及其居民，比如埃菲尔铁塔之于法国和法国人；大本钟之于英国和英国人。许多情况下，建筑确实或多或少影响了我们对一个社会，特别是其过去文明的总体印象。对此我们不应感到惊讶，因为在某种程度上历史一向如此。古希腊历史学家修昔底德（Thucydides），在约公元前 400 年写道："我想，如果斯巴达人的城市荒废了，只余神庙和建筑残基，那么随着时间流逝，后人将无法想象祖先的能力，且会质疑其伟大。"[1] 他提到，斯巴达人忽视了建筑的重要性，不仅在他们的定居点，城市中亦如此。

不少统治者、专制君主和民选领导人都热衷于建造宏伟壮丽、具有鲜明象征意义的建筑。拿破仑下令在卢浮宫对面建造了一座灵感来自罗马，用来纪念他凯旋的建筑——雄狮凯旋门（l' Arc de Triomphe）；在近两个世纪后，弗朗索瓦 · 密特朗在同一轴线上 5 公里远处定制了现代版的凯旋门——拉德芳斯大门（the Grande Arche）。此外，我们所有人都普遍认为建筑是城市和景观中诸多事物的代表。我们习惯根据自己的品位来评判或挑选建筑造型，尤其在选择公寓时。但当我们生活于其中，建筑外观是不可见的；我们知道它长什么样子，其实就足够了，同样情况也出现在我们身着的时装上。另一方面，潜在的选择最终是有限的，甚至对绝对的君主和统治者亦如此，所以建造出来的任何建筑都有着相应的社会烙印。因此，建筑是否是集体选择的产物，代表着当时整个的社会（特别是统治阶级）；还是说，建筑是个体选择的产物，承载的是个人的意愿呢？这个问题，每一次提出都会成为新理论的奠基石。

我们已经在第 3 章看到古埃及人竭尽全力地保存法老的尸体，和为了保证法老死后也和生前享有同样待遇而付出的巨大努力，以及这些行为对建筑产生的重要影响。但即使这样也仍旧不能满足他们的需求：虽然法老的灵魂飘荡在天空和奢华的陵墓之间，但他们的躯体是灵魂得以不灭的根基，哪怕挤在一些法老可能从未去过的地方，如城市里两三层的泥砖民居中，或是一些由泥和稻草建造的小屋里，也要确保遗体的安全。逝去的法老不应被遗忘，遗忘等同于他们实际的死亡，保存尸体也就失去了意义。显然，埃及人会用尽方法来避免这样的事情发生——建筑就扮演着这一重要角色。

很早以前，埃及人就将法老的陵墓建造得极其醒目，用来代表逝去统治者的崇高地位。大金字塔的一项重要特点就是平民可以从远处看到它——虽然距离遥远，但能够带给民众烙印般的深刻印象，且影响的人越多建筑就越成功。从这个角度看，法老陵墓坐落于大城市中心是一种理想的状况，并且这种印象将通过口口相传而吸引到更多的观者，这样就能确保法老在日常生活中的存在了。昭赛尔墓葬建筑群（Djoser's mortuary complex）就是典型例子：伊姆荷太普（Imhotep）将法老墓建于从尼罗河上能看见的显著位置，这种类似的处理方法贯穿了整个古王国时期。

即使在埃及，时代也会改变——渐渐地，防止盗墓贼偷盗他们的陵墓成为法老关注的主要焦点。新王国时期，经历了两次中央权威被消解的过程后，陵墓被深埋于地下，在岩石中切割出墓穴，利用大地的肚腹保护死去法老的珍贵遗体。艾纳尼（Ineni）将图特摩斯二世（Tuthmose Ⅱ）对其的信任视为最高荣耀，并统筹了这位法老陵墓的修建，保证其绝对的安全，达到“无人亲见，无人听闻”的境界——这是他坟墓上象形文字的现代翻译。[2]但过分追求安全性也使法老的形象产生了缺憾，他们的存在变得愈发神秘。而自从法老不必活生生的让人铭记后，这种缺憾就不可能通过建造雄伟的宫殿来解决了——此手法后来在世界上其他地方被大量使用。似乎他们只需要投入必要的资金和人力在地上项目中即可，因为这并不是法老灵魂的最终居所。并且通常情况下，埃及人主要用砖而不是花岗石去建造他们的宫殿，因此大多保存的状况很差，遗址内往往只剩一些基础。而雄伟神庙的建设，正好抵消了法老公众形象的缺憾。

埃及第一座神庙的历史几乎与第一座皇家陵墓同样古老，其中一些已具相当规模；新王国时期的神庙建筑达到其建设顶峰，同时也反映了埃及社会的权力转移——公元前14世纪中叶，试图引进新宗教的法老阿赫那吞（Akhenaten）与祭司阶层发生严重冲突，并以失败告终。但这次轰轰烈烈的宗教改革中，法老不是借助巨大的陵墓纪念碑来进行个人宣扬，而是凭仗两方面动作来实现的：一方面是建立、改造和扩张一种从未在埃及出现过的寺庙形式，另一方面是建设与他们的坟墓完全脱开的祭祀类寺庙建筑——这绝对是两种最突出国家政权机构之间权力分享的可视化结果。

但历史的进程总是充满变数和意外的。公元前16世纪，正值新王国的创立者雅赫摩斯一世（Ahmose Ⅰ）在位，他的首要任务就是恢复王权。雅赫摩斯军事上的胜利带来了埃及的统一和国库的充实，这是每一项野心勃勃的建筑计划得以实现的先决条件。雅赫摩斯通过建筑完成了具有高度象征性的政治行为——重建了几处毁坏的皇家陵墓和金字塔。经过 150 多年的多元政治和对希克索斯（Hyksos）侵略者[1]的驱逐，埃及再一次统治于绝对君权之下，政权的延续就是最突出的证明。雅赫摩斯以光辉历史的继承者身份出现，就算只是自己的衣冠冢，也参照旧的传统建造了一座金字塔。他的努力没有白费——王公贵族和政府官员开始经常参观吉萨，祭奠古王国时期神化后的法老，歌颂他们的伟业。中央政权显然不认为这种早期的宗教参观是对雅赫摩斯正统性的挑战，而是当成法老以及他们自己直接与先辈和神祇联络的事实。

阿蒙神庙入口，卡纳克，古底比斯，埃及南部，主要建设年代：公元前 1500 年至公元前 380 年

雅赫摩斯的继任者阿蒙荷太普一世（Amenhotep I），以及后来的法老们，不管是在上埃及还是下埃及（即埃及分开的南

[1] 非埃及人的埃及统治者，这些统治者主要来自埃及以南的努比亚和亚洲，并建立了若干外族政权。——译者注

北两个部分），都将他们的重心放在了寺庙的改造和扩建上，尤其是位于后来首都底比斯的卡纳克阿蒙神庙（the temple of Amun at Karnak）——该寺庙将成为有史以来最大宗教建筑群的一部分。

卡纳克阿蒙神庙的历史远早于新王国时期，最初的规模不大。公元前 2040 年，孟图荷太普二世（Mentuhotep Ⅱ）将自己的陵墓的轴线朝向阿蒙神庙，他的陵墓位于尼罗河西岸的戴尔 - 埃尔 - 巴哈利（Deir el-Bahri），隔河距离阿蒙神庙五公里远。孟图荷太普二世是中王国时期的开创者，在经历了中央政权消亡的一段时期后，他重新统一了埃及。神庙采用的形式带来了显而易见的好处：孟图荷太普二世的地位几乎与象征着创造的阿蒙神持平；作为重振埃及的强大政权的保护者，阿蒙神获得了威望（孟图荷太普二世最有可能乐于接受的一种对其形象的提升：即使是神之间也相互竞争，没有谁能在人们的思想和灵魂中占有永恒的一席之地）。因此，新王国时期的法老对这位阿蒙神的神庙极为重视：在他们的意识里，每增加一座侧翼建筑和附属建筑，创造之神和大地统治者法老的联系就变得更牢固——只要新建筑均归功于始建者名下啊。

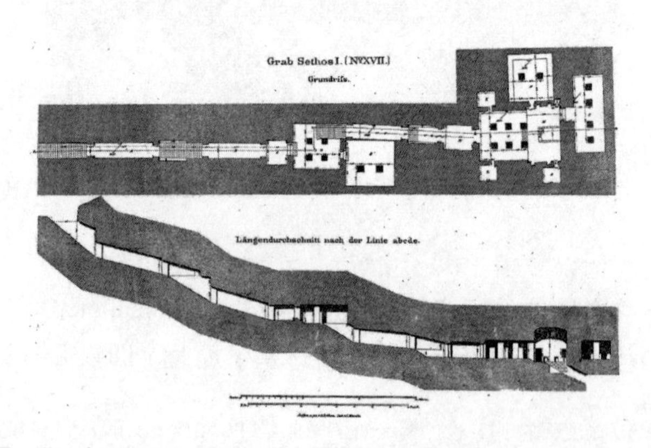

法老塞提一世，帝王谷，古底比斯，埃及南部，约公元前 1290 年；K. R. Lepsius 绘制

在新建筑的墙上，镌刻着每一位曾经对建筑群有所贡献的法老的名字，以及他们生活的一些场景和成就。此外，在每一座新建筑物中都设置了用于献祭的供品井——用来保护法老的记忆，避免时间流逝带来的遗忘。这种双重的举措，一部分是针对当代和后代的人，另一部分则针对神，这都是法老不想被轻易遗忘、希望自己永垂不朽所使用的手段。这些手段中的一部分肉眼可见，其余则以故事的形式为我们所熟知。这一任务的直接执行者是神职人员，他们能进入神庙内部，并且会向广大民众和子孙后代宣扬已故法老的伟大。

在石头上镌刻名字是永存创建者姓名最简单也最有效的方法：在建筑中的应用从最高贵和最精心的到最普通和最拙劣的均有。

有时，继任法老会试图抹去前任的痕迹，这在历史上经常发生：古罗马人经常擦除半身像和雕塑上的姓名，用新执政者的名字替代，并接受荣耀。哈特谢普苏特（Hatshepsut）女王所建建筑上也出现了类似的事情。

哈特谢普苏特是法老图特摩斯一世（Tuthmose Ⅰ）和第一任夫人阿梅斯（Ahmes）的女儿；也是她同父异母兄弟图特摩斯二世（Tuthmose Ⅱ）的妻子，这种婚姻形式在古埃及是一种惯例。公元前 1479 年，图特摩斯二世逝世，他和其他妻室所生之子继承了法老之位，名为图特摩斯三世（Tuthmose Ⅲ），哈特谢普苏特被赋予了共治者的权力。不久，哈特谢普苏特将当时还是孩子的图特摩斯三世的权力架空，并宣布自己为法老。她熟练地操控着埃及的国际贸易，使国家经济蓬勃发展。当时资源的很大一部分用于哈特谢普苏特广泛的建设项目，其中就包括卡纳克神庙。

孟图荷太普二世陵墓（远处），约公元前 2040 年，和哈特谢普苏特陵墓（近处），约公元前 1479 年。两者之间的斜坡上，可见图特摩斯三世陵墓残迹，约公元前 1458 年，戴尔 - 埃尔 - 巴哈利，古底比斯，埃及南部

公元前 1458 年，在一种尚不清楚的情况下，图特摩斯三世继承了哈特谢普苏特的王位，成为唯一的法老。他起初专心于北方的军事行动，以此为埃及和他自己取得荣耀。但在他的政权末期，也就是他的儿子图特摩斯四世（Tuthmose Ⅳ）成为共治者时，图特摩斯三世开始着手一系列消除哈特谢普苏特踪迹的行动。这种行为的目的很好理解——哈特谢普苏特作为女性所获得的光辉和成就仅是例外，而不是埃及政治中的常态。

她的名字以象形文字雕凿在石墙上，与她的头像一起镌刻在建筑最突出的位置。她建造的竖立在第四塔门（Pylon Ⅴ）前的两座方尖碑被收入到图特摩斯三世建造的新列柱大厅（hypostyle hall）中，新列柱大厅建于郊外，所以这两座方尖碑将不会再被看到。哈特谢普苏特在神庙中心用红色石英岩建造的神龛也被粉红色花岗石的新神龛取代。此外，在尼罗河对岸的戴尔 - 埃尔 - 巴哈利，图特摩斯三世直接在哈特谢普苏特的陵墓旁边建造了自己的神庙（不是他的陵墓，他的陵墓用岩石雕凿出来，位于几公里远处的帝王谷中）。事实上，所谓的“直接在旁边”没有充分体现现实情况。哈特谢普苏特曾将她自己的神庙建于距离中王国[1]时期的创立者孟图荷太普二世神庙的几十米处，并且几乎是相同的形式。孟图荷太普二世曾重新统一埃及，并使埃及强大起来，并将自己的名字与阿蒙神联系起来。通过将神庙建在孟图荷太普二世神庙的旁边，并采用相同的建筑形式，哈特谢普苏特以此来显示她继承了孟图荷太普的使命。然而，图特摩斯三世，或任何建设他的神庙的人，决定破坏女法老创造的这种象征性的联系。他的神庙硬挤在哈特谢普苏特神庙和孟图荷太普神庙中间，通过其部分的倾斜阻挡后两者间的视觉联系——建筑成为法老政治斗争漩涡的中心。

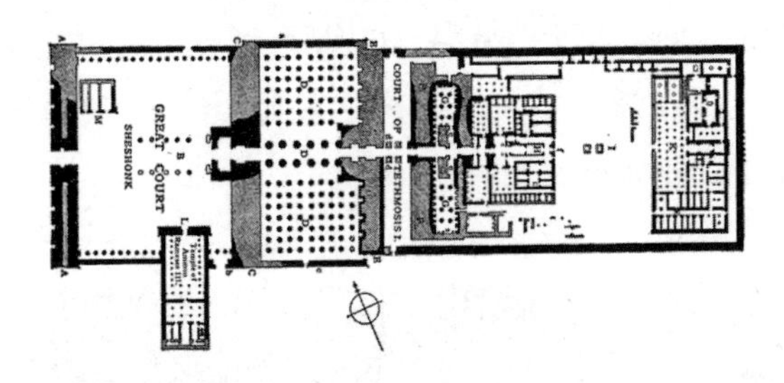

阿蒙神庙，卡纳克，古底比斯，埃及南部，约公元前 1500 年至公元前 380 年；《不列颠百科全书》，1911 年

尽管多次扩建，卡纳克神庙仍保留着不少统一而完整的特征。通往神庙道路两侧排列着的狮身人面像，沿途连续让人难忘的柱林，室外庭院和列柱大厅，然而，这些纷繁的元素并没有给人各自为政的杂乱印象。这当然有相对一致的建筑构件和雕塑的功劳——埃及艺术和建筑的主要特征随时间的变化很小：巨大的纸莎草和莲花形柱、轮廓简洁的典型柱顶过梁（epistyles，

[1] 原文误为新王国。——译者注

即横梁）、墙体上部的曲线檐口、无框的窗洞、装饰华丽的纯几何形式、具有安详面貌且富丽堂皇又程式化的超自然尺寸雕像，所有的这些在2000年里变化甚微。另一方面，为了维护和加强建筑群的中央纵轴线，通往神庙内部建造了连续的塔门、庭院和大厅，有助于营造整体统一的印象，每一次新的扩建都使得神庙变得不可触及。这意味着在旧门前建造的每座新塔门都更加巨大。第一座建于公元前380年，命名为第一塔门，是进入神庙后遇到的第一座，如果建成，将超过40米高、110米长、13米厚。接着是第二塔门，比第一塔门早1000年左右，建于公元前1323年，是这组复杂建筑群的外部大门。在第二塔门建成之前70年，第三塔门在其东边约50米处出现，位于当时建筑组群的最外部。约公元前1492年，为了加强仪式感，图特摩斯三世决定为坐落在组群核心区的“史厅”（Hall of Records）建设一座塔门作为入口，其是这一系列大门中最低矮的一座，却也是组群里最早建成的。

塞提一世的列柱大厅，阿蒙神庙，卡纳克，古底比斯，埃及南部，约公元前1290年

公元前1294年，法老塞提一世（Seti Ⅰ）将第二塔门和第

三塔门之间的户外庭院改造成一座 100 米 ×50 米见方的列柱大厅。它的屋顶由高达 18 米的 134 根巨柱支撑，其中构成中央轴线柱廊的柱子更是达到 22 米高。新的建设从原有部分的核心区域后部朝东侧扩展，并在那里设置了庭院、祭祀大厅和围墙，层层叠叠，将神龛围合其中，这些统一的、层级分明的结构，从整体上增强了组群的中心感。卡纳克神庙的纵向轴线和第二条与其垂直的水平轴线同样壮观。第二条轴线最初始于卡纳克主庙阿蒙神庙的庭院，使其与几百米外的穆特神庙（the temple of Mut）相呼应。然而，随着卡纳克神庙向西扩建，垂直的那条轴线现在看来是从组群中部才开始的。这个“缺陷”可能会在未来的扩建（可能永远不会发生的扩建）中得到处理。用什么样的方法才能弥补这一“缺陷”,毋庸置疑,只有天才才能做到。

事实上，构成神庙各种元素，形成了庞大而统一的整体，让卡纳克神庙变成真正的建筑杰作，而这些元素可以归功于其各部分的创建者。显然，法老和他们的建筑师意识到，每座“庙中庙”必须是独特的，但又是不易察觉的，既是独立的，又是和谐整体中的一部分；一方面，是要象征历史中的每一位法老，另一方面，是要显示他们各自都是掌控空前权力和财富的法老之一。

自从 3500 年前卡纳克神庙首次大规模扩建以来，建筑一直被有意用作强有力的工具，用来表达或创造个人和集体的身份。

注释

1　Thucydides: *Hist*. I.10.2.

2　Breasted, J. H.: *Ancient Records of Egypt, Vol II.* University of Chicago Press 1906-7, 106.

参考文献

Arnold, Dieter: *The Temple of Mentuhotep at Deir el- Bahari.* Metropolitan Museum of Art 1979.

Arnold, Dieter et al.（eds.）: *Temples of Ancient Egypt.* Cornell University Press 1997.

Cline, Eric/O'Connor, David（eds.）: *Thutmose III: A New Biography.* University of Michigan Press 2006.

David, Rosalie: *Life in Ancient Egypt*. Oxford University Press 1998.

Dodson, Aidan/Hilton, Dyan: *The Complete Royal Families of Ancient Egypt.* Thames & Hudson 2004.

Strudwick, Nigel/Strudwick, Helen: *Thebes in Egypt*. Cornell University Press 1999.

6

新思或易趣

雅典卫城

古希腊早期神庙与古埃及的同类神庙差别甚大，它们是仅用泥土建造的小型建筑，有覆盖着茅草的屋顶或平顶。换言之，它们更像当今希腊的民宅，好似具有人类形态的诸神更偏好于住在凡间小屋一般，典型的例子如公元前 18 世纪埃雷特里亚（Eretria）[1] 的持月桂者阿波罗神庙（temple of Apollo Daphnephoros）。实际上，一些早期神庙已成杰出公民的住所，后代以此向社会彰显祖先荣耀，进而维持本家族的领导地位。

公元前 700 年，人口持续增长，有效手段不断增加，更大规模的神殿开始出现。最著名的被称为围廊式神庙（peripteral temples），其核心房间亦名内殿（*cella*），看似普通但长宽比例悬殊，四周用围廊（*pteron*）环绕，好似用木柱支撑、提供遮阳和挡雨作用的现代门廊。此类神庙就像理想棚屋模式一般延续数百年，甚至之后用大理石建造的宏伟巨构也据此为原型。内殿虽尺度较大，但其唯一居民仅是以雕像形式供奉在内的男神或女神。故祭祀期间，信徒的聚会自然发生在神庙外部而非室内。

[1] 位于今天希腊艾维亚岛的城镇。——译者注

持月桂者阿波罗神庙，埃雷特里亚，希腊，约公元前 770 年，版权所有：希腊瑞士考古学院

许是受古埃及的影响，希腊神庙规模愈渐庞大。单薄的木桩被直径约 70 厘米的巨型木柱取代，如伊斯米亚波塞冬神庙(the Temple of Poseidon at Isthmia)，此后，柱的形制日渐规范；额枋(architrave)，柱上之主梁，与其上檐壁（ friezes ）同趋宏大；茅茨为瓦顶所取代。

约公元前 600 年，石材逐渐替代木材，成为神庙和公共建筑的主要用料：在马尔马里斯的雅典娜神庙（ the Temple of Athena Pronaia at Marmaria ）拥有石柱和木制柱上楣构[1](entablatures)——由额枋，檐壁和檐口（ cornices ）组成。其后的科孚岛的阿尔忒弥斯神庙（ the Temple of Artemis in Corfu ），则柱和柱上楣构均为石质。

拥有泥砖墙、上部结构和木制巨柱的纪念性建筑是公元前 17 世纪短暂存在的新奇之物，随后出现的石质神庙保留了其诸多特征，即便这些特质才初具雏形。例如，三陇板（ *Triglyphs* ）

[1] 又译檐部。——译者注

作为装饰已经出现在横向屋顶梁的端部，是檐壁上与陇间壁（metopes）交替出现的建筑元素；柱头（capitals），柱子最上端的部分，是支撑块的变体，置于木柱上，通过更大的接触面来分配额枋传递的荷载。这种模仿并不是特例，在此之前约 2000 年的昭赛尔金字塔，诸多附属建筑以石头建成，其上以一种生动地暗示纸莎草藤茎结构的方式进行了雕刻；柱的灵感来自于当地植物，纸莎草和莲花，这些仿生形象在埃及建筑中存在了几千年。约 5500 年后，比起设计一种新的外形，发明者更关心如何用发动机代替马的动力，因此第一辆汽车的外形仍然仿照马车车厢；必须经过一段时间，能够体现汽车特点的形式才会出现。

希腊人选择在他们的石头大厦中延续与泥砖和木材结构相似的建筑特征。木（希腊语为 *hyle*, 拉丁语为 *materia*）是早已通用的材料，用于制作各种有用的东西：从建筑、船舶到设备，如起重机和车轮。正如斯多葛学派（Stoics）认为的，它是每个独立事物的"基质"[1]——亚里士多德以后将用这个特别的词来形容所有拥有共性的有形事物。这种物质的新生概念可用来说明一种几乎可以用于所有建设的原材料，木材。选择木材作为建筑材料，可为神庙增添原始的品质。

尽管希腊诗人持有一种观点——历史是循环而不是线性发展的，但一种不断进步的概念已经开始在希腊人中普及。在不断向未知领域开拓的当今，旧世界更为我们所熟知，且历经时间考验，因此求助于它是自然而然的。一些早期的神庙被精心保存了数百年，尽管原始却可比肩公元前 5 世纪的帕提农（Parthenon）和依瑞克提翁（Erechteion）等古典神庙，并且更加建筑性。同样，早期由木像刻画的人形天神具有如此精致的身体和脸部，就算与古典时期的雕塑杰作相比也毫不逊色。建

[1] 英语为 substratum；希腊语为 hypokeimenon，亦译为基础物体。——译者注

筑无法满足社会的所有愿景，甚至是一个普通人的所有期盼，多数情况下这些愿望需要取舍。因此，从神庙和家庙一体的小木棚发展到前古典和古典时代光辉的石质神庙的过程，意味着原有的谦卑、简单的旧结构特质的消逝。古希腊人也许试图再现早期建筑物的特色来抵消这种损失，并通过这样的方式暗示巨大神庙微逊的开始。

石头建筑保留了木结构形式的细节，虽不明显，但古希腊人宣称，这些巨大石庙延续了原始建筑完美和永恒的范本，且根植遥远的过去，是注定超越人类生命的存在。因此在某种程度上，这些建筑是自给自足和自力更生的实体。

此观点为所谓的视觉改良提供了依据。最迟于公元前 550 年，即第一座石头神庙出现后不久，就在建筑中得到应用。“视觉改良”指在严格几何体中做出的刻意偏差。显然，这些偏差是为将建筑内部的一致性可视化，且使其形象富有生命力。在某种程度上，极具秩序感的建筑看起来像不断地在重复累积——一根根柱子有序、等距的排列，然后程式化地在柱子上架梁，梁上架屋顶，周而复始。显然，古希腊人打算避免这种情况的发生，因此雅典人任命著名雕塑家菲迪亚斯（Phidias）作为建造帕提农神庙的总负责人。帕提农神庙的建造是在伟大的艺术和政治期望下产生的，并成为显示雅典民主优越性的一次良机。菲迪亚斯发展了一种出现不足百年的新雕塑风格，这种风格是从埃及舶来的旧有的东西，以严格的仪式性姿态来表现人体的模式，转变为寻求自然运动和身体活力的新尝试。充沛活力正是雅典人在他们最大建筑中所要寻求和传达的东西。这大概也是古希腊建筑人性化的原因所在，即建筑观看者获得了一种欣赏似人类生命体而不是一座冰冷建筑的艺术感受。这种感受似乎在古代被广泛接受，帕提农神庙建成约 400 年后，维特鲁威提出，多立克（Doric）和爱奥尼克（Ionic）——古希腊建筑中两种主要的“柱式”——受到了人体的启发，它们的应用使神庙建筑更趋近于人体的比例。[1]

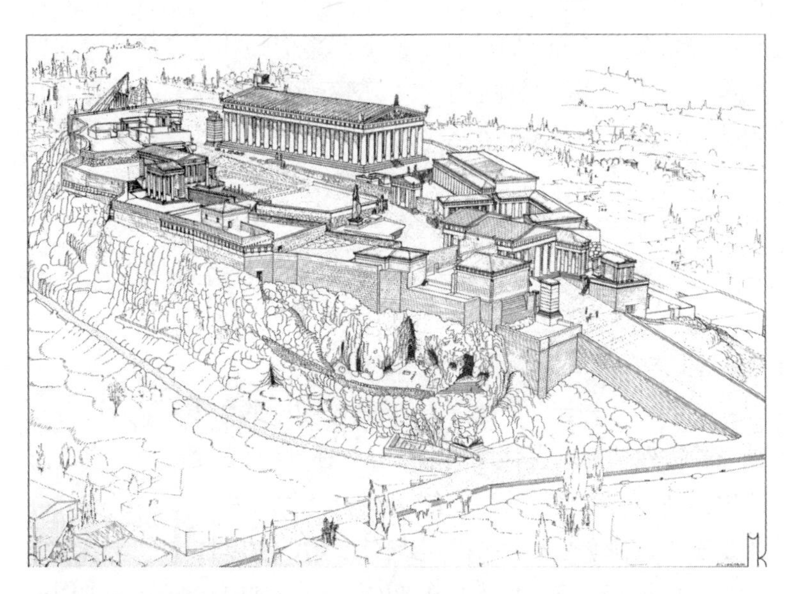

公元前五世纪末的雅典卫城；（中间）帕提农神庙，（左侧）伊瑞克提翁神庙，（右侧）山门；M. Korres 复原

菲迪亚斯和建筑师伊克提诺斯（Ictinus）和卡利忒瑞特（Callicrates）的团队，几乎完全将帕提农神庙视为一件雕塑作品，他们借鉴了过去 100 年的经验，于公元前 447 年开始建造帕提农神庙。这座雅典卫城（the Athenian Acropolis）中伟大的建筑几乎没有直线，处处充满柔和曲线，其表面极少是平整的、完全垂直的或水平的。

维特鲁威记载了柱身（shaft）像自然生长的树干一样如何变窄。[2] 但这并不是个舒缓的过程：随着柱的升高，变窄的趋势愈发明显，于是产生了收分曲线（entasis）❶，希腊语意为张力——

❶ 亦译为卷杀。——译者注

即柱身的外凸或膨胀在柱子高度 1/3 的地方，开始逐渐缩小。帕提农神庙中 9.5 米高的柱子只有不超过 2 厘米的收分，其比例大概是 1/550——十分细微，却是现存实例中最大者。收分的目的许是要造成柱子在重压下膨胀凸出的感觉，完全类似人类肌肉的反应。在早期神庙中，偶尔也用人形雕像或支撑物来取代柱子，所以人们很可能从中得到了灵感。

神庙的地面并不平整，高度由中心向四周平缓的降低。相对于其他神庙，这个曲率再次在帕提农神庙中突显：约 31 米长的窄边大概有 6 厘米的高差，约 70 米长的长边则有近 11 厘米的高度变化。类似的弯曲在梁枋中也十分明显，它们并不是完全水平的构件，而是沿其长边方向拱起。

更甚者，柱子也不垂直，而是以相同的角度向内侧倾斜。神庙长边列柱的垂直轴线向上延伸，在高约 2000 米处相交，而短边上列柱的垂直轴线则在约 4800 米的高度相交。不管是长边还是短边，搁置柱子的地面均向外倾斜，所以柱子的垂直轴线不与其地面相垂直：后者向外倾斜，前者则向内倾斜。柱头顶盘（*abaci*），柱头最上方的矩形块，向外倾斜。其上的柱顶过梁之外表面和再上的檐壁均向内倾斜。檐壁之上，檐口支撑着反过来向外倾斜的陇间壁。

这种连续的朝一侧或另一侧的反平衡倾斜，类似于人体将重心落在一只脚上的自然姿势，是雕刻家在那个时代研究的对象，历史可以追溯到公元前 450 年，雕塑家波利克利托斯（Polycleitus）的杰作《荷矛者》（Doryphorus）。雕塑的重心集中于右脚，左脚仅用来保持平衡。其右臀高于左臀，肩膀则相反，左高右低。波利克利托斯的作品广为人知，他的艺术理论和人体比例都是关注的焦点和话题。这一时期的建筑作品也显而易见地采用了《荷矛者》所蕴含的法则。

帕提农神庙的研究者也发现了其他特征。每一根柱子都是

帕提农神庙北侧柱廊，雅典卫城，公元前 447 年，台基部分的曲度清晰可见

线型的，垂直布置的，尤其通过沿着柱身的凹槽饰纹（fluting）被突显出来。然而柱廊中每棵柱子的个性消失了，同时呈现出由一列相同元素构成的水平阵列景象。边角柱比其他的柱子粗 4 厘米，这让柱身下部的直径是 1.93 米，而不是 1.89 米。尽管柱子大体上是等距排列，具体是 2.36 米，四个角的位置则显得更密集，柱距仅有 1.74 米。打破几何规律性的结果是帕提农神庙的四角被明确定义出来，同时水平方向受到垂直元素的限制——得到增强的角柱和其相邻柱柱距更近。这种介于水平和垂直间，单元与整体间的“动态”平衡，让帕提农神庙不再仅仅是建筑元素的堆积，而是一座内部紧凑且统一的整体。

尽管这座巨大的神庙基址的一部分，坐落于 8 米高的填充物之上，但高低起伏的山丘在山顶处反而转变为接近理想的平地。帕提农神庙的雕像描述了关于雅典建立起源的神话——“历史”的完美版本。距神庙不远处就是这些故事发生的神迹地：波塞冬在争夺城市保护权时，用三叉戟顿地后涌出水源的井；

雅典娜手植的橄榄树；雅典人第一位国王的墓。几年后，伊瑞克提翁，一座规模较小的神庙在此建立：并置且独立的大厅内容纳着分散却又相互联系的神迹，似乎造成了它不规则的外形。虽距离不远，但完美且平衡的帕提农神庙却与伊瑞克提翁神庙形成鲜明的对比，仿佛纯粹精神概念转化为物质后，就不再受环境的任何限制了。

雅典卫城帕提农神庙，公元前 447 年

雅典卫城伊瑞克提翁神庙，公元前 421 年

公元前437年，随着帕提农神庙的建设步入正轨，雅典卫城的新山门（Propylaea）开始建造。这正是通往可以俯瞰整个雅典的圣山上，神庙、纪念物和公共建筑的入口，其中最著名的便是帕提农神庙。卫城山门是一栋独立且复杂的建筑：首先，它没有传统意义上的内部空间——朝拜者从山门中经过一段有顶的长通道，尽管通道两侧都敞开，人们仍可体验到空间的封闭感。山门的西侧朝外，面向城市，山门东侧则朝里，面向卫城，山门的前后两侧由多立克柱、额枋、檐壁和三角山花等元素组成，与帕提农神庙的山面处理类似且比例和尺度都十分相近。尽管如此，其入口两侧尺度较小的侧翼，与前来雅典卫城朝拜者的线路相平行，它们使得卫城山门在第一眼看来并不显眼。其设计似乎与建筑应能快速和轻松地识别的传统经典背道而驰，却加入了后来称之为朝拜者和建筑间的“体验式”（experiential）的思想，这种思想试图纾解人与建筑之间疏离的关系。

山门西侧与东侧的第一排柱廊非常相似，除了前者比后者高出了28厘米。山门高高地突出于山顶，在雅典卫城陡峭山坡上的朝圣者必须抬起头才能看到它。这种设计背后遵循的规则是明确的：柱子并不都是按照所谓的完美的比例设计的，相对于观察者而言，柱子越高，则需要越修长。

显然，设计卫城山门的建筑师穆尼西克里（Mnesicles），提出了一个突破性的概念：建构不单单只为抽象的人物而建，其设计必须将人与建筑的互动考虑进去。公元前4世纪的希腊雕塑家利西波斯（Lysippos），总结了这一概念，他提出，公元前5世纪古典时代伟大的雕塑家们，他们刻画出的人物是完全写实的，而自己则要描绘出人物最具表现力的一面。菲迪亚斯或是帕提农神庙建筑师是这些经典理论的代表，坚持建筑和艺术作品大部分都需根据所谓的正确比例和审美，以不变的规则来建造；[3] 但穆尼西克里不属于这一派。根据穆尼西克里的说法，

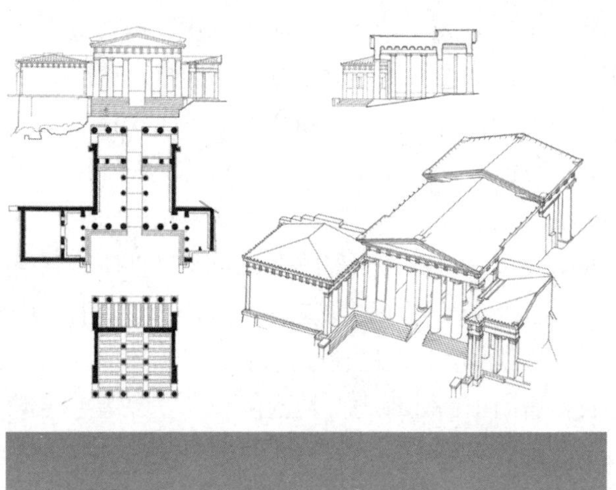

雅典卫城山门，公元前 437-432 年，Tasos Tanoulas 绘制，YSMA

这项工作直接对公众负责，应该适应地点和时空的各种具体限制。纪念性建筑已普世化。人们对人工环境的熟悉程度已经过渡到一个新的阶段，其第一次出现是在数千年前美索不达米亚的城市中。

卫城山门建成几十年后，当柏拉图强烈反对扭曲现实的艺术时，他的脑海中已经产生了这些“颠覆性”的观点。考虑到“科学的”透视是在 2000 年后的文艺复兴时期才被发明出来，因此，这样的投影法（*skiagraphy*）——也就是旨在欺骗眼睛，从而产生纵深感的幻想绘画——尽管是糟糕的，但也是一项壮举。当巨大雕像的观看视角不佳时，需要调整它们的比例来避免视觉上的畸形：例如，雕塑所处的位置高了几米，近距离观看时会感觉相对雕塑的腿部,其头部显得很小。为了让雕塑看起来正常，一种解决方案就是扩大头部比例，但许多人并不能接受这种做法。对柏拉图而言，表现“只要显得美观的比例”[4]而不是人体的真实比例的做法，是对所有追求真理所付出的努力的抛弃，是最大的人为错误。柏拉图对菲迪亚斯的作品十分欣赏[5]，不仅因其没有扭曲人体的“真实”比例，也因其不是纯粹的对现实的复制。在柏拉图看来，我们感知到的现实物体是通过我们的感官获得的，而这种感官会被自然所欺骗。根据之后在柏拉图创建的哲学学院——阿卡德米学院（Academy）中制定出的理论，艺术可以揭示事物的真谛，而不必去模仿现实物体。为了眼睛而有意识地歪曲心灵中的绝对真理，这在理想国（the ideal Republic）中是没有立足之地的。

当然，卫城山门东西两侧柱廊 28 厘米的高差微乎其微；就在当下也可被忽略不计，况且在古代，此高差可能并不存在。然而直至今日，仍对其有着巨大的争议。一方面，帕提农神庙建造者们通过否认绝对的规律性和自然界中不存在的绝对的对称性，以寻求完美比例并且尝试将生命注入建筑中。他们这样做是为创作出完美的艺术作品，赋予之永恒，独立之于公众所感知的环境，好似吉萨金字塔建筑师们所想所做。另一方面，穆尼西克里和其同时代的艺术家们提出，一件艺术作品应该适应公众个人的感受。对其而言，不存在一件毋庸置疑和永恒完美的事物,重要的是观者对于建筑的印象。然而并愈发明显的是，这种印象不仅取决于三维艺术作品的观看角度，还取决于多种因素——特别是如何取悦喜新厌旧的公众。通过卫城山门的实例，这种偏好的转变得到了认同。建筑的演化不再只是为了找寻一种永恒的解决办法，而需随机应变，以满足公众变化的愿望并适应持续改变的环境。

接下来的几个世纪中，希腊化时期（Hellenistic）的建筑，即亚历山大大帝之后的希腊建筑，仍然保留了古典建筑的基本特征，尽管它们逐渐颀长且体积减小。帕提农神庙所主张的在体积上重复累积的感觉开始式微，转而趋向日益朴素的优雅——柱子更加修长，柱间距增大。这种越来越细的趋势并不新鲜，可以追溯到公元前550年，西西里岛上多立克神庙的柱子比晚建一个世纪的帕提农神庙的柱子显然粗得多。这种趋势延续了许多世纪，其间，关于艺术的普遍看法产生了根本改变。

新的思路、新的意识形态、新的价值观体系为建筑的演进创造了条件。然而，有形的结果、更明显的差异、可见的进步的出现和发展，往往仅因人们和为其服务的建筑师们的一个简单改变。

注释

1 Vitruvius: *De Architectura* V.1.3.

2 Vitruvius: *De Architectura* III.1.4.

3 Plinius: *NH* 34.65.

4 Plato: *Sophist* 235E.

5 Plato: *Meno* 91D.

参考文献

Coulton, J.J.: *Ancient Greek architects at Work*. Cornell University Press 1982.

Gruben, Gottfried: *Die Tempel der Griechen*. Hirmer 2001.
Haselberger, Lothar: “Bending the Truth; Curvature and other Refinements of the Parthenon.” In: Neils, Jenifer（ed.）: *The Parthenon: From Antiquity to the Present*. Cambridge University Press 2005, 101 ff.
Korres, Manolis: “Der Plan des Parthenon.” In: *Mitteilungen des deutschen archäologischen Instituts*, *Athenische Abteilung*, 109, 1994, 53 ff.
Neils, Jenifer: “‘With the Noblest Images on all Sides’: The Ionic frieze of the Parthenon.” In Neils, Jenifer（ed.）: *The Parthenon: From Antiquity to the Present*. Cambridge University Press 2005, 199 ff.
Pollitt, J.J.: *The Ancient View of Greek Art*. Yale University Press 1974.

7 必要之条件

罗马大引水渠

1960 年 9 月，西方国家和苏联之间的关系日趋白热化时，苏联领导人赫鲁晓夫（Nikita Khrushchev）访问了美国。总统艾森豪威尔（Eisenhower）没有向他展示导弹，也没有像每年五一节莫斯科红场上那样举行阅兵式；相反，他邀请赫鲁晓夫进行了一场直升机之旅，向他展现了下午高峰时段通往华盛顿郊区高速公路上的景象。

我们无法想象出没有电缆，没有交通标志和交通信号灯，没有铁路，没有机场、港口和发电厂的城市画面，基础设施遍布了整座城市。现代城市面积的四分之一是用于汽车交通或者为它们服务。我们只有在特殊的人烟稀少的地方才会碰见没有电线、高速公路、乡村公路和水渠的景象。

但这种情况只是特例。正如我们在本书的第 1 章所看到的，庇护所的建造使人类免受食肉动物的威胁，并让“他们冬暖夏凉”[1]，这使人类的足迹可以到达地球的各个角落。然而，永久的定居需要基础设施来维持人们舒适而安全的生活，况且，能提供所有物品并且分量充足的地区是不存在的，即使是一座中等规模的社区也必须面对生存和发展的压力。

水是人类最不可或缺的物品。但泉水和洁净河流难寻，水井成为最早建造的基础设施。井中取水耗费人工，且储水量也有限，因此从水量丰沛之地源源不断输水，是一项值当的投资。最简单的输水方法，即从高处的河中取水，在地表开渠，使水借重力而下，此法如今仍广泛应用于土地灌溉。

引水入村镇十分不易，穿过居住区的明渠极易遭到破坏。人们设计出引水渠，以保证输水安全，这为高密度人口聚居打下了基础，进一步说，这也是文明诞生的必要条件。在罗马帝国时期，引水渠的建设达到顶峰。

罗马粮产充裕，甚至可以供给埃及人口。其借助 14 座引水渠，从近百公里外的山泉和河流取水。鼎盛时期，即公元 1 世纪和 2 世纪，每日用水量高达几十万立方米，等同于今天纽约的人均用量。引来之水除基本用途外，还供给公共喷泉、宫殿、澡堂和权贵之家，满足罗马人的奢侈生活，如蒂沃利的哈德良别墅（Hadrian’s Villa in Tivoli），距罗马 30 公里远的帝王行宫，活水注满它的各式池塘。

人工湖，哈德良别墅，蒂沃利，罗马郊区，约公元 120 年

罗马第一条引水渠，阿庇乌引水渠（Aqua Appia）稍早于公元前300年，恰逢亚历山大的继任者们瓜分帝国的时代。引水渠给城市每日供应约7.3万立方米的用水，随之，更多的引水渠飞速建设并连通，一直到公元前27年的罗马共和国时期，罗马城每日可用水量达到38万立方米，比之前增加了5倍。公元1世纪中叶建立的克劳狄引水渠（Aqua Claudia）和新阿涅内河引水渠（Anio Novus）是水渠建设结束的标志。

每条引水渠中，靠近水位抬升处会建造沉淀池，泥浆、小石块等异物在此沉降。之后通过有盖的管道将水输送至城市的分配池，又按需分到多座蓄水池。类似于20世纪仍在使用的水管，水通过互相连通的铅管最终达到使用者处。

几十年来，一些历史学家认为统治阶级的铅中毒是罗马帝国崩溃的一项原因，此观点似乎有些天方夜谭。但事实证明，古罗马人骨中确实检测出一种能影响大脑功能，导致精神紧张和心理障碍的物质，这与用铅作为葡萄酒防腐剂密切相关，很可能由大量饮酒时摄入铅引发。因此，与管道相关的铅中毒苦涩地证明了一个事实——建筑的机械装置比其通常看起来的更加重要。帕提农神庙当然没有机械管线，在构成额枋的方形石头后是另一列石头，而不是现今房屋中为了给管线腾出空间常用的不锈钢架。20世纪70年代，当伦佐·皮亚诺（Renzo Piano）和理查德·罗杰斯（Richard Rogers）试图呼应巴黎波堡（Beaubourg）区石造建筑的结构真实性时，他们没有掩藏那些建筑运行所必需的机械设备。做到真实是要有巨大付出的：面向蓬皮杜街的立面由诸多显眼的管道组成，它们阻碍了建筑的功能空间与街道间的视线联系。

引水渠的沉淀池和分配池的工作原理很简单：水的自由落体。然而为实现这点，也需借助最先进的技术。许多引水渠都有百米高差不超过10厘米、0.1%倾斜度的区段。罗马人发明了简单但非常准确的水准测量工具。他们主要是用一根 5 米长的梁，沿其长度方向设一道装满水的槽，将其作为视线参照，他们能将梁完全水平放置。由于基础的纰漏，或因为一些其他原因造成的管道沉降而引起的地面细微变化都足以致使管渠无法使用，与此同时需要停止水的供应，直到损坏被修复好才能供水。尽管如此，除了过早投入使用的克劳狄引水渠管渠外，其他管渠出现故障的情况并不常见，维持其顺利运行的关键因素是有特定的几百名工人进行定期的系统维护。对于一项工程的持久性而言，简单的维护是至关重要的，尽管这与其他好想法并非一直是兼容的：在 2009 年，伦敦市长鲍里斯·约翰逊（Boris Johnson）就强烈抨击由诺曼·福斯特爵士（Sir Norman Foster）设计的伦敦市政大楼，因为这栋大楼的窗户极其难以清洗。[2] 而同是在这场典礼中，作为这栋大楼建造设计者的诺曼·福斯特被授予皇家城市规划协会年度奖。

为了穿越山谷，水有时沿着管道顺陡坡而下，流过一段水平短距离后，再爬上对面的斜坡，这种方法在公元 1 世纪中叶以后就不再使用，因为维持倒流相当困难。当地形阻挡于水流和城市之间时，引水渠转入地下，需要在地表挖掘，使用随挖随填的古老方式，今天的地铁工程中仍在使用。但是在山地和丘陵，需要洞穿整个山体，此法就行不通了，需要利用架高的水管道。今天罗马周围古代水渠使用的高架拱仍是千里可见；西班牙的塞哥维亚（Segovià）水道桥高达 29 米，法国南部的加尔水道桥（Pont du Gard）更达 55 米高，它们都是水管穿过深谷沟壑时必须建造的桥梁。

加尔水道桥建于公元 1 世纪中期，以其巨大的结构而闻名。它所用石头总重达 5 万吨，并被有效利用，搭建成连续拱券，共三层相互叠加，穿过一条小而湍急的河流。加尔桥最大跨度达 25 米，高度有 19 米，是为了支撑起一条宽 1.25 米，深 1.85

加尔水道桥，法国南部，约公元 40 年

米的水渠而建，这条输水道仅为庞大帝国中一座微不足道的小镇提供水源。

加尔水道桥代表了罗马人的思考方式。罗马和平（Pax Romana）时期[❶]的治世改变了世界，巨大的地理范围从苏格兰延伸到波斯。这种改变不是借助于新思想，也不是新科技，而是现有技术系统在帝国内的广泛运用。作为实用主义者，罗马人将正当和有效的国家职能作为他们的最终目的，对臣民施以旧式的父亲的情感和严厉。因此，对于政府官员而言，他们的荣耀一定程度上取决于帝国居民日常生活的改善。引水渠为世界带来了贡献，这种贡献比角斗士在角斗场里角逐所带来的娱乐更加有益。公元 97 年，作为罗马水务官员，塞克图斯·朱利叶斯·弗朗提努斯（Sextus Julius Frontinus）在他书中向读者倡导："请将闲置的金字塔和有名无用的希腊建筑与这一系列带来如此多水资源的、不可或缺的结构相比较！"[3]

❶ 罗马和平，又称罗马治世，指从屋大维统一罗马到"五贤帝"最后一位马可·奥勒留去世，罗马帝国前 200 年左右的时间，这段时期罗马政治大体稳定，经济富强。——译者注

明图尔诺附近的阿庇亚大道，拉齐奥，意大利

建筑师和工程师的作品是实现这一目标的关键，在他们的巧思下，几乎没有什么障碍被认为是不可逾越的。排水工程改善了卫生条件；道路贯穿整个帝国，穿过山岭、跨过河流，部分宽阔道路足以让两辆马车并驾齐驱；道路使得军队能迅速移动到帝国的任何行省，也为人员、货物和思想的传播提供了便利；道路网中许多桥的施工质量极好，直到今天仍可使用。港口和运河基础设施网络的规模空前。

对于其中几个项目的建设，有一种材料的使用，大大降低了成本造价。这就是罗马混凝土（*opus caementicium*），一种由火山灰、石灰和不规则形石头组成的混合物，当其与水混合，然后放置干燥后，就会变得坚固。在公元前 1 世纪，罗马人开始系统地使用这种材料。最初，使用不规则形状石头的砌筑方法，与使用方形石头或砖块类似，仍然将其一块块搭接，所以需要使用大量的砂浆粘合。同时，墙的两面都是用统一的棱形石块或砖块建造。在特定高度，设置了由大砖块规律搭建的水平带，从一个面搭接到另一面，将结构牢固拉结。在开口处，利用砖块搭建拱门，使得竖向的压力沿着拱的两端传递。之后由于认识到墙壁的强度取决于砂浆，而不是结构的几何规则性，石块的摆放愈加随意。

罗马人开发了一种非常复杂且基础的方法，用于河流或海洋中的工程。这与18世纪60年代晚期约翰·奥古斯都·罗布林（John Augustus Roebling）和他儿子华盛顿建造布鲁克林大桥（Brooklyn Bridge）的结构方法相类似：柱桩插入底部，在其下建造一个基座，一个挨着一个形成两排，直到有两面墙的围堰形成。该柱桩由打桩机打入河流或海床中，打桩机本身是一块由绳子悬挂在井架上的巨大石块，安装在一艘锚定在桩基间的竹筏上。奴隶将石头抬升到最高点，然后让其下坠，打在桩的顶端，使桩越打越深直至河床或海床的底部。两面墙壁间由沼泽中生长的草编制的袋子或篮子填充，袋子和篮子中填满泥土，充分压实，密不透水。然后将水抽干，去除污泥，对底部进行挖掘，直到地基稳固，适合基础施工时为止。只要环境条件允许，就会使用水硬砂浆，此砂浆包含火山灰，能在水中凝结。

公寓，奥斯蒂亚，罗马郊区，公元1世纪，上层建筑已失

公共厕所，奥斯蒂亚，罗马郊区，公元 1 世纪

罗马人着手建造一系列的城市，他们已经掌握了相应的技术来克服困难。这些城市的建设有着一定的规律：长方形的街道网格；道路用石头铺装；都配备有市场、剧院、圆形剧场、运动场、体育馆、公共喷泉和公共厕所。城市安全由军队来保护，不似过去仅依仗于自然环境，所以选址的首要条件是商业和经济的网络分布。仅此一点就足以决定欧洲在接下来几千年里城市发展的未来：许多帝国当时欠发达地区的城市，如巴黎和伦敦，是由罗马人创建。

通过一座城市的人口数量可以评估其实力，因此没有多层建筑的大城市也是难以想象的。将房屋楼板搭在另一层上的想法是革命性的，并且持续千年。正如公元前 7000 年的恰塔尔休于（Catalhoyuk），爬上自家屋顶正是这项革命迈出的第一步。[1] 在一个有城郭的城市中建造两层的房屋，大概是基于这样的想法：利用首层的墙来支撑另一层地板，并用于家庭单独使用。到公元前 2000 年，三层高的房屋就已经在美索不达米亚和埃及的城郭中存在了，此时每栋房屋住着不止一户人家。五层和

[1] 详见第 4 章。——译者注

六层的房屋——在一座不设防的城市中十分罕见——在罗马帝国中比比皆是。第一栋这样的房屋出现在罗马共和国时期，其中居住着大量的家庭，且每座都是规模小但人口密集的建筑集合——被称之为古罗马公寓（*insula*）。

古罗马公寓与典型的独立式住宅（*domus*）完全不同，其甚至可被视为一项重要的基础设施工程。事实上，每位罗马公民的房屋在一定程度上都是他在城市中地位的反映——独立住宅的四周在理论上与相邻房屋之间都留有一段狭窄的空地，即边缘（*ambitus*）——在“古典时期”（Greco-Roman）[1] 的城市，它是公民个体独立性的表现。然而城市中的公寓建筑是不可能反映出这种理念的。

当时没有公共交通运输，人们的居住选择很少，因此一段时期内，大城市中心的人口持续增长。底层阶级一栋贴着一栋而建的“传统的”一层或二层住房通过不断地增加和扩建，来满足家庭的需求。大的房屋被剖分，商店和工作坊在朝向临街一侧的首层中出现。通常情况下，地基会扩展到相邻房屋的产权地界上，结果，单一的建筑逐渐转变为各种类型建构的混杂体——最初，“公寓”这个词代表着这样一组建筑单体，它们缺乏住宅的性能，并且没有明确的产权。如何管理如此庞大且多元的领土？公寓，是古罗马这个标榜理性、沉迷于标准化的社会想出的彻底解决住房问题的方案。

许多富裕的罗马人对城市房地产和公寓的建设进行投资。尽管由于人满为患等原因，通常建设施工的质量较差，卫生条件也糟糕，但还是有高质量的公寓楼服务于上层阶级。

1500 多年后，欧洲才再次经历了这样组织性和系统性的基础设施建设历程，包括道路、港口和运河。这种工程主要出现

[1] 古典时期是指以地中海为中心，以古希腊和古罗马文明为代表的一系列文明的广义统称，英语直译为希罗世界（Greco-Roman world）。——译者注

于集权国家：如 17 世纪下半叶，路易十四治下，让 - 巴普蒂斯特 · 柯尔培尔（Jean Baptiste Colbert）担任财政大臣的法国。此后 200 年时间中，铁路将彻底取代泥泞的小道，作为覆盖欧洲平原的交通，到 1850 年，仅是英国的铁轨长度就已达到 6000 公里，并且在接下来的百年里，电线将穿越山岭和平原，点亮城市的夜晚，为我们的电视机和工厂提供电力。

缺乏基础设施的环境，我们称之为荒野，其中三分之一的区域常年被冰雪覆盖，占地球表面的 39%。地球上其余区域，如今很多建设伴随着人类活动，已经超过了即时环境的承受能力。尽管如此，引水渠像一座纪念碑，反映了人类靠自身的头脑和双手来回应每一个挑战的出色能力。

注释

1 Vitruvius: *De Architectura* II.1.5.

2 Willoughby, Michael: "Mayor Slams Foster's GLA building—Then Hands over an Award." *building.co.uk*, February 25, 2009.

3 Frontinus: *De Aquis* 1.16.

参考文献

Hodge, A.T.: *Roman Aqueducts & Water Supply*. Duckworth 2001.

Humphrey, John: *Greek and Roman Technology: A Sourcebook*. Taylor & Francis 1997.

Laurence, Ray: *The Roads of Roman Italy: Mobility and Cultural Change*. Routledge 1999.

Mays, Larry (ed.): *Ancient Water Technologies*. Springer 2010.

O'Connor, Colin: *Roman Bridges*. Cambridge University Press 1993.

Van der Bergh, Rena: "The plight of the poor urban tenant." In: *Revue Internationale des droits de l'Antiquité*, 2003, 443 ff.

8

建筑的胜利

内部空间的发展

19 世纪初的欧洲大都会，全景图极受欢迎——它们悬于室内，需用专门的圆形大厅来展示，其命名来源于高 10 米，长 100 米的巨幅画作。[1]通常全景图的表现内容为一座著名城市、一件闻名的历史事件，或一幅美丽的风景，一般由缺乏工作机会的艺术家或年轻建筑师创作，如卡尔·弗雷德里希·申克尔（Karl Friedrich Schinkel），这位古典主义时期的代表建筑师，其职业生涯即始于此。从观众角度来讲，几十人或坐或立，于大厅中央，欣赏环绕一周的图像，也是极具感染力之体验。

全景图的创作思路与 18 和 19 世纪剧场建筑异曲同工，也与当代配有杜比环绕系统的多功能厅不约而同。它们都试图摒除其他感官刺激，使观者完全沉浸于舞台效果中。

今天的建筑延续了这种传统，并用当代方式实现着相同的概念，来创造一种完全受控的环境，即人们能感受到的几乎所有视觉刺激，都已预先规划好。在遥远的过去，确实很难达到

---

[1] 全景图（Panorama），英文名称来源于希腊语，意为“all view”。18 世纪末，爱尔兰裔画家罗伯特·巴克（Robert Barker）在伦敦展出了附于圆柱形内表面上，描绘爱丁堡风光的画作。此画应为文内所指的“巨幅画作”。——译者著

此种效果，直到古罗马时期，通过大尺度内部空间的建构才得以实现。事实上，从帕提农神庙的建立，到西方古代世界完全崩塌，古典建筑经历了 900 年的演变，此成就是唯一值得称道的。在这种空间体验下，参与者极易在引导感官之游戏中愉悦地沉沦，正如公元 1 世纪中叶，塞涅卡（Seneca）❶写道："大西庇阿（Scipio）❷之浴池无牖，仅墙壁凿些许罅隙，引光入室……然现今，浴室需设敞窗，终日沐浴阳光，可洗澡兼之晒肤，处户内即能遥望海天之际，若弗如此，则浴室与飞蛾暗巢无异。"[1] 建筑似乎推开了改变人们生活方式的一扇明窗。

这种改变不是一蹴而就的。原初棚屋中那种封闭的空间，为我们的祖先遮风挡雨，驱赶寒冷和入侵者，却可能没有带给他们自给自足的安全感。这一时期也有例外：乌尔的内向型住宅，以无顶的中庭为核心，提供给居住者们与世隔绝的隐居生活体验。然而早期建筑的内部空间通常简单狭小，似乎仅是为了与室外相区别，并常与周围环境对立。

古典时期这种状况依然存在。神庙的内部空间远远容纳不了宗教的热情。最典型的世俗建筑，敞廊（古希腊称为 *stoas*），起初只是为参观者遮蔽风雨和日晒的简单棚子。其他大型的公共建筑基本空间也都在室外：运动场、剧场和竞技场。随着时间推移，敞廊规模愈渐宏大，长度甚至超过百米，进深足以抵挡寒气和冷雨的侵袭。因此诸如交易、医疗和行政管理等众多活动，敞廊内尽可容纳。

---

❶ 塞涅卡（约公元前 4 年— 65 年）是古罗马政治家、哲学家、悲剧作家、雄辩家、新斯多葛主义的代表。他曾任尼禄的家庭教师。尼禄即位后，他成为尼禄的主要顾问之一。失宠后被尼禄杀害。——译者注

❷ 大西庇阿（公元前 236 年—公元前 183 年），古罗马军事统帅、政治家。全名为普布利乌斯·科尔内利乌斯·西庇阿（Publius Cornelius Scipio），一般称"大西庇阿"，以便跟他的父亲"老西庇阿"，他的继孙小西庇阿相区分。他因在第二次布匿战争中打败迦太基统帅汉尼拔而著称于世，被称为"非洲的征服者西庇阿"（Scipio Africanus）。——译者注

大斗兽场，罗马，约公元 70 年

剧场的布局也随时间的变化而持续发展。狄俄倪索斯剧场（Dionysus' theater）建于雅典卫城南坡，其基地较为平缓，早于公元前 490 年，剧场第一排梯形座位（*cavea*）以最小的土方工程量完成。虽然配有木制座椅，但大多数观众可以选择坐在地上甚至躺着来观看表演。公元前 5 世纪和 4 世纪之交，剧场座位排列为近似弧形，上有木制座位。几十年过后，木材被大理石所取代，并沿山坡向进行了扩建，直到今天，部分座位遗迹仍清晰可见。当代，观众的观看行为是单一化的——虽然坐着可能挺舒适，但也没别的姿势可以选择——每个人都必须直视前方的舞台。在木制座椅时期，舞台只是简易的单层棚子。旷日经年，舞台逐渐变大，但从未高过两层并且长度有限。观众可以在高于舞台或舞台侧面观看连绵到海边的风景，或转眼观察黄昏将至时天空变幻的色彩。演出在白天举行，且多年来观众还可获得看戏津贴。

剧场建筑的变化趋势相当明确。逐渐地，剧场座位排列的坡度变陡；舞台空间扩大且层数变多，其高度超过最后一排座位。若还想看到天空，观众只能用不自然的姿势将头抬得很高。但很快，这也行不通了——大片的织物覆盖在座位上方，用来遮蔽阳光，防止灼伤。如今的电影院都不再选择山坡而建于平地，因为建筑不再依赖于自然的地形条件，支撑看台的大量坚实结构替换了山坡。随着舞台行为的改变，作为背景环境的大自然不再是演出的必需品，自然环境被装饰着柱子和三角山花的大舞台所取代。建筑加强了演出的戏剧效果，并带给观众烙印般深刻的印象和记忆。

使观众感到震撼的机器被设计出来——最著名者莫过于亚历山大利亚的希罗发明的汽转球（*automata*）：门随着复杂液压系统带动了圣坛上的火光而打开；由青铜球掉落在水平金属扁平物上所产生的声音听起来像雷声，宣布着神的降临。这是一些常用于戏剧，且富有想象力的方式。无独有偶，尼禄（Nero）在罗马帕拉丁山（Palatine Hill）的皇宫中，有一间顶棚可旋转的圆形宴会大厅，宾客在其中享受美食之余，每次抬头仰望描绘夜空壮丽景象的天花板时，都有不同的图像呈现在他们眼前[1]；五六百年后，各式各样的自动装置在拜占庭皇帝君士坦丁堡的大皇宫中（Palatium Magnum in Constantinople）交相辉映，震撼着每一位到访的外国使节。

城市中开敞的公共空间也在变化。斗转星移，建筑物逐渐增多，街道墙壁越来越高，也愈加坚固，人的视线不再自由。公元前 6 世纪的雅典中心广场（agora）只是一块用 60 厘米高[2]的石头和两到三栋小房子标识的区域。日积月累，愈发壮观的建筑物沿其边界线矗立起来，营造出一块围合的公共空间。

---

❶ 帕拉丁山的皇宫即尼禄的“金屋”（Domus Aurea）。根据古罗马作家苏维托尼乌斯《罗马十二帝王传》所述，金屋“餐厅装有旋转的象牙天花板……正厅呈圆形，像天空，昼夜不停地旋转。”——译者注

❷ 第 15 章作者提到了同样的例子，但高度为 70 厘米。——译者注

到公元1世纪，此时的罗马帝国广场群（the Imperial Fora of Rome）由科林斯柱组成的宏伟连拱廊围合，形成一座座方形的院落，柱子高度恰好不会阻挡人们观察天空的视线。每座广场都由一神庙主导，如在奥古斯都广场（the Forum of Augustus），建立了马尔斯神庙（the temple of Mars the Avenger，Mars Ultor）。它被置于一座高台上，需登上一段相当于其整个立面高度的巨大台阶才能抵达。然而，神庙与广场共用后墙。游客无法绕其一周，只能在前部空间活动，因此仅可从正面欣赏这座神庙。

我们很少看到一种如此持续稳定的趋势，其发展贯穿古典世界上千年的时间：城市结构愈发紧凑；公共空间从开敞到日益封闭；建筑的内部空间更加宏大壮丽。

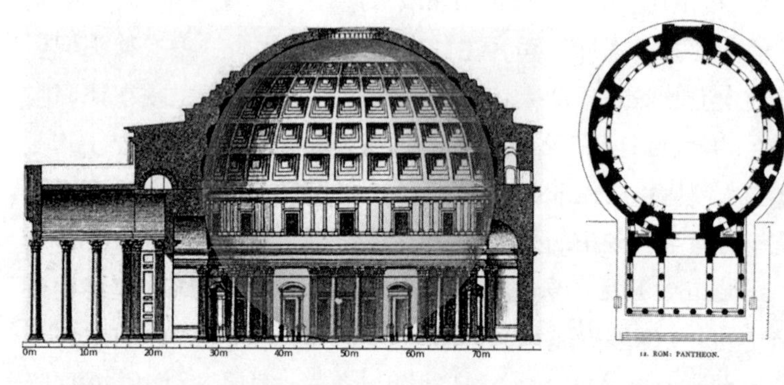

万神庙，罗马，约公元110年；Dehio & Bezold 绘，Cmglee/Meyers 复原

万神庙（Pantheon）就是其中的佼佼者。最初的建筑位于当时罗马城的郊区，于公元前27年建成，但毁于大火；经过约150年，在公元2世纪初哈德良皇帝（Emperor Hadrian）在位期间重建。万神庙的前部柱廊采用了较为保守的形式，但其内殿却是标新立异的突破性设计：建筑内部是半球形穹顶覆盖的圆形大厅，跨度43.3米，为当时世界之最。直到公元14世纪，

菲利波·伯鲁乃列斯基（Filippo Brunelleschi）设计了佛罗伦萨圣母百花大教堂（Florence’s Cathedral, Santa Maria del Fiore），它的八角形穹顶比万神殿仅仅大了几厘米[1]，更大跨度的结构直到19世纪才在铸铁建筑中出现。万神庙内部的高度同样是43.3米，这意味着此巨大空间恰好是一个球体；换言之，建筑内部本是球体，下半部被圆柱体所取代。

为了支撑穹顶，以及承担由此产生的侧推力，万神庙墙体厚约8米。墙壁上开凿了8座用科林斯柱装饰的壁龛；其中一座穿透厚墙，成为大门。这些壁龛好似小型神庙的门廊，带给整个大厅类似“室外”的特征，就像被多座建筑围合而成的公共空间一般，这与19世纪的全景图有异曲同工之妙——观众身处室内，却被一幅反映室外景象的画作环绕。这种“内”与“外”的翻转，即便只带给观者稍纵即逝的感触，却是为室内空间而生之新建筑的核心精神所在。

万神庙采用了一些降低自重的方法：壁龛与其间的隔墙等宽；实墙中也许存在空腔，或隐藏着朝向大厅的墙垛。这些措施减轻了基础这处脆弱部位的负担，对建在不稳定地基上的万神庙十分有利。

圆柱形的墙体支撑着巨大的半球形穹顶，观察者无法确定利用何种材料模具才能筑成穹顶上的凹格（coffers）[2]，或者穹顶是否用肋进行加固。顶部中央开一圆洞，直径6米；圆洞边缘好似受压环（compression ring），稳固了结构。

万神庙无窗，阳光却仍可射入，且室内光线柔和，人眼处

---

[1] 圣母百花大教堂穹顶的跨度，《弗莱彻建筑史》中，其平面八角形区域内切圆直径为138.6英尺，根据推算其外切圆直径约为150英尺（45.72米），但考虑到城市年代、墙体收分，以及穹顶并非正八边形等因素，该数据误差较大。其他较权威书籍如《加德纳艺术通史》给出了140英尺（42.67米）的数据。不过，圣母百花大教堂穹顶使用了多种材料，因此万神庙43.3米的跨度，仍然是公认的古代世界单一材料最大者。——译者注

[2] 一种凹陷饰板结构，常用于古典建筑的天花。——译者注

于舒适的状态。每年太阳高度角足够的几个小时里，直径 6 米的光束照射在墙壁上，与其余靠漫反射照亮的部分产生鲜明对比。尽管建筑的布局简单、易读，在两种光线交织下却产生了神秘的氛围，不失为一大壮举。每当下雨天水滴从圆洞飘洒而落，结合参观者身体产生的热气向上蒸腾，奇妙的效果会进一步加强；不过大部分的地板仍能保持干燥，因为圆洞的表面只是地板面积的五十分之一而已。

万神庙的外观带给观者的感受与内景截然不同。圆柱体清晰可辨，半球形穹顶则并不醒目，是因从外形看，穹顶坡度放缓，厚度从底部的超过 6 米减少到顶部的不到 1.5 米，其重量也随着高度的提高而逐渐降低。利用 7 个环箍抵抗向外的推力，防止穹顶向内坍塌：后世的哥特教堂中，这种侧推力是由精心设计的飞扶壁来承受的。最后一个环箍仅在外部可见，位于穹顶顶部，表面呈轻微弯曲。

万神庙，罗马，约公元 110 年；G. B. Piranesi 绘

圆柱体的墙壁和穹顶是由轻质石料在石灰砂浆中搅拌均匀后筑成；穹隆的最上部，则使用了小型黏土砖和多孔火山渣，而不是岩石的碎片。

以万神庙为代表，帝国最重要的建筑几乎都以罗马混凝土为主要材料。柱、梁和三角山花失去了结构作用，成为装饰：建筑由厚墙承重，筒形拱跨下形成洞口。城市的各种公共空间不再露天，被屋顶覆盖。恰当的建筑建造起来时，罗马人政治和社会生活的舞台由公共广场（the Fora）转移到浴场和巴西利卡（basilica，一种拥有壮观尺度的方形大厅）。这种情势下，卡拉卡拉浴场（the Baths of Caracalla）应运而生：它建于公元 3 世纪初期，228 米 ×116 米见方，40 米高的大厅中包含了热水、冷水和温水浴场，这相当于现代 12 层建筑的尺度。

建筑师对这类新建筑的外观相当漠不关心；他们将精力完全集中于如何创造出壮阔的内部空间，这种空间开启了人们从未见过的世界之门。内部空间作为主导的时代开始了，过去那种将建筑作为雕塑处理的手法已然过时。

然而不到一个世纪之后，新潮流应运而生。古典艺术几经起落，至此彻底衰败：建筑不再钟情于比例上的均衡，转而欣赏斑斓的大理石和马赛克；雕塑不再桎梏于现实再现，而开始注重情感表达。这些都为中世纪艺术的发展铺平了道路。我们早已在公元 3 世纪初斐洛斯特拉图斯（Flavius Philostratus）——一位属于期塞维鲁皇帝（Emperor Septimus Severus）的妻子尤利亚·多姆娜（Julia Domna）的圈子的诡辩家[1]——的著作中发现对这种思想理论性论证。创造力不再是亚里士多德的模仿说（imitation）——即对现实本质特征的再现，而是基于一种

[1] 诡辩家，古希腊语中为 Sophist，即智术师。——译者注

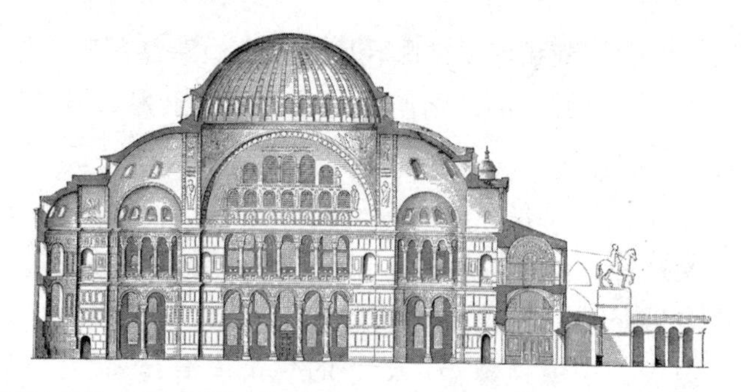

圣索菲亚大教堂，君士坦丁堡（今伊斯坦布尔），约公元 532 年，纵剖面；Lübke & Semrau 绘制，*Grundriß der Kunstgeschichte*，1908

超越洞察力的想象。罗马晚期的艺术就像让人在一个虚构的世界里享用令人振奋的圣餐。

当这种观念与基督教结合后，建筑与古典精神渐行渐远。基督教在公元 4 世纪中期开始主导罗马帝国，并最终成为官方宗教。在这种文化环境中涌现出的最好实例就是圣索菲亚大教堂（Hagia Sophia）[1]，它建于罗马帝国新首都君士坦丁堡。从公元 532 年到 537 年，教堂在五年内建成，由两位数学家，米利都的伊西多尔（Isidore of Miletus）和特拉勒斯的安提莫斯（Anthemius of Tralles）规划而建。20 年后，它的圆顶（cupola）因一场地震而坍塌，重建后与前作不尽相同[2]，但对观者而言，建筑的整体印象未曾改变。大教堂是由基本几何体组成，设计者却似乎希望建筑是不可名状的，并带给人们叹为观止的感受。穹顶坐落在帆拱（pendentives）之上，与方厅完美衔接。巨大的侧推力被下方的四分之一穹顶所承担；横向的侧推力则由大量的扶壁支撑，这些扶壁仅在建筑外部可见。如此复杂的受力

[1] Hagia Sophia，直译为上帝圣智教堂。——译者注

[2] 圣索菲亚大教堂最初的圆顶于 558 年坍塌，563 年新圆顶重建完成。与旧圆顶相比，新圆顶弧度更陡且内部带肋。——译者注

圣索菲亚大教堂，君士坦丁堡（今伊斯坦布尔），约公元 532 年，内景

关系很难一眼辨析出来，不似万神庙穹顶般明显坐落在墙体上。抬眼望去，多彩的马赛克更将目之所及处的景物复杂化了；鼓座下方的开窗使阳光洒落在金色马赛克上。这些奇景正如 16 世纪历史学家普罗柯比（Procopius）所赞叹的——穹顶好似在空中盘旋。[2]

也许查士丁尼（Justinian）大帝在下令建造此教堂时，他的脑海中有着清晰的目标：一方面通过建造一座前所未有的，最登峰造极的建筑，晓谕其权力的合法化；另一方面也是为了震撼在教堂中驻足的人们，并且将启示，也就是所谓的真相，可视化。1943 年温斯顿·丘吉尔在英国议会一次演讲中说道："我们虽然在营造建筑，但建筑也会重新塑造我们。"[3] 随着大尺度内部空间的发展，建筑对人思想和灵魂上的影响倍增。戏剧性的是，建筑师不能也不可能预先知晓，他们的建筑将带给后世何种影响……

注释

1 Seneca: *Epistulae Morales* LXXXVI.8, Loeb.

2 Procopius: *Buildings* I. 1.34.

3 Churchill, Sir Winston: "House of Commons Rebuilding", 28/10/1943, *8th session of the 37th parliament of the United Kingdom of Great Britain and Northern Ireland, 9th vol. of session 1942-43*. His Majesty's Stationery Office1943, 403.

参考文献

Corso, Antonio: "Attitudes to the visual arts of classical Greece in late antiquity." In: *Eulimene*, 2, 2001, 1 ff.

Hetland, L.M.: "Dating the Pantheon." In: *Journal of Roman Archaeology*, 20（1）, 2007, 95 ff.

Krautheimer, Richard: *Early Christian and Byzantine Architecture*. Penguin Books 1965.

Lamprecht, Hans Otto: *Opus caementicium*. Beton-Verlag 1984.

McDonald, William Lloyd: *The Pantheon: Design, Meaning, and Progeny*. Harvard University Press 1976.

Yegül, Fikret: *Bathing in the Roman World*. Cambridge University Press 2010.

9

尺度的问题

吴哥窟

“人但知蛮俗人物粗丑而甚黑……至如宫人及南棚妇女多有其白如玉者，盖以不见天日之光故也……椎髻跣足。虽国主之妻，亦只如此。国主凡有五妻。正室一人，四方四人。其下之属，闻有三五千，亦自分等级……凡人家有女美貌者，必召入内。其下供内中出入之役者，呼为陈家兰，亦不下一二千。”❶

上文引自《真腊风土记》[1]，作者周达观在元成宗元贞二年（1296），随使团到访高棉（Khmer）的首都。

这段话中对建筑的直接描述有限而简略，周达观却在字里行间处处隐晦地暗示出其在王国中的重要意义。女眷多达五千，且居住在同一宫殿群中，这种规模令人震惊。“凡人家有女美貌者，必召入内”则暗示着庞大的建筑群是高度集权产生的温床。国王妻子的数量体现了凡间王权和上天神权在空间中的呼应关系，但也让人意识到，利用耗资巨大的建筑来维持王国的秩序和阶级地位，只能导致分崩离析。问题可能还不止于此，历史

❶ [元]周达观原著，夏鼐校注，《真腊风土记校注》，北京：中华书局，1981：101-102.——译者注

上最野心勃勃的项目之一——吴哥寺庙群（Angkor's temples）在这种集权控制下开始建造，需要的石材甚至超过了吉萨金字塔的用量。

《真腊风土记》一书是否抓住了柬埔寨建筑最重要的特色，着实不易判断。周达观的描摹有时自相矛盾，如大厅装饰着金制窗户而王族却居于茅草屋内。书中那些雕梁画栋的穷奢极欲，或者只是建立在民不聊生的基础上。又或许，建筑虽是叙述中的一类主题，对其刻画却并不直接。书里介绍了桥梁跨越环绕城市的护城河，却只记叙了桥上装饰的细节，比如在护栏上的石雕——“蛇皆九头。五十四神皆以手拔蛇，有不容其走逸之势”❶。

印象中谈建筑最成功之道，即是周达观所做——一种综合所有的方法。抽象能力是具有极大个体差异的智力官能，甚至在相同文化环境中成长的个体间也会天差地别。维特鲁威早就指出，虽然人人都可以评判建筑，但只有建筑师可在建筑落成之前想象出其外观。[2] 即使是能够辨别出建筑特质的建筑师，当面对一系列庞杂信息时也会产生解读的偏差，尤其当他们来自不同的文化背景时。1414 年波焦 · 布拉乔利尼（Poggio Bracciolini）和他的助手在位于圣加仑（Saint Gallen）的修道院图书馆中发现了一份手稿，后来被证明它是另一份更早手稿的复制品。这其中包含了维特鲁威关于建筑的论述，但所有随文的附图均已丢失。直到 19 世纪，后人所尝试绘制的插图都与我们今天知道的这位罗马作家所要描述的内容大相径庭。这样的错误解读,也并非一无是处,因为他们往往是产生新想法的动力。正如文艺复兴那样：错误地理解维特鲁威，却启发出格外辉煌的新建筑时代。

---

❶ [元]周达观原著，夏鼐校注，《真腊风土记校注》，北京：中华书局，1981：43。——译者注

今天，旅行已成为日常生活一部分，即使这样，也非人人能亲临其境去感受世界上的著名建筑。周达观所处的时代，建筑图像极其罕见，个别存世者也绘制得相当概括。凡间的构筑物还常常被神化，如威尼斯或巴格达这些城市，它们更多的是通过代代口口相授的传说而闻名于世。通常建筑师们甚少提笔记录，因此专业描述（就算有也目的不明）十分稀少，但大量建筑却通过外行观察者的眼睛，活灵活现地传达给观众。

周达观眼中的这个都城有三大特点：城墙和环绕四周的护城河；宫殿和寺庙方形的外观和位置；建筑材料的符号学（semiology）含义。不过这位中国官员的主要关注点是当地居民：他们的日常生活在很大程度上受到习俗或法律的约束。他在文中无处不用典，是为了更加深入地解读城市的“硬件”（建筑物）和“软件”（风土人情），以及其所引发的象征意义。

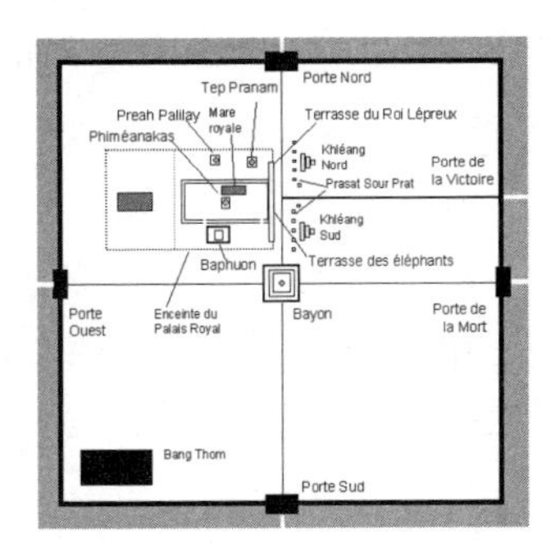

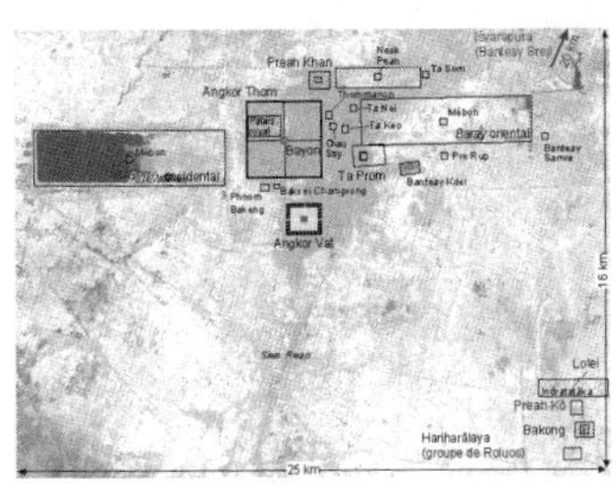

上图，吴哥通王城平面图，约公元 1180 年；下图，20 世纪吴哥地图。Lozère 绘制

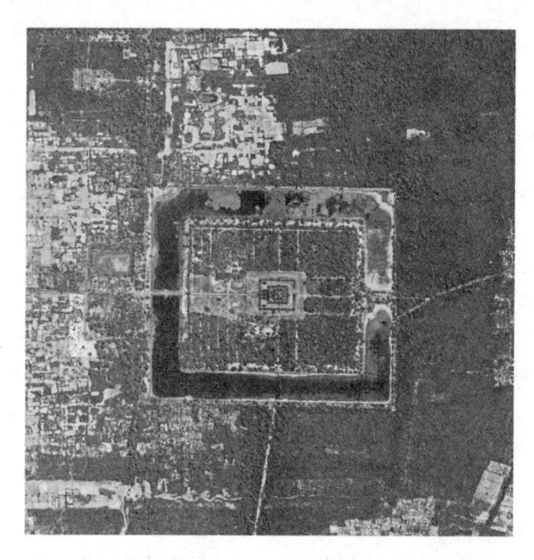

吴哥窟，20 世纪初

正如体现在服装式样、宗教仪式和固定节日中的象征意义可以突破城市的束缚一般，在这些宏伟建筑的布局和形式里所体现出的亦是如此。甚至在文字作为传递信息的主要载体的时代，即使只通过描述也可感知到，标志性建筑比任何事物都能带给普通大众更强的感染力。

1178 年，来自柬埔寨东部的占婆人破坏了当时高棉的首都，其后国王阇耶跋摩七世（Jayavarman Ⅶ）对都城进行了彻底的改革并着手重建。这位强势的王把自己年轻力壮的一腔热血都挥洒在这片土地上，并且怀着以铁血手腕统一高棉的雄心壮志：这座城市最著名的建筑之一巴戎寺（Bayon），它的石头上面就镌刻着颇有争议的政策。起初，阇耶跋摩七世比前几任统治者更加痴迷地拥护佛教，但也不排挤印度教——湿婆或者毗湿奴的教派。其后他的注意力从佛教转移到建设公共基础设施上：医院、蓄水池和驿站。城市路网建设完成后，他创建了两座恢宏的寺庙专门纪念父母。最后，他发起了一项巨大的工程——

复杂程度可与全世界艺术的总和相媲美——建造一座城市，使用另一种文化的语言，构建出宇宙的形象和微缩的世界模型。《律经》（*Śilpa-sāstra*，关于艺术和工艺品、包括建筑的经典）中记载的古典印度时期的概念仍然占主导地位，这种概念是相当典型和古老的。此种情况下的印度，虽然主流信仰经常发生改变，但关于建筑及空间序列设计的范式，却根植于人们的思想中。阇耶跋摩七世统治时期的佛教就是最好的例证。一座城市的基础是宗教的世俗化与空间的神秘化：人类选择在自然力量和神仙精灵分外活跃的地方定居。他们有义务遵守佛法——由印度教的理念转译到佛教中，是一种特定的普遍法则，用来探寻正道和无尽的真理——并再现建筑与城市尺度上的宇宙秩序。

这座城市在某个时期名为吴哥通王城（Angkor Thom）[1]，为边长约3公里的正方形，城墙和宽阔的护城河环绕四周。由一份铭文获知，统治者要将这座城市的重生与宇宙的创造相联系。城墙和护城河象征神山和乳海（the Ocean of Milk）；根据印度教的世界观，这是宇宙系统的第五轮，也是柬埔寨所处的位置。在这个精神被归于超自然的较低层次位置的世界里，这些结构分别被命名为胜利山（Jayagiri）和胜利河（Jayasindhu）。此外，印度教最重要的神话搅乳海的故事——在天神和阿修罗大战时，被搅乱的原始海洋会浮出仙丹灵药——被刻在所有城门上，旁边的雕像则是佛或国王，抑或是两者的结合体。

巨大的寺庙巴戎寺，位于城市的正中心，坐西朝东。以寺庙为中点，朝四方伸出笔直大道，并穿过五座城门中的四座；该地区这些庞大的寺庙都有着相似的布局，并充分考虑复杂的仪式需要。巴戎寺的设计十分规矩，且没有外围墙，可能寓意着由阇耶跋摩七世所提倡的佛教开放性。

---

[1] 亦译为大吴哥、吴哥城。——译者注

在巴戎寺的北面，第五座城门引出一条大道，可直达王宫东大门。王宫被 3 公里长的外墙包围，并且也面向东方。周达观的记叙中，这里有规模巨大的宫室，也有着“修廊复道，突兀参差”❶[3]的复杂空间，设计满足了使用者的需求和森严的等级，不似其他建筑那般概念突出。

社会等级制度决定城市形象的例子屡见不鲜。印度教传统中，村庄通常按照职业而聚集，即由同种姓的人来居住。此外，城市也进行了分区，相同社会阶层的人住在同一区内。除建筑物规模外，使用怎样的材料就如同允许穿何种服装一样，可表明居住者的社会地位。在吴哥王宫中，“正室之瓦以铅为之，余土瓦，黄色”❷。颜色的寓意在建筑中无处不在：古有恰塔尔休于、罗马和中国；今有白色的现代主义和缤纷的后现代主义；悉如英国议会使用红色和绿色的座位内衬区分上下议院。在吴哥通王城，国王夜卧金塔之下，而国戚大臣，“独家庙及正寝二处许用瓦”❸，其他房屋只能铺设茅草盖顶。官员府邸的大小则反映他们的官职。普通百姓也用茅草屋顶，“其广狭虽随家之贫富，然终不敢效府地制度也”❹。

总之，在吴哥通王城，随着城市规模的逐渐扩大，秩序性愈加明显，而在现代城市的发展进程中，情况则恰恰相反。当代城市的秩序性体现在小尺度中，比如单体建筑和小型街区，而从城市整体来看，巨大的尺度完全缺乏几何规律。现在已经逐渐消失的工人阶级住区，有可能是城市中最不规则和粗糙的结构，这类建筑会根据每户人家的需要不断改建，呈现出秩序

❶ [元] 周达观原著，夏鼐校注，《真腊风土记校注》，北京：中华书局，1981：64. ——译者注

❷ 同上。

❸ [元] 周达观原著，夏鼐校注，《真腊风土记校注》，北京：中华书局，1981：65. ——译者注

❹ 同上。

性的缺乏。吴哥官员的府邸和王宫类似，都富有秩序，规模也较大；寺庙用适应当地条件的材料建造，且完全对称和整齐，如同这座城市本身。整体的建设意图分外明确：世人逐渐脱离不停变化的肮脏生活——即充满了挣扎和错误的旧大陆——慢慢迎来平和、秩序且纯净的新世界，并由此渡向神灵的乐土；这也是走出虚幻感知，寻到普世真理的过程。

在几个世纪以来知识和传统的积累下，吴哥统治者创造出了世界的微缩模型。通过重现宇宙的结构，他的地位在民众心中得到了巩固，成为天神和凡人之间的媒介，被尊为菩萨——即佛祖得道之前的称谓。

吴哥窟，12 世纪早期

阇耶跋摩七世的城市根据其特定的形象，提供了从非显著、小型和混乱的到大规模和有序的，一种理想的转换模式。原本各种特质共生的城市景象：以混乱为特征的日常生活结构，代表国家和宇宙秩序的结构，原本在城市中共存，现在通过一种清晰的视觉化过程而加以美化。

利用象征手法，使城市中各种不同特质变得和谐共生，吴哥是典型的案例。

吴哥窟，12 世纪早期

一座可能是世界上最大的宗教建筑，吴哥窟（Angkor Wat）[1]，早于高棉首都改革几十年开始建设。这座建筑有可能是国王苏利耶跋摩二世（Suryavarman Ⅱ）之墓，之后不久又有巨大规模的寺庙在其周围落成：公元 1191 年，在阇耶跋摩七世统治的时期，同样壮丽的圣剑寺（Preah-Khan）在吴哥窟的正北方向不远处破土动工。经测量，吴哥窟低矮的外墙形成一个 1000 米 ×800 米的矩形，由宽近 200 米的护城河环绕。它的主寺高约 65 米，有三层高台层层递进，好似阶梯金字塔。这是一种当地常见的寺庙形式，从发现的铭文可知，其布局是为了重现须弥山的景象。[2] 须弥山是宇宙的轴线并包含着不同的世界层级，也是天界，印度教众神居住的所在。天界由五座山峰组成，

[1] 亦译为小吴哥、吴哥寺。——译者注

[2] 这种模仿须弥山的形式名为庙山建筑（Mountain-temple），除吴哥窟外，前文提到的巴戎寺也是此类建筑的代表。——译者注

其中一层是欲望之神伽摩（*Kama*）和一些小神居住的地方。世界之轴像一道沟槽，深可容纳地面上的建筑物；高山和海洋环绕着须弥山，分别通过城墙和护城河来体现。这座寺庙因为修建了五座高塔，好似加冕的王冠，一座在中心，其余分列四角，共同坐落在最高的台子上，象征着神山上的五峰。

不是每人都有权登上神山，对访问权限的控制也是森严社会等级的反映。普通民众只能进入寺庙底层，并且为了表示对寺中神灵的敬畏，人们都必须绕着建筑而行。

环绕四周的回廊不仅为形体简单的寺庙增加了功能和视觉上的复杂性，而且产生出一系列的广场和十字交叉空间。广场在这里有特殊的用途——祭坛，这也是早期印度教宇宙观中重现世界的一种行为。小尺度建筑部件相组合的形式在吴哥窟屡见不鲜，它们是否属于装饰，则是个较为复杂的问题。建筑的外轮廓线和地面的起伏似乎没有关联，回廊的柱子也不与背后殿堂的开间形成对应。这种处理的目的是为放置浮雕并强调雕塑的独立和意义，从而增加了寺庙的视觉复杂性。建筑结构与形式之间的不匹配使得结构的破损随着岁月而愈发明显。

印度次大陆的传统正是这种不匹配产生的源头，在那里类似情况已经历经几个世纪的发展演变了。就像建于公元 1010 年的泰米尔纳德邦（Tamil Nadu）坦贾武尔（Thanjavur）的布里哈迪希瓦拉湿婆神庙（Shiva Brihadeeswarar temple）所展示出的特质，它完全颠覆了我们今天对结构和功能的真实性的认知。

建筑物是由许多单个元素组成，每种元素都因地域和时代的不同，而产生了独有的、不同的形式，以及特殊的、符号性的内容。在这些建筑元素的背后，寺庙的“内部”，包括长长的走廊和宏伟的柱厅，是不能被外部所决定的。

尽管吴哥窟的规模宏大，但由石材凿出的图案和人物是如此的精雕细琢和栩栩如生（甚至比小型的工艺品更加精致），这种奇迹是众多工坊内的数千位雕刻师同时工作的成果。一些个人或者村庄为了纪念他们的祖先，用图像装饰了巴戎寺的部分回廊。这些图像包括了舞蹈着的仙女、混战中的阿修罗和天神，以及统治者浩荡的功绩，每种主题可能长达数百米，欣赏者需要极其清晰和敏锐的观察力，才不至于眼花缭乱、应接不暇。宗教仪式过程中，凝视充满错综复杂细节的雕塑，或围绕寺庙一圈圈地朝拜，均需花费长久的时间，这样才能将寺庙外界的真实空间和时间进行转换，并模糊他们心目中的神话传统和历史事件之间的界限。

布里哈迪希瓦拉神庙的细部，坦贾武尔，约公元 1010 年，细部

吴哥窟的创作者们成功地解决了建筑设计中最困难的一个问题：如何处理局部与整体之间的关系，如何用小尺度反映大尺度。镌刻在寺庙石头上成百上千的人物形象，每位都独一无二、美轮美奂，还有数十种轮廓线和雕饰带，也是这一伟大创作的重要部分，它们共同构建出这恰如其分的壮丽，各种元素充分发挥着它们的作用。这种伟大还体现在，将小尺度且混乱复杂的建筑和雕塑细节，融入显著且简单的大尺度中。

从古至今，小到设计一柄门把手，大到规划一座城市，建筑师们反复思考着：小尺度是否应该顺从大尺度。正如在吴哥中所体现的，区分部分和整体并不是必要的，因为当小规模和大规模相一致时，并且他们的形象相关联时；无论是渴望代表宇宙秩序，或是像 20 世纪的现代主义建筑师发誓要做的那样，用实证的方法来达成自己的设计，只要为了共同的原则，就都可行。甚至在今天，我们对大尺度与小尺度之间关系的回答，都能够推进对建筑的理解。

注释

1 Zhou Daguan/Harris, Peter: *A Record of Cambodia: The Land and Its People*. Silk Worm Books 2007, 54-55.

2 Vitruvius: *De Architectura* VI.8.10.

3 Zhou Daguan/Harris, Peter: *A Record of Cambodia: The Land and Its People*. Silk Worm Books 2007, 49.

参考文献

Coedès, George: “La destination funéraire des grands monuments Khmèr.” In: *Bulletin de l'Ecole française d’Extrême-Orient*, vol. 40–2, 1940, 315 ff.

Glaize, Maurice: *Les monuments du groupe d’Angkor*. A. Portail 1944.

Eliade, Mircea: *The Myth of the Eternal Return: Cosmos and History*. Princeton University Press 1971（1954）.

Mitchell, George: *The Hindu Temple*. University of Chicago Press 1988.

Rovedo, Vittorio/Clark, Joyce（eds.）: *Bayon: New Perspectives*. River Books 2007.

Yung Wai-chuen, Peter: *Angkor: The Khmers in Ancient Chinese Annals*. Oxford University Press 2000.

10

规整与无序

中世纪城市与哥特大教堂

在墨守成规的世界里，我们可能会发现，那些挑战常规，由不可预测进程所创造出的产物才是有魅力的。漫步在中世纪的欧洲小镇，我们可以领略那种依地势而建、非矩形网络的街道布局，朴实的温暖色调，不尽完美的地点以及建筑在修建和翻新时留下的明显痕迹。古典主义追求对称原则和时间上几近永恒的状态，而这些小镇的特点与其恰恰相反。对称，在古典时代意味着不同的建筑元素均衡、协调地结合；而秩序，意味着构成整体的各元素和各部分在大小、位置和连接上的次序——不管是建筑还是演说家的演讲，都遵循这样的原则。中世纪城市与古典主义完全对应的唯一特征，就是它们与分散的现代城市相比，其边界是明确的。有一点需要引起关注，那就是由于建造大的宅邸、体育馆、剧场和音乐厅经常要利用城墙外的空地，所以，古希腊和古罗马的城市没有明确的边界。

如第 4 章所述，古代美索不达米亚的城市，以及一些希腊罗马式的城市，它们的发展并没有事先的规划，其布局是建设不断累积的结果。它不遵照蓝图——但并非是不合理或无序的——并且，它是众多的反力相互平衡的结果。古典主义的一些理念已经转化为一套严格的综合建筑规范；所以不能按照那些理念来建造新房或加盖新房间，这样会打扰到别人，必须调整它们的形态以减小邻里之间的摩擦。至少从椭圆形神庙时代开始，财产的征用和房屋的拆迁就时有发生，但是，对家中壁炉的重视限制了按自己的愿望来塑造城市的中央当权者或统治者，这些内容我们可以在第 2 章看到。在中世纪的欧洲，城墙确定了边界，限制了城市的扩张。为了能够方便地进出每一幢房子，并保持街道的功能宽度，人们不再那么迫切地想要占据空地来盖房子。

纵观历史，所谓“有机增长”往往并不是完全任其发展，而是通过制定恰当的文法（legislation）或认定习惯法（customary law）[1] 来进行微妙的调节。例如，从我们所知的情况，罗马帝国晚期的东部省份，如果会妨碍邻近房屋的采光和日照，那就不许修建新的建筑物。这些规定后来被拜占庭帝国继承，在其基础上形成了中世纪欧洲的法律；显然，这样的规定是含糊不清的、宽泛的，可以任由解读。更加明确的条款不断出现：比如，新建筑的悬挑距离现有周边房屋的各个出挑最少要 10 英尺。大约公元前 500 年，雅典就全面禁止这样的悬挑；在中世纪的罗马，公元 1452 年才开始出台相关规定。

这些规定与随时间形成的道德观念和风俗习惯互为补充；它们经常利用与既有房屋的关系，来明确新建筑在坐标系中的位置，并不是只用本身的坐标而无视其他建筑。由此产生的城市景观对我们来说非常熟悉，因为它的建筑逻辑能在我们的眼前徐徐展开。建筑的序列随着我们的漫步展开，而不用非得看地图才能弄明白。当时的锡耶纳由九人党（the Nine）[2] 轮流统治

---

[1] “文法”、“习惯法”均为法律术语。——译者注

[2] 锡耶纳共和国在约 1286—1355 年间，由九人党（Noveschi）进行统治。期间，锡耶纳共和国达到政治和经济繁荣的顶峰。——译者注

“美好政府的寓言”，安布罗·洛伦泽蒂，大约公元1340，锡耶纳，市政厅

着，在它的市政厅（the Palazzo Pubblico）内有安布罗吉奥·洛伦泽蒂（Ambrogio Lorenzetti）的壁画（大约在1340年绘制），对理想城市进行了描绘，暗喻好政府是何种样貌；而150年后情况发生了很大改变，在皮耶罗·德拉·弗朗西斯卡（Piero della Fransesca）的圈子里，比如乌尔比诺（Urbino）公爵宫（the Pallazo Ducale）的绘画中，文艺复兴时期的城市都是完美、有序的。中世纪理想城市的房屋毫无几何秩序和条理，一个挨着一个地挤在一起，不会出现某一幢使其他幢黯然失色的情形，它们中有的还正在建造中，也就是说，最终形态尚未确定，明显体现出那是一座正在发展中的城市。

在罗马统治的几个世纪里，发展出了行政、金融和文化中心，这些城市的生存依赖由复杂的运输处理系统运送的乡下物产。随着帝国的版图不断缩小，中央集权的瓦解以及运输系统的废弃，城市变得荒凉并失去了大部分的人口——或是死亡，或是为了生存而迁往乡下。即使是在那些还留有一些人口的城市，一部分人也开始从事农业：田地和牧场常常就在城墙之内，离他们的家很近，甚至出门即是。

复苏的初步迹象出现在公元1000年前的那几十年，甚至更早。一些中世纪的欧洲城市沿用着之前形成于古罗马时代的街道网。有时候，这些保存下来的路网几乎完好无损，比如在帕维亚（Pavia）[1]。而在佛罗伦萨，随着城市结构密度越来越高，在4世纪和12世纪之间，对这些路网被进行了彻底的改造。有权势家族的院墙、新建的商店和作坊，使得原本通畅的道路变得狭窄甚至完全阻塞，形成了障碍和死胡同；由于从一开始就缺乏强有力的管理，城市变成许多孤立的小区域乱作一团。在一些城市，它们较古老时期的痕迹消失殆尽。纪念性建筑物的废墟，经常被再利用为新建筑的基础——卢卡（Lucca）竞技广场（the Piazza Anfiteatro）所处位置正是罗马圆形剧场中央的场地所在，并且形状完全相同：它是以从前的观众席为基础，再沿其边界建造新建筑的；也是通过这样类似的步骤，图密善竞技场（the Stadium of Domitian）变成了罗马城里最美丽的广场之一，纳沃纳广场（the Piazza Navona）。

许多欧洲的中世纪城市，是从宗教设施之外的临时聚居地发展起来的，特别是北方，比如施派尔（Speyer）[2]，亦名罗马圣地（Roman Nemetum），就是当地主教座所在。财富，知识和相当多的政治力量聚集于此，也就是说，这里具备商业交易发生的适当条件：在罗马帝国崩溃几百年之后，贸易可以说比其他任何活动更能促进城市原始核心的形成。

与农村相比，城市是另一个世界。慢慢地，从11世纪开始，居民组织起来形成政治实体和公社，这主要是通过他们的专业协会和行会进行的。逐渐地，依靠贸易和手工业并用货币作为交换媒介的新兴城市经济，逐渐从农业生产中部分脱离出来；钱币可以积累，然后投资于任何有利可图的企业。

在这种环境中，城市居民逐渐从贵族和教会手中，争取到

[1] 意大利北方城市，在米兰以南。——译者注

[2] 德国西南部城市。——译者注

了我们今天称之为基本人权的东西：包括工作和经商的权利，拥有财产的权利，以及进行公平审判的权利。一般而言，农民仍然被剥夺了这些权利，因为他们大多是农奴——换言之，他们是其所劳作的土地的附属物。城市的出现也极大地影响了他们的生活。“城市的空气带来自由”❶是德国中世纪的一种说法，指的是曾经颁布的一项习惯法：如果农奴躲在城市里，并在那里住了一年，那么他就自由了；他不会被他的主人再领回去，他将属于这座城市。1232 年，中欧的几座城市发展壮大，急需榨干那些大地主所有的劳动力，这条习惯法被部分废止了。[1] 然而再往南，情况稍有不同：例如，1256 年，当废除奴隶制的风潮达到顶点时，在意大利还没有像欧洲其他地区那样广为开展，博洛尼亚（Bologna）城境内的所有的农奴都已然被解放了，这导致全市的人口瞬间增加了 5000 人。

与皮耶罗·德拉·弗朗西斯卡所认为的理想的文艺复兴城市相反，洛伦泽蒂的 14 世纪的理想城市里到处都是人：那些工作、交易、展示其财富和社会地位的人。中世纪城市里有限的公共空间中，特别是中心广场，有五花八门的活动：大部分的交易活动在此进行；政府在这儿发布通知，重要的城市议题在这里被讨论；一些原本在教堂举行的活动也在这里进行；既有公共表演，还组织宗教游行；判决在此执行，女巫在这里被烧死。

从这些公共空间的形式可以看出每座城市中各种势力的复杂平衡。从很早开始，控制公共空间布局的竞争就是激烈的：控制人群集中的地方非常重要。教会，代表着上帝激发人们的敬畏和惊叹，它是强大的政治文化操纵者，并经常要求扮演公众领袖的角色；值得注意的是，大教堂被当作城市中最重要的建筑物。市民往往也要求政治上的优势，它们与教会的关系从

❶ 此句在原文中为德语“Stadtluft macht frei”。——译者注

完全对立到合作，再到屈服。政治的两极也体现在空间上，大教堂和市政厅前面的两座大广场，一般就是城市的两个关键节点。有权势的人通过各种方式来彰显自己的力量。在欧洲中部，国王、当地的贵族、修道院以及社会团体，会在城市最高点来建造自己的城堡；在意大利中部和北部，有影响力和财富的家庭，通过建造塔楼来炫耀他们的权力，其高度常常超过 70 米，底面仅有一间房那么大。此外，在城中心建设最大、最高的建筑，而向外围建造那些不太起眼、简陋的房屋，导致了社会、政治和财富力量集中到某些区域，而权力阶层的目的（出于政治和声望的原因）就是要更加靠近这些区域。

随着政府力量的壮大，他们试图按照能显示自身政治身份的方式来塑造城市，为了实现这一目标，甚至采取激进的行动。从审美标准到象征手法，政府在城市形象的问题上有时候会直接与贵族阶层发生冲突。比如说，在 13 世纪下半叶，各方势力的微妙平衡使他们获得了某些胜利，一些意大利城市就强制降低塔楼的高度或是干脆拆除它们。在佛罗伦萨，建筑的最大高度被定为 29 米。在博洛尼亚，近 200 座的塔楼只有 2 座保留下来。锡耶纳紧跟着颁布了一条相当严厉的政策；此外，像佛罗伦萨，政府盗用了贵族们曾使用的标志来彰显他们的权力：修建了一座有高耸塔楼的市政厅。在距离锡耶纳只有几公里的圣吉米纳诺（San Gimignano），将近 70 座中世纪的高塔中仅有 14 座幸存下来，它们至今仍然主导着这座城市的天际线。

最活跃的政府将对城市形象的管理作为增强凝聚力的手段。像对待一件艺术品那样将城市作为一个整体来进行构想，而不仅仅只关注纪念性的建筑，每个团体都制定了一系列措施，旨在利用个人的进取心来为公共目标服务：创造一座美学上合理有序的城市。

相比其他任何城市，锡耶纳为达成这个目标所做的尝试更

14 世纪早期，锡耶纳的市政厅和中心广场

加有条不紊。一方面，估计到管理公共空间能体现他们的优先权，政府将道路清洁的任务分配给邻近的业主，违者处以罚款。另一方面，它开始试图使城市的形态均质化：首先，强制性垄断砖的供应，即基本的建筑材料，这一举动的主要目的是获取巨大的收益；其次，引入全套的建筑法规。这些措施明确地声明，它们旨在城市之美和全体居民的满意度[2]；这使得新建筑逐渐取代了旧建筑——尤其是城市最中心的——新建筑之间有更多的共同特征，甚至超过了洛伦泽蒂的理想城市所描绘的。在理想之城中，过去的痕迹依然是活跃的，尤其是高耸的家族之塔，但它们将不会再引起 14 世纪意大利城市居民的想象，尤其进入 15 世纪之后，出现了一种新的象征权力的房屋样式——文艺复兴时期的宫殿。

锡耶纳的街道宽度有严格的规定：主干道宽 6.5 米左右，次干道宽 3 米。并且规定“在任何地方重新建造的任何建筑都应沿着公共的大街……与既有房屋保持在一条线上，不能突出于其他的建筑，对每栋房屋应该平等地进行处理和安排。”[3] 对于

圣丹尼斯大教堂的唱诗班，阿伯特·苏歇（Abbot Suger），约公元1140年

主要广场附近官邸的重建，有专门的特别严格的规定，即使它们里面住着城中最有权势的大家族。这些建筑一定得整齐；它们的窗户形状必须与市政厅的窗户一致，而且不准有阳台。所有的建筑都鳞次栉比地排列着，它们的立面共同组成了一道大的界面将市政厅围合起来，由于它们位于广场较低的一面，所以在市政厅前面它们就像圆形剧场般地展开。广场上铺砌的红砖形成九个扇形图案，象征着统治这座城市的九人党。

市政厅，始建于公元1300年前后，由三部分组成：中央多少会让人联想到佛罗伦萨市政厅，佛罗伦萨是锡耶纳在托斯卡纳地区（Tuscany）永远的竞争对手，它们通过建造那个时代权力阶层的府邸来互相攀比；两边的侧翼较低，并与中央部分形成小角度，这使它的立面微微向内弯曲，好似广场的有机组成部分。对当时主流建筑的借鉴比比皆是，包括雉堞和高耸的塔楼，都是过去风格的残留。通过这样的手法，在千篇一律中独树一帜的市政厅被整合进一个整体,这个整体由公共和私有建筑两部分构成。

与市政厅形成鲜明对比的，是伫立在 200 米以外山顶上的大教堂。教堂的建设时间比市政厅大概早 80 年。进深 100 米，装饰华丽，色调是锡耶纳军服的颜色，使得大教堂从城中那些现世的建筑中脱颖而出：无论是大教堂笔直的大轴线，还是精巧且风格统一的装饰，都在城市中独一无二。

不止意大利，在欧洲的中部和北部，哥特式建筑促成了大教堂这种独特的结构。只用了短短十几年就风靡欧洲大陆和英伦三岛的哥特式建筑，它的出现至少可以追溯到 11 世纪 30 年代，当时阿伯特·苏歇（Abbot Suger）[1]——法国国王路易六世和路易七世的亲密伙伴——为了避免内部拥挤并需要大量采光，开始着手重建圣丹尼斯修道院教堂（the basilica of Saint Denis）。

凭借惊人的高度和装饰，优雅的哥特大教堂吸引了一代又一代当地人，并投入大量的财富和精力。似乎通过建造它们，人们看到了机会，一种超脱于他们生活中每天要面对的严酷现实，而参与到他们亲手创造的这些令人惊叹的建筑物所构成的虚幻世界中的机会。在他们眼中，这些建筑或多或少是需要神的介入才能实现的。[4] 它们鼓舞着其他人也照着做，在他们的城市中创造出类似的奇迹。

显然，哥特式大教堂的这种令人印象极为深刻的外观要归功于它们敢于充分利用石材的力量，有时甚至走向极端——竟然在需要的时候让石材去承受拉力。而这同时也因为它们将高度的规律性和极端的视觉复杂性的结合展现出来。维拉尔·德·奥内库尔（Villard de Honnecourt），一位生活在 13 世纪中叶，来自皮卡第地区（Picardy）的修士，他保存在 33 张羊皮纸上的手稿，清楚地表明了哥特式建筑的特性：精雕细刻的

---

[1] 苏歇（1081—1151 年），法国大主教，政治家和历史学家。——译者注

人体面貌和建筑纹饰，都是根据简单的几何原则组织在一起的。初等几何与视觉复杂性的交融，在世界各地的建筑中都有所体现：如第 9 章中，我们在吴哥的案例中也看到了这一点。仅凭这些，就足以让哥特式大教堂从环绕在它周围的建筑物中脱颖而出，因为周边的建筑具有与其相反的品质：它们的轮廓不规则，有大量的纹理变化，并且缺乏细节。

锡耶纳大教堂，约公元 1215 年

走在今天的锡耶纳，我们会不太欣赏这座城市的秩序感和匀质化——这曾是其领导者宣布的目标，尤其是在九人党管理的期间——但是，又会觉察到其中的不规则。

我们的判断并不是完全主观的；在 13 和 14 世纪，那些管理和控制建筑活动的人设想了一种规律性，而这种规律性在接下来的几个世纪里并不为我们所追求和认识（虽然我们现在已经习以为常了）。一方面，这些房屋前面有城中最具规律性的教堂；而另一方面，那些历经岁月的连墙壁都有些前倾的小住宅却是如此混乱，不规律的间距，柱、拱、窗都未统一，反复地加建和扩建。他们采取了折中的方式，试图使城市的外观有序，

维拉尔·德·奥内库尔的手稿 约公元 1230 年

这关系到构成外观的不同部分。这是没有经过详细规划的外观，但并不是在没有原则的情况下形成的。它基于相互间位置的关系而不是几何图样；它基于逐渐的演变，而不是预先确定的设计；它基于平衡而非一味地重复；它基于创造而不是固定的模式；它是在我们看来介于规整和无序之间的形式。

这在历史上既不是第一次发生也不是最后一次。在公元前 6 世纪的小亚细亚（Asia Minor），伟大的希腊神庙就是这种平衡的典型：它们的柱子（当然，都是相同的高度）各不相同，由不同的工坊制成，选择的自由度很大。这些柱子彼此相邻形成柱廊，支撑着过梁和上面的檐壁。没人能反驳，在公元前 6 世纪的爱奥尼亚（Ionia），个体意识比伯里克利（Pericles）领导下的雅典更为先进，那时的雅典正在建帕提农神庙，那里的柱子也来自不同的工坊，彼此之间几乎没有差别。

随着庞大的哥特式教堂的建设，以及对城市形态的不断管理，人们的观念有重大转变，他们能够辨别多样与混乱、秩序与乏味、同质与重复之间的界限；他们的观念与时俱进。

注释

1 *MGH, Friderici II Constitutiones,* no 171, 5/1232, 211-13.

2 Archivio di Stato di Siena, Consiglio Generale: *Deliberazioni*, 139 ff. 52r.-53v., 6 Dec 1346.

3 *Ibid.*

4 Abbot Suger: *The Other Little Book on the Consecration of the Church of St-Denis,* II.

参考文献

Bordone, Renato/Sergi, Giuseppe: *Dieci secoli di medioevo*. Einaudi 2009.

Bowsky, William M.: *A Medieval Italian Commune: Siena under the Nine, 1287–1355*. University of California Press 1981.

Le Goff, Jacques: *La civilisation de l'occident médiéval*. Champs 1964.

Oraiopoulos, Philippos: *Le modèle spatial de l'Orient hellène – le discourse néohellénique sur la ville et l'architectrure*. L' Harmattan 1998.

Toman, Rolf（ed.）: *The Art of Gothic: Architecture, Sculpture, Painting*. Könemann 1999.

Waley, Daniel Philip: *Siena and the Sienese in the Thirteenth Century*. Cambridge University Press 2006.

11

建筑与数学

阿尔罕布拉宫

“当我们走进阿尔罕布拉宫，我瞬间被水的反射力量所震撼。宫殿好似建在水中。潺潺细流从一座喷泉流淌向另一座。整座建筑表现出垂直的对称性：它右边的立面是左边立面的完美反射。站在桃金娘庭院（the Courtyard of the Myrtles）水池的一端，你会看到另一座完美复制的建筑倒映在水面上。这片平静的水面一直延伸到立面柱子的脚下，宫殿和它的倒影连了起来，让人觉得仿佛是一块水晶悬浮在空中。有女孩子把手伸进水里，想摸一摸那里游动的鱼，于是，对称被打破了。不费多大力气，水面的平静不再，宫殿的倒影碎成一片片的。那就是水要传递的信息：完美之对称难有。大自然当然知道这点。水中对称的脆弱和所象征的意义吸引着摩尔人（Moorish）的建筑师。宫殿实体的对称性与水池中难以捉摸的倒影之间的对话，体现出神的永恒本质和我们尘世的脆弱短暂之间的紧张关系。”[1]

这段描述来自马库斯·杜索托伊（Marcus du Sautoy），牛津大学数学系的著名教授。杜索托伊是一位群论和数论的专家，可以从他最近参观阿尔罕布拉宫所写的文字中体现出来：

“宫殿的墙覆盖着颜色各异、铺成图案的瓷砖。对称所营造的韵律几乎使墙都有节奏地跃动起来，给人一种运动中的图像效果，暗示着无限广阔的空间……这是为何穆斯林艺术家们钟情于对称的原因：作为神无边的智慧和威严的一种艺术表现……隐藏在每种平铺样式背后的，是可能存在于二维表面上的 17 种对称中的一种。这些艺术家想要知道对称的种类到底有没有尽头，所以我们可以看到他们构思出的不同形状的排列……想要确定中世纪的摩尔艺术家们是不是绞尽脑汁都想不出墙上瓷砖的第 18 种对称模式，数学家们可能还得再花上 500 年来论证。”

萨尔瓦多帕塔尔，阿尔罕布拉宫，格拉纳达，14 世纪早期之后

墙面贴砖，阿尔罕布拉宫，格拉纳达，14 世纪早期

西班牙格拉纳达（Granada）的阿尔罕布拉宫（Alhambra Palace），坐落在一处高原的小山顶上，达罗河（the Darro River）就在山脚下。最初，它是 10 世纪安达卢西亚（Andalusia）的一座穆斯林摩尔人统治者的小城堡，经历几个阶段逐渐扩大。公元 1330 左右，也就是锡耶纳市政厅几近完成的时候，阿尔罕布拉宫最有名的建造阶段开始了。它被称为“祖母绿上的珍珠”，并被许多诗人赞美——这样说一点也不夸张，因为它是一座真正的伊甸园，在干燥而温暖的土地上，流水潺潺，绿意盎然。整座建筑被有 13 座塔楼的围墙包裹，塔楼若隐若现，用于宫殿的防御，同时也提供了欣赏风景的机会。从宫殿的一角延伸过去的大公园被摩尔人种满了桃金娘、橘子树和玫瑰花，并用引水渠将流下山谷之前的达罗河水引来进行灌溉。

在西方被称为阿威罗伊（Averroes）的 12 世纪的哲学家和天文学家，阿布 · L · 瓦利德 · 穆罕默德 · 伊本 · 路世德（Abu-l-Walid Muhammad ibnRushd）就来自安达卢西亚。作为最多产和最有影响力的亚里士多德的中世纪评注者之一，他延续着一种有几百年历史的老传统。在他的时代，关于逻辑学、宇宙论、天文学、医学和数学的大量古希腊文本已经被翻译成阿拉伯语。

在接下来的几个世纪，研究希腊古典文本的欧洲学者依靠这些阿拉伯译本的指导；1198年，在阿威罗伊去世后几年，他对亚里士多德的《物理学》(*Physics*)、《论天》(*On the Heavens*)和其他作品的评注被译成当时欧洲的通用语言拉丁文。9世纪后期，欧几里得的著作已被翻译成阿拉伯语；实际上，直到12世纪它们才被从阿拉伯语译成拉丁文。亚里士多德、盖伦、托勒密和阿基米德最早译成拉丁文的几部著作，都是从阿拉伯语版本翻译过来的。

阿拉伯人，以及同时代的波斯人，对古希腊的科学发展做出了重大的贡献。他们根据印度数学家的理念，奠定了代数的基础，也取得了光学方面的重大进展。其先进的知识以及对数学和物理的热爱大大促进了伊斯兰建筑和艺术的发展——这可以从阿尔罕布拉宫以及从菲斯到伊斯法罕，从撒马尔罕到德里的其他杰作中看到。

几何图形被反复地用来说明并重现宇宙的秩序。例如，矩形的穹顶结构，有可能代表一生万物，即由一位神创造了我们世界的多样性；圆顶代表原始的统一，它逐渐展开、化圆为方，转换为其下方各向同性的立方结构的正交体系。此外，穆斯林的建筑师和艺术家之所以转而使用几何图形，是为了创造抽象的图像来装饰他们的建筑，因为伊斯兰教对于用人和动物来进行装饰是绝对禁止的。

在世界各地以及各个文化语境中，都或多或少地将数学应用于建筑和艺术。正如我们所知，古埃及人常常使用金字塔这种基本几何形状，配以非常特殊的尺寸和比例，来建造他们最重要的建筑：几位法老和高级官员的陵墓。一些最有名的古希腊雕塑家严格按照人体四肢大小所蕴含的比例来制作雕像，将一套成熟的理论应用于他们的实践。几个世纪后，维特鲁威宣称，多立克、爱奥尼克、科林斯这些柱式分别代

大清真寺，科尔多瓦，公元 785-987 年

表男性、女性和年轻女孩。[1]因此，按这些风格建造的建筑是以不同的比例体系为基础的：相比爱奥尼柱式，多立克柱式的柱高与柱直径之比例更小，因此显得雄壮有力；科林斯柱式拥有最纤细的比例，对应于处女的优雅和美丽。在世界的另一边的印度次大陆，印度教寺庙的线脚、檐壁的比例和层数都有严格的规定。类似的例子在全球范围内举不胜举。

在不同的历史时期，建筑师的社会地位发生了很大变化，且并不罕见：比如在希腊古典时期，建筑师职业在一定程度上被认为是低级的，不似音乐家或雄辩术士。在这种情况下，数学不仅仅为建筑学提供帮助以解决实际设计问题，它还有助于提高建筑师的地位。数学一直激发着人们的想象力；它的抽象系统只建立于公理之中，能够以一种简单而明确的方式描述出来，它是“令人着迷”的法律[2]，统治着世界中看似一片混乱的复杂事物，而了解其奥秘的人备受尊重。

❶ 详见《建筑十书》第四书第一章。——译者注

建筑师经常用几何图案和特定的数学比例来塑造和装饰他们的房屋，给他们带来声望和美：声望，是源于这些建筑显现出了与上帝或自然造物之间的相似性；美，是源于某种世界的一致性能够通过这样的方式转移到建筑上。这不就像从毕达哥拉斯的那个时代才有的音乐吗？那时，他发现长度上具有简单数值关系的弦可以产生悦耳的声音。

在西方，建筑师经常将简单的数学比例结合到他们的建筑中。素数，被哲学家和术士用东方的或毕达哥拉斯的起源学说神化成具有一系列形而上品质的事物，这种情况至少持续到 17 世纪。在许多情况下，最基础的整数被认为对应于宇宙的结构单元；由于种种原因，一些其他的数字，比如 6、10、256，被认为能体现出完美。而西方的建筑师不常使用单纯的几何形状，如圆形、四边形或八边形。几何本身在宇宙学中有一个特殊的地位：柏拉图认为"上帝是几何学家"[3]，这个世界——形状是球体，因为圆是完美的图形——由五种固定的元素组成，分别对应着土，水，空气，火和以太。而亚里士多德曾坚决反对这种观点，阿威罗伊也曾就这一主题写了长篇评论，后来还被翻译成拉丁文。

据说，包含简单的数值比例和几何形状的建筑物的存在证实了这样一种说法，宇宙是按照神秘法则创建的，这种法则由素数和基本几何形来表达：这自圆自说的预言勾起了公众追求事物隐含意义的巨大热情。话虽这样说，而这个预言难以赢得哲学家和数学家的认可，因为他们在这种对数学的应用中发现数学被过度地简化，甚至是被轻视。

但对于伊斯兰世界，事情就有点不一样了。建筑师和艺术家们继承了希腊和罗马在设计中使用比例的传统——大马士革清真寺（the Great Mosque of Damascus）就是一个典型的例子。虽然，他们主要运用几何图形，小到地毯大到清真寺，发展出

卡里昂清真寺（Po-i-Kalyan Mosque），布哈拉，公元 1172 年

一种无论大小物体都适用的设计理念。它可以概括为使用简单的几何形——四边形、菱形、圆形、立方体、半球——这些几何形内接有极为复杂的更小的单元图形。

根据一种普遍的看法，这也是几个西方的哲学家和神学家认可的，几何形的完美反映了神本身的完美，即便这样，按照阿威罗伊的说法，上帝并没有无限自由的意志，他并不是作为绝对统治者来随意决定世界的，而是通过他自己颁布的一种由必要动机组成的体系来统治这个世界。数学——特别是几何——建立的方式完全符合这种宇宙观。一位也来自于安达卢西亚的哲学家伊本·阿拉比（Ibn Arabi）比起阿威罗伊（在他年轻时曾遇到过），是新的一代，他基于一种悠久伊斯兰教苏非派传统，广泛地使用几何形来描述他的宇宙观。

像我们在阿尔罕布拉宫的墙壁和地板上看到的那些极其复杂的对称，是与阿威罗伊和苏非派教徒所理解的世界相一致的。这更符合所谓的偶因论[1]者（occasionalist）的态度，许多正统

[1] 偶因论（Occasionalism），是一种关于因果关系的伊斯兰哲学理论，最早产生于 9 世纪的伊拉克，即被创造的物质不可能成为偶发事件的动因，相反所有事件直接产生于造物主。——译者注

的穆斯林神学家和哲学家就持这种态度，他们拒绝接受亚里士多德的世界是永恒的思想，他们赞同德谟克利特，认为世界并不是永恒不变的，而是由许多粒子结合在一起组成的。在这个过程中，他们认为，真主按自己的意愿来介入世界的改变。即使今天的专家也常常无法辨识出阿尔罕布拉宫（以及其他伊斯兰艺术品）中那些复杂的几何装饰与建筑构件所蕴含的数学结构——虽然目前来看是高度规律的——但毫无疑问，几百年前，即使在外行人眼中，这些图案对应着一种力量，这种力量将物质成分随意混合就能创造出完美的成果。

这种偶因论者的世界观是在公元 1000 年前后形成的，并得到巴格达的逊尼派穆斯林领袖哈里发阿尔・卡迪尔（Al-Qadir）的认可。它正好与一种可能也在巴格达出现的事物相一致，也许是伊斯兰建筑最明显的特征，那就是穆卡纳斯（*Muqarnas*）❶。穆卡纳斯是一种用小尺寸的、由砖叠涩方式建造的牛腿和壁龛形成的、凹面三维结构单元，主要用于从平面到曲面的过渡区，以及拱腹和穹顶的装饰。穆卡纳斯被发明出来是为了解决建筑设计面临的一个难题——在方形大厅上方加一个半球形的顶。典型的解决方案，内角栱（squinch），大概要追溯到伊朗的萨珊王朝（公元 224—651 年）早期，在伊斯兰教出现之前就已存在。内角栱是位于半球屋顶下缘与方形大厅屋角相接处的立体结构。圆顶象征着天，而这些可见的支撑物与《古兰经》上明确的保证并不一致，因为《古兰经》上说天空并无任何一处支撑[4]。而从另一方面来说，穆卡纳斯让圆顶仿佛悬浮在空中。此外，按照伊斯兰教正统神学家的偶因论观点，古典半球形圆顶的清晰轮廓和其光滑的表面都不能反映世界的复杂性。解决办法就是应用许多穆卡纳斯将整个穹顶进行装饰来表现其复杂

❶ 穆卡纳斯也译为蜂窝（巢）拱、钟乳拱。——译者注

性。圆顶现在可以被解构成一个个小构件，但是这些不同的单元按照相当复杂的方式进行了排列，它们的起起伏伏让人觉得它们一同被无形的手托住。

穆卡纳斯不仅被用于清真寺，而是在每一种建筑物中都有应用（早期的例子是9世纪的一处私人住宅，位于现在的伊拉克）；不仅用于圆屋顶，在首府城市也用于解决圆柱与拱的连接难题。这表明，我们正面临着一个相当典型的情况：建筑和意识形态因为互利的原因而中途结合在一起。

狮子宫院（Patio de Ios Leones），阿尔罕布拉宫，格拉纳达，14世纪中叶

在当时，穆卡纳斯这种还处于建筑师试验阶段的构件，被偶因论的世界观，一种还处于初生阶段的意识形态所采纳。偶因论者支持它的传播；更具吸引力的是，可以借用建筑的力量提高其在公众中的辨识度。另一方面，通过宣称建筑创作和这个世界都是在同一套法则的控制下，建筑学获得了尊重。

在阿尔罕布拉宫，穆卡纳斯艺术达到了顶峰。通过特殊的设计和制作手法，他们赋予建筑物完全通透的感觉，与脆弱且平静的水面相得益彰。庭院周围的阴凉中穿过凉爽的微风，伴着从小喷泉中流出的淙淙水声，为居住者创造了舒适的环境，让宫殿好似用梦一般的材料建造的。

这或许就是阿尔罕布拉宫成为杰作的原因：委托人和建筑师试图通过在建筑中大量使用数学原理，对建筑其他特质进行补足且不会破坏原有的诗意，即使今天，人们也能领悟到设计的巧思。漫步其中，即便你不是数学家或哲学家，也能感受到宫殿大厅和庭院的复杂序列。即便你不是这里的国王，也能为这种目光所及之处的宁静和优美而赞叹不已。

如上所述，在建筑中使用数学很常见，但相较阿尔罕布拉宫，都无出其右。在历史的长河中，有过将音乐的和谐转移到建筑中的尝试——例如，让建筑构件的相对位置对应音程。这体现在德国哲学家和诗人约翰·沃尔夫冈·冯·歌德的名言中：建筑是凝固的音乐。[5] 虽然是歌德的名言❶，但可能不应该按照字面的意思来领会，而应理解为一种比喻。这种将音乐用于建筑的做法，很可能最终只是思维游戏，它所声称要传达的感觉并不能为人们所理解。一段旋律中，音符在时间上一个接着一个；而想让人们用感受旋律的方式来理解建筑构件在空间中有节奏地交替，是很难不言自明的。相反，建筑构件的一些其他特性——如尺寸和重量、表面的质地及其保护现状——非常有可能主导观察者获得的印象，并会掩盖构件之间的距离是按某段旋律的音程比例布置的细节。

❶ 德国哲学家谢林（Friedrich Wilhelm Joseph von Schelling）于 1802—1803 年在耶拿大学的讲座上提到“Die Architektur ist die erstarrte Musik”；黑格尔在 1835—1838 年出版的《美学》一书中提到谢林在耶拿的同事，德国诗人施莱格尔（Karl Wilhelm Friedrich Schlegel）“曾将建筑称为凝冻的音乐”。歌德本人也提到过“一位尊贵的哲学家曾说，建筑艺术如凝固的音乐，……”。从时间和表达的系统性考虑，这句话的首倡者应为谢林。详见张宇、王其亨《“建筑是凝固的音乐”探源——提法及实践》，2011 年。——译者注

如今，建筑再次诉诸数学以创造形式。一些建筑师利用先进的软件，按数学上不矛盾的方法（这对静力学和结构来说十分必要）设计出已经存在于他们想象中的不规则形状。还有一些建筑师仅仅设置几个参数，而由计算机程序创造出不可预知的形式——高等数学创造了这种参数化的设计成果，而这个成果赋予了高等数学以特殊的声望。

无论哪种情况，建筑师将很大一部分创作者的角色分配给软件（即数学），而他们似乎不愿意放弃最基本的权利：计算机生成的上千种建筑形式，要由他们来决定哪种值得投入进一步的工作，或是哪些形式值得建造。最老套的审美标准，掺杂着对如何构成一种受欢迎的新事物的意向，左右着建筑师在这些基本问题上的判断；或者相反，当环境被周边时髦的建筑所主导，那么一向低调的建议对其来说就是恰当的，这种建议也会影响建筑师的判断。

建筑师的这种行为并不矛盾。他们知道，这些判断准则是如此的复杂，无论用多么聪明的数学函数来生成建筑形式的软件都无法取代之——从现在到未来，这些判断准则被不同文化背景的人、公众整体、团体或个人用来对建筑进行判断，无论在冬天或是夏天、白天或是晚上、工作日或是周末、繁荣时期或是衰退时期。

阿尔罕布拉宫的建筑师为了获得完美的效果才精确地使用数学。当我们为了设计而打开计算机时，请将这一点铭记于心。

注释

1 du Sautoy, Marcus: *Finding Moonshine*. Harper Collins 2009, 62 ff.

2 Einstein, Albert: *Geometry and Experience, an expanded form of an*

address to the Prussian Academy of Sciences in Berlin on January 27th, 1921, 1.

3 Plutarch: *Symp*. 8.2.

4 *Qur'an* 35,10.

5 Eckermann, Johannn Peter: *Gespräche mit Goethe,* Mon. 23 März 1829. Transl. John Oxenford.

参考文献

Akkach, Samer: *Cosmology and architecture in premodern Islam: an architectural reading of mystical ideas.* SUNY 2005.

Department of Architecture Sint-Lucas Brussels (ed.): *Symmetry: Art and Science*, Vol. 2 (new series), n. 1–4, 2002.

Grabar, Oleg: "Symbols and Signs in Islamic Architecture." In: Holod, Renata/ Rastorfer, D. (eds): Architecture and Community. Aperture 1983, 25ff.

Jacobs, Michael/Fernández, Francisco: *Alhambra*. Frances Lincoln 2009.

Ruggles, D. Fairchild: *Gardens, Landscape, and Vision in the Palaces of Islamic Spain*. Pennsylvania State University Press 2000.

Tabbaa, Yasser: "The Muqarnas Dome: Its Origin and Meaning." In: *Muqarnas III: An Annual on Islamic Art and Architecture*. E.J. Brill 1985.

12

建筑与乌托邦

紫禁城

16 世纪中期,托马斯 · 莫尔 (Thomas More) 使用“乌托邦”来命名他设想的位于某处的假想国，然而，这个地方在我们的世界中根本不存在，于是这个词成了空想世界的代名词。乌托邦这个词由希腊词的“不”和“地方”组成，意思是：不存在于任何地方的现实，即真实世界之外的现实；一处我们都希望它存在，但我们都知道它不会存在的现实。

当设计注定不能被建造时，建筑师就经常玩弄乌托邦这个词，来为他们的设计找托词。不能建成的原因有很多：支持的技术可能不存在，实现的资金可能不充足，设计的理念不被社会所接受，或是这些原因的综合作用。尽管如此，乌托邦建筑还是具有很大的优势：一般的建筑需要转化为实物，而乌托邦建筑不但不受这个局限，还从直接服务于平常大众的义务中解放出来。因此，它往往能表达出极为明确的思想和意图；并最终对未来的建筑产生的巨大影响。

在西方，乌托邦建筑成为一种独立的建筑分支，差不多是从 18 世纪中叶的浪漫主义时期开始的。那时的艺术家们越来越倾向于从委托人的强权中独立出来进行创作，不管这些作品是否有预先确定的接收人。当然，乌托邦建筑从古代开始就已经以某种形式存在。维特鲁威讲述了狄诺克拉底（Dinocrates）的故事，这个故事的细节可能是编造的，但是很有教育意义。[1]狄诺克拉底是一位建筑师，他想要向亚历山大大帝展示自己的想法，却找不到方法来接近国王。他所有的尝试都失败了，也不知道还有什么可以做，就身披狮子皮，手握棍棒站在人群里。果然他吸引了众人的目光，连亚历山大都注意到并问他是何人。狄诺克拉底得到了梦寐以求的机会，他说出了自己的构思——要在阿索斯山（Mount Athos）雕凿出亚历山大的巨型雕像，臂中环抱着一座新城。亚历山大惊喜万分，但他冷静地问道如何对新城进行供给。在该地区没有足够的田地养活它的居民，而且物质供应将完全依赖进口，他婉言拒绝了狄诺克拉底的提案。亚历山大让狄诺克拉底一直留在了身边，并安排他参与同样雄心勃勃的项目：在埃及设计一座以他的名字亚历山大命名的城市。这座城市在接下来的两个世纪里成为西方世界的中心。阿索斯山上的城市从技术上看还勉强可行；但它是不可持续的，因为它不得不依赖于其他城市的供给。

有时候，一些技术上完全可行、不想一直停留在纸上的方案，被那些反对实施的人贴上乌托邦的标签。1834年，卡尔·弗雷德里希·申克尔（Karl Friedrich Schinkel）提议为希腊国王奥托（Otto）在雅典卫城建设宫殿，紧挨着帕提农神庙；巴伐利亚的国王，奥托的父亲路德维希一世的顾问，建筑师利奥·冯·克伦泽（Leo von Klenze），将这个方案称之为“一场美妙的仲夏夜之梦”。当时，浪漫主义运动对古希腊的崇拜达到顶峰，保护古代遗迹，使其不掺杂任何现代设计才是最重要的，不管现代的设计是多么的才华横溢；只有这样，他们才能让（感觉上帝同在的）冥想不受阻碍和分神。在雅典卫城建设宫殿的方案终成空想——注意，这是在19世纪初：而在大约公元前300年，攻城者德米特里厄斯（Demetrius the Besieger），亚历山大的接班人之一，将帕提农神庙变成了他宫殿的一部分。

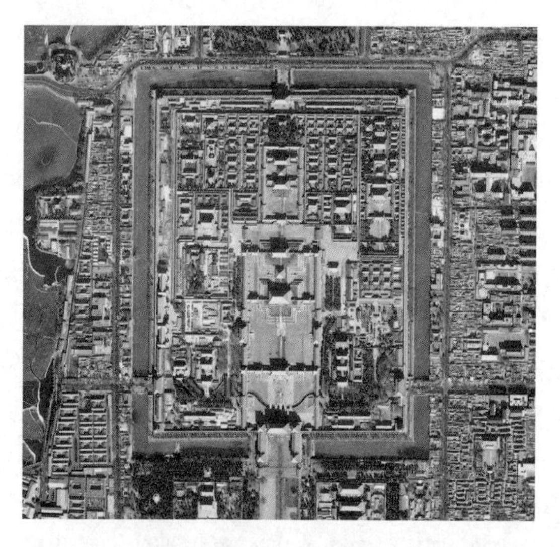

紫禁城，北京，建于 1420 年

有时情况会截然不同：想法和建议在最初提出时，可能带有乌托邦的色彩，实践证明也确实如此，但却能在现实世界中实现。最惊人的例子之一就是紫禁城，从 1420 年到 20 世纪初，它一直是中国帝王的皇宫。明朝的第三位皇帝朱棣，年号“永乐”，紫禁城是他在位期间花费 15 年修建的。

朱棣是朱元璋第四子。朱元璋出身寒微，作为起义军领袖推翻了蒙古人统治的元朝；朱棣夺取了侄子朱允炆的皇位后称帝。永乐皇帝坚信只有保持国内的和平才能带来王朝的繁荣昌盛。他充分认识到知识的力量，因此诏令内阁首辅解缙主持编纂《永乐大典》，一部中国古典著作集成——这比狄德罗（Diderot）和达朗贝尔（D' Alembert）出版的《百科全书》还早了 420 年。朱棣还成功组织了以三宝太监郑和为首的探险，他的船队（其中一些船只据说长度超过 150 米）很有可能到达过东非海岸。

北京紫禁城午门（城内方向）

1368 年开始南京成为首都，之后永乐皇帝迁都至北平，后来更名为北京。这座城市曾是蒙元都城；彼时它被称之为“大都”，在之前的朝代它还做过陪都。永乐皇帝厌恶蒙古人带给中原的影响，并极力铲除。朱元璋在 1368 年烧毁了大都的宫殿，朱棣下令清理建筑残垣，并在稍南的地方重建皇城，这使得明代城墙以北，过去元大都的区域逐渐衰败。

为了融入中原文化，朱熹的理论成为元代国家官方的意识形态，并在 12 世纪下半叶制定振兴儒学的方针。儒学是实用的哲学，主旨在创建等级社会，并保证其阶层间相安无事并繁荣发展。忽必烈是元朝的开创者，按照《考工记》所记述的原则确定了元大都的布局。《考工记》是基于儒家思想，用来训练匠人的技术规则，最初撰于约公元前 5 世纪，包含了如何设计王

清乾隆《万国来朝》图，18 世纪中叶，图上描绘了乾隆皇帝在太和殿接受朝拜的景象，画家未知

宫[1]、如何规划城市等具体操作：例如，指导王宫如何建造以进一步确定男人在其中的特权地位，并帮助其确立家庭内部的等级结构。

这样，忽必烈的元大都规划成为总面积约 50 平方公里的方形，和 9 世纪中期的巴黎老城区差不多大小；它的城墙经测量有 29 公里长，其南、东、西三面各设三座门，北面设两座门。可能是出于供水的考虑，宫殿坐落在城市的南部，与《考工记》将宫殿建在城市几何中心的指导原则有些许出入。

永乐帝不希望给任何人以借口来质疑其皇权的正统性，因此也采纳了《考工记》中提到的准则。一位来自今天越南的宦官阮安，接管了城市的规划并负责监督建设。阮安根据五行原理，使用特定的自然元素、季节和颜色，对应城市的四方：东方对应春、木和绿色；南方对应夏、火和红色；西方对应秋、金和白色；北方对应冬、水和黑色。城市的中心位于城市轴线的

[1] 原文为私宅（private residencies），根据《考工记》内容，改为王宫。——译者注

相交处；那里也是世界的假想轴线穿过的地方，对应着土和它的颜色，也是代表帝王的颜色，黄色。这个中心就是皇宫所在，宫殿被称为“紫禁城”，因为中国的占星术认为紫微星象征帝王，紫色是皇天上帝住所的颜色。实际上，这个城市的形状只是一个大概的正方形，宫殿的位置并不位于其正中心，可能是因为它并不是在一块处女地上进行的规划。明北京仿照元大都的城市布局，用来复兴早被遗忘的传统。值得注意的是，长安（现代的西安），中国一座非常重要的都城，在 7 世纪初期，至少在唐代对其进行改造的那个时期，曾遵照一种不同的传统来进行布局——让宫城位于城市的北端，这个位置也在大量宇宙象征的环绕中具有了威严的气氛。

紫禁城，北京，公元 1420 年建，配殿

永乐帝的紫禁城长约 960 米、宽约 760 米，由宫墙和护城河环绕。它的布局与中国大多数的宫殿类似，其形制是历经数百年发展起来的；它有效地满足了人们对皇宫所期许的象征意义和皇帝严格的仪式化的日常起居。980 座房屋约 8700 开间，容纳了皇帝、皇后和妃嫔的生活区，以及帝国的行政中心。巧

妙的界限将皇宫的公共生活区域和私人生活区域分开。

帝国的行政中心设置在围绕着巨大中央庭院的建筑组群中，所谓的外朝，长约 180 米、宽约 200 米，是参观者路线中会遇到的第三组建筑组群。[1] 外朝的北侧以奉天殿为主导，250 年后改称为太和殿。皇帝的宝座就设在这座大殿中，遵循旧制坐北朝南。太和殿后还有一座小殿，中和殿，是皇帝上朝前做准备的场所。它的背后，是另一座宏大的正殿，保和殿。朝廷最重要的三座大殿笔直排列成一线。这种布局参照了八卦中乾卦的意向，乾卦象征着与皇帝对应的天，在家庭中它则象征着父，对于身体则象征着头部和肺部。

外朝之后则是内廷，皇帝私人领域的核心。它也建有三座连续的大殿，不过比外朝的规模稍小。这三座大殿分别是：乾清宫，即皇帝的寝宫，代表着“阳”和“天”；坤宁宫，皇后的寝宫，代表“阴”和“地”；而它们之间就是象征着阴阳交汇的交泰殿。除了后三宫外，其余的部分被分成东西六宫，从中可以看出坤卦的布局，而坤卦象征着地，并对应着母、腹部和生殖器官。因此，紫禁城是以阴阳对立统一为基础进行布置的。其布局、屋顶颜色和大殿方位传达的含义，能够很容易地被熟悉这种象征语言的人所理解。

在过去的 500 年里，有代表性的殿宇都进行过彻底的重修，但紫禁城仍然是中国皇权的所在，结构布局的根本几乎没有改变，持续体现着中国古典建筑的基本特征。结构构件本身形成装饰，而不是在完成的结构上再加以装潢。反曲面的重檐屋顶覆着黄色的琉璃瓦，由一组极为复杂的梁和环环相扣的斗栱支撑，每段升起的高度都严格依照既有的规定。柱子也是按照这种方式排布，殿宇越靠近正中的开间就越宽阔一些。殿内也非

[1] 前两组建筑组群应该为午门广场和太和门广场。——译者注

同质化布局而有着严格的等级，越靠近放置在中央的皇座，设计的等级越高。因此，柱子的排布和整个结构体系的建造分外昂贵，它们支承着上面的大屋顶，而屋顶的曲面营造出一种宁静壮丽的外观；传统上认为这种曲面的屋顶能够辟邪。可以说，支承着屋顶的柱、梁和斗栱组成的复杂结构对应着中国官僚体系的错综复杂和多个层级。

永乐宫纯阳殿，约公元 1300 年，模型，中国文化遗产研究院藏

为了选拔朝廷的高级管理人员，永乐帝恢复了科举制度。这个考试的最终选拔就在紫禁城的心脏，保和殿举行，体现了皇帝参与选拔能人做栋梁之材的重要意义。理学是官方的意识形态，虽然永乐帝一直保持军队在国家事务中的强势地位，但是也经常采用非儒家的暴力手段来维持秩序——或其他能达到同样目的的手段来彰显皇权。当朱棣推翻朱允炆时，处死了朱允炆的无数亲戚及下属；他曾下令将 2800 多名宫女处以极刑，就因他的宠妃莫名死亡，而他认为这些宫女或是与此脱不了干系，或是因自知有罪才沉默不言——而这并不是一个小的死亡

数目，有研究认为那时的中国只有五六千万人口。另外他还下令缢死 30 名嫔妃为其殉葬。虽然这种行为在中国历史上是有先例的，但其前者要追溯到公元前 2000 年的商代——商王常用他们的女眷、家仆、甚至是士兵殉葬，后代更常见的则是用象征物来代替真人陪葬。

典型的木结构建筑的斗栱模型大样，宋代（公元 960—1279 年），中国文化遗产研究院藏

永乐皇帝和他父亲一样，是一位好武的皇帝，但其之后的大部分皇帝，除个别例外，大都乐意待在宫中，任由宦官把控宫廷。虽然被正统的儒家思想斥为刑余之人，但为进入朝廷工作，绝大多数太监是自愿选择阉割的：条件最差的为仆役，而最聪明、能干并受过教育的可以被任命为官员。公元 1520 至 1560 年间，在相对稳定的南方，书院的数量大幅增加，约每年新建 8 所，文人们在其中研读四书五经。在明中晚期（15 世纪中期至 17

世纪中期），文人提出的一项政策常得到宦官们的青睐。这项政策重视中华文明，旨在驱逐任何来自外邦的影响，防止不同民族和文化传统的融合。在第 17 章我们将看到，明朝与北方游牧民族的关系进一步恶化，终止了探险活动，并且禁止传播郑和下西洋的消息。皇帝和他们的臣僚们生活在这座乌托邦式的完美禁城中，可能加速了中国的闭关锁国进程。居所对人格的影响，很少有清晰的评价，最著名的大概是歌德写于 1829 年 3 月 23 日❶的一段[2]："高楼大厦是盖给王公富豪们住的。住在里面的人们觉得安逸满足，再也不要求什么别的了。我的性格使我对此有反感。像我在卡尔斯巴德（Carlsbad）那座漂亮的房子，我一住进去就懒散起来，不活动了。一所小房子，像我们现在住的这套简陋的房间，有一点杂乱而又整齐，有一点吉卜赛流浪户的气派，恰好适合我的脾胃。它使我在精神上充分自由，能凭自力创造。"❷

从某种意义上说，孔子所设想的是一种乌托邦式的社会，却与现实并不隔绝——在某种程度上是"可行的"乌托邦。永乐皇帝则构想了一种理想状态，以及部分以建筑为主题的乌托邦：创造出能将功能性、艺术性和象征性完美平衡的人造环境。这不是他首创，而是中国帝王们一直以来追求的延续。如果他们未能让理想成真，他们（或他们的继承人）就试图将与这种理想完全一致的解读强加到现实中。例如，从 13 世纪及之后的书籍中我们发现了大量城市规划的相关文字，它们并没有展现出每座城市的确切形貌，但极力描述它们在理论上应有的完美状态。最明显的例子是元代《河南志》中的记载，长安的城市规划是按照《考工记》中建议的那样，将皇宫布置在城市中心；

---

❶ 原文误为 1823 年 3 月 23 日。——译者注

❷ 爱克曼辑录，朱光潜译《歌德谈话录（1823—1832 年）》。北京：人民文学出版社，1982：186。——译者注

而在现实中，皇宫在城市的北端❶。

在建筑师的协助下，通过建筑的手段，运用木材和石材，永乐皇帝能极其精确地实现这种理想。这是一项伟大的成就：虽然乌托邦式建筑的实例众多，但当它们离开了想象的世界就很难保持其吸引力——其原因或是因为能够理解这类建筑的人十分罕有；或是因为它们妄图强加其意愿于人而失败。相比之下，紫禁城属于物化的乌托邦，并且直到今天仍然保持着它的声望和魅力。

注释

1 Vitruvius: *De Architectura* II, pr. 1.

2 Eckermann, Johannn Peter: *Gespräche mit Goethe*, Mon. 23 März 1829. Transl. John Oxenford.

参考文献

Barmé, Geremie R.: *The Forbidden City*. Harvard University Press 2008.

Gong Qing-yu: "Structural Carpentry in Qing Dynasty—A Framework for the Hierarchically Modularized Chinese Timber Structural Design." In: *Transactions of Tianjin University,* Vol. 8, no. 1, March 2002, 17 ff.

Liang Ssu-ch'eng: *Chinese Architecture: A Pictorial History*. Dover 2005.

Little, Stephen/Eichman, Shawn: *Taoism and the Arts of China*. The Art institute of Chicago 2000.

Nerdinger, Winfried (ed.): *Die Kunst der Holzkonstruktion; Chinesische Architekturmodelle*. Architekturmuseum der Technischen Universität

❶ 元《河南志》所载城市不是长安，而是洛阳，唐代其皇宫在城市西北角。——译者注

München & Chinese Academy of Cultural Heritage, Jovis 2009.
Satzman Steinhardt, Nancy: "Why Were Chang'an and Beijing so Different." In: *Journal of the Society of Architectural Historians*, vol. 45, no. 4, Dec. 1986, 339ff.

13

建筑与遗忘

特诺奇蒂特兰的大神庙

古典时期（约公元250—900年），大多数玛雅城市的定居点相当分散，这是为了适应低地热带环境，以便在人造构筑物内进行食物加工；它们没什么城市特征，只是松散地环绕在宗教、政治和祭祀中心的周围。相比之下，阿兹台克的城邦特诺奇蒂特兰（Tenochtitlan）人口就稠密得多。它于1325年在特斯科科湖（Lake Texcoco）的一座小岛上建立起来。一个半世纪之后，它的人口已经增加到20多万。四周环绕着城墙，通过堤道与海岸连接。这座城市的设计基于天文计算，其宗教政治中心占地面积300平方米[1]，大神庙占据着主导地位；城墙的四个显著位置设置了大门。城市被划分成四片区域，每个区域都有自己的次中心，并被细分成二十个片区。贫民的房子只有一层；富人的房子有两层并带花园和庭院。住宅涂成了白色，与那些被刷上红色、蓝色和赭色的寺庙一眼便可区分。

12世纪，阿兹台克人在墨西哥中部的高原地区定居，并以提供士兵的方式服务于该地区的强权之一——阿斯卡波察尔科

[1] 原文如此。——译者注

（Azcapotzalco）的特帕尼克部落（Tepanec）。不久成为独立的势力并建立自己的城邦。城邦特斯科科（Texcoco）和特拉科潘（Tlacopa）结盟后，建立了庞大的帝国，控制着从大西洋到太平洋的整个区域。他们似乎施行了一种政策，从被征服的人民那里征收相当轻微的贡品，能使他们享受相对富足的生活就可以了。被征服城市之间的贸易和交往也遭到限制，让这些城市的供给只能依赖于特诺奇蒂特兰城。

天文学在中美洲文化中占有很重要的地位。尤其擅长天文观测的阿兹台克精英们似乎要能够读懂来自天上的“信号”。

危地马拉，蒂卡尔（Tikal），大美洲豹神庙（Temple of the Great Jaguar），约公元730年

利用这种对星空的解读，阿兹台克人创造出极其复杂和富有想象力的神话，来证明严格的社会政治等级制度是合法的，同时证明支持这种制度的价值体系的正确性。在更早时期就蓬勃生活在这个地区的人们，深深影响了阿兹台克人的世界观，也包括他们的艺术和建筑。他们认为死亡是永生的必经之路，

人们必须不断地向神贡献自己的血，作为神维持世界秩序的回报。这些信条可能无法使人口保持增长，这样才不会超过自然环境的承载力；为了能够持续，甚至有时还会限制家庭的生育数量。无论是贵族还是祭司，都必须向天神缴纳血液，也必须定期参加自伤和自残仪式。但是普通人要缴纳更多的血，这比起为抵抗敌人所流的血多得多。

阿兹台克人会进行高度仪式化的战争。与同样使用纳瓦特尔（Nahuatl）语的部落的战争都是事先约定好的。双方会派出相同数量的战士参战。其目的不是要消灭敌人，而是俘获尽可能多的俘虏用来献祭。阿兹特克人对于这种战争有一种实际优势：他们的人口最多，最终可以耗尽对手并征服他们。

尚武的品性决定了他们的社会等级制度。社会地位较低的年轻勇士知道，如果参加战斗时没能俘获一个俘虏，他们将沦为最低的社会阶层——苦力。当然，苦力的工作必定是特别艰巨的，因为那时中美洲人还没有发明车，他们也不使用役畜；因此，这片地区的道路只能徒步穿行。相反，如果年轻的勇士俘获了一个敌人，他们将会享有声望和荣誉，甚至被允许进入贵族阶层，这些贵族阶层从小就接受各种技艺的训练，包括格斗、管理、天文、历史、神话和诗歌。随着被捕获的敌人数量的增加，他们的威望和权力也水涨船高，特别是当捕获了那些名声在外的敌方战士。任何人都能看得到他们穿着战甲平步青云，并变得越来越让人敬畏。

每逢节日，俘虏们被挨个带往类似金字塔的神庙，并在顶部的圣坛上被献祭。这样的处决不仅在特兰城最伟大的神庙——主神庙（Huey Teocalli）[1]——中进行，还在城市的每个片区中执行。所有的居民都以某种方式参与进来——或是为仪式做准

[1] 西班牙语为 Huey Teocalli，又译为“休伊神庙”；英语为 Templo Mayor。——译者注

备，或是处理献祭的头颅，或是肢解并分享尸体。

行刑遵循着一套严格的仪规。四位祭司拘押着俘虏，第五名祭司——或是国王本人——用刀从他的腹部切到横膈膜的位置，然后剜出他仍然跳动的心脏。他们把战利品放在神像前的一个盆里，而这时尸体沿着金字塔的台阶滑到底部，在那里再切下它的头颅。

大约400名俘虏里面有一人会遭受有点不同但更加可怕的折磨。在处决之前，他会享受到十分热情的款待。俘虏他的人会定期去看望并照顾他，并称呼他为“我心爱的儿子”，而他要回应“我亲爱的父亲”。[1] 在节日当天，祭司会护送这个俘虏到一个高台上，就是那座巨大的处决石台。他被用绳子绑起来，并得到他的武器：四根用来投掷的棒子，和一把用羽毛代替了锋利的黑曜石的刀（这个地方的人们还不知道铁是什么）。

英奇·克兰狄能（Inge Clendinnen）写道：“比对手更强的被献祭者，往往从顾虑中解脱出来去对抗杀戮并在战场上获胜，他可以用沉重的棍棒将对手打得头昏眼花，也能暂时获得那陌生的自由去猛击对手的头。那些勇士（阿兹台克人）在演出时也会配以一个作为诱饵的简单攻击对象。这些作为攻击对象的被献祭者可能身有残疾，他的膝盖或脚踝已经在战场上一样遭受了重击。但是，这样的攻击可能会中止演出并同时结束被献祭者的荣耀，所以作为诱饵的被献祭者必须反抗。然而，在这种极其繁琐、公开的气氛中，人们关注的仅仅是如何展示他们运用武器的高超技艺：勇士们在这场持续时间极长的表演中，优雅地、轻轻地用那些细窄的刀划割被献祭者，活生生地在他们的皮肤上划出一道道口子，让鲜血从里面流出。最终，那些被献祭者……因为精疲力竭和失血过多，会摇摇晃晃地倒下去。”[2]

约翰·基根（John Keegan）补充道：“随着仪式进行到剖开

他的胸膛，并将仍然跳动的心脏从里面扯出来，他也就被彻底杀死了。俘虏他的人❶并不参与这一致命的残害，但是会站在石台下面观看。然而,尸体被斩首后,头骨就可以陈列在神庙里,俘虏者会喝掉他的血并将遗体运回自己的家。在那里，俘虏者会将它肢解，并按照献祭仪式的要求将其分类，剥下尸体的皮，注视着他的家人吃掉一小份仪式餐，那是一种用玉米做的炖菜，上面放着死去的斗士的肉……然而，随后，俘虏者……换了一身装束。他要一直穿着这件剥下的人皮，当有人恳求得到这份殊荣时，他就把这件衣服借出去，直到它曾连着肉的内壁腐烂潮解。”[3]

如果对这个处决场所进行符合传统仪式要求的建筑分析，那就应该重视建造它的人们的世界观和价值观，以避免将我们自己的观念强加到过去的建筑上。从理论上讲这是合乎情理的，但并不是每个案例都适合这种方法。

除此之外，我们应该看看这座建筑是否存在永不过时的价值，因为这可以区分伟大的建筑和一般的好建筑。我们必须对那座石台进行考量，那个预先告知结果的仪式化战争发生的地方，是否具备预期的功能：它是否给犯人提供了足够的空间又不会让俘虏逃过对手的攻击；它的位置高度是否适于聚集起来的人群舒服地观看表演；它的整体外形是否能体现流血的重要性和其中的象征意义。

这也告诉我们该如何继续对大神庙进行批判性分析。主神庙，这座特兰城的伟大神庙，凭借它的壮丽与艺术性打动了埃尔南·科尔特斯（Hernán Cortés）——推翻了阿兹台克帝国的西班牙征服者。[4]这座神庙是仿照玛雅人的神庙设计的，就像一座有阶梯的金字塔，顶部矗立着两座神殿，这对阿兹台克

❶ 即后文中的俘虏者。——译者注

墨西哥，特诺奇蒂特兰城，主神庙，公元 1487 年完成，模型来自墨西哥城国立人类学博物馆

人来说可不寻常；一座神殿用来献给雨水和生育之神特拉洛克（Tlaloc），另一座献给维齐洛波奇特利（Huitzilopochtli），太阳和战争之神。

据估计，主神庙的墙壁和城墙上镶嵌着 6.2 万颗头骨，这些都是被献祭人的。象征是它们的首要功能，表示人类需要回馈每天照常升起的太阳。不过，它们或许还有审美功能，毫不夸张地说，它们为我们提供了生动的“人的尺度”——更加突出了神庙的体量——并使石台表面分外丰富；这和吴哥窟的雕塑或多立克柱式额枋上装饰的三陇板和陇间壁相类似。

据说建造主神庙的地点是通过神的启示而透露——那儿是阿兹台克人的福地。它象征着科阿特佩克山（Mount Coatepec），也是维齐洛波奇特利（Huitzilopochtli）的诞生地。维齐洛波奇特利在那里杀死了自己的姐姐科犹尔绍琪（Coyolxauhqui），因为她背叛了母亲；他肢解并斩首了她的身体——一个由真人扮演、用真人当道具并重复上演的传说。这座伟大的神庙还象征着世界的轴线，天堂的十三层和通向地狱的九级台阶在这里交汇。此外，它顶部的两座神殿中的间隙可以理解为宇宙的裂缝，这个裂缝通向地狱——某种程度上它是生命的源头。这座神庙在四个基本方向上进行了精准定位，因此，在春分和秋分那两天，太阳会从这两座神殿之间冉冉升起，照耀着站在神庙前的每一个人。

1325到1521年之间，由于西班牙人的破坏，主神庙被一次次地重建。早期它是用泥土和木头修建的，但是在大约1400年，人们用石材进行了重建，体量相对小了。在1428年阿兹台克人征服阿斯卡波察尔科（Azcapotzalco）后，主神庙在原有体量上进行了增建，规模达到之前的五倍多，这个奇特的体量是阿兹特克人对他们自己所追求的理想形式的复制，这个理想形式就像4000年前伊姆荷太普为昭赛尔法老修建的金字塔那样。强权的君主们——在他们获取王权的过程中被他们的臣民认为是“我们的主人，我们的行刑者，我们的敌人”[5]——通过扩建神庙来平息众神的愤怒，并以此向其臣民传达出他们权力之稳固的信息。每一次新的扩建后，用人献祭的场面都会比之前更为惊心动魄；通过建筑的手段使这个血腥仪式得以永续并更加引人注目。在1487年大神寺的第六轮祭祀中，阿维索特尔王（Ahuizotl）扬言在几天之内就献祭了80400名俘虏，他也许夸大了他的壮举。

经测量，金字塔的基底尺寸约为80米 ×100米，高度达到60米左右。两条异常陡峭的平行阶梯伸向顶部非常相像的两座神殿，这可能实现了一种建筑功能——在挖去被献祭者的心脏之后，让他们的尸体和血液可以顺着滑落到神庙的底部。在大规模的杀人献祭的那些天，就像大神庙1487年的那次献祭，每天，成千上万被献祭者的鲜血不停流淌，充分证明着阶梯的坡度是多么合适。神庙前大广场的铺装增强了鲜血流下台阶的戏剧性效果，因为它没有像紧挨着的公共场所那样简单地铺上土，所以不能迅速吸收那些鲜血——显然这样的建筑选择更加明智。

最负盛名的军团之一，鹰勇士的住所位于主神庙不远的地方。这处建筑在1469年前后建成，上面的装饰图案显示一队勇士走向一个草球（*zacatapayolli*），阿兹特克人在做自我献祭仪式的过程中会将血淋淋的刀扎进里面。

墨西哥南部阿尔班山（Monte Alban）的球场，公元800年左右

主神庙的轴线上有座球场，这是中美洲城市的共同特征。通常情况下，它是长向的工字型场地。球场两侧是倾斜的或阶梯状的墙，这样它的地面才能象征宇宙的裂缝。球场也会以鲜血为装饰。虽然比赛规则至今无人知晓，但其结果也一定是用活人来献祭，我们不能绝对肯定被献祭者是输的一方还是赢的一方。在这些场合中，女人与男人同样享有她们在日常生活中不曾拥有的特权，一种令人怀疑的平等。神庙的祭司为了供奉米斯科特尔（Mixcoatl），即狩猎之神，要求女人和男人共同作为献祭品。先用石斧击中祭品的头部，再割断喉咙并斩首。将头颅献给神之后，再将尸体拖拽过整个场地，让鲜血覆盖球场。

特兰城的宗教政治中心矗立着七处骷髅墙（*tzompantli*），其中最大一座位于球场旁升起的平台上。我们可以从1524年科尔特斯自己所画的一幅图中推断出，这处人头墙是有梁柱结构的三维构筑物，而其他的骷髅墙是二维的平面结构。构筑物长60米，宽30米，高30米，相当于8层楼的高度。经过特别处理的骷髅头挂在横梁上，约有13万6千颗。那些因时间流逝而被风雨侵蚀的头骨会替换成新的；可是这种更新很少有像1487年的那次一样深刻，那是在大神庙献祭典礼的前夕，当时下令要用新的被献祭人的头骨换掉数以万计的旧头骨。

这座壮观的骷髅墙紧挨着大神庙的西侧，位于球场轴线的延长线上。春秋分那两天，太阳从圣山科阿特佩克（Coatepec）上升，看上去恰好从两座殿神之间升起，这就像落到地狱后再从造物的裂缝——球场的地面——重生，再渐渐升入天堂和银河，这是由数以万计的人头构成的骷髅墙实现的。

我猜已经读到本章这一节的读者会问：我们还是继续讨论建筑吧，怎么样？

此外，罗马斗兽场（the Colosseum）的历史早已为人所熟知，但它如何吸引数以百万计的游客呢？关于这一点，类似的建筑，何以有如此的力量，以至于能激发拜伦勋爵和查尔斯·狄更斯的灵感？[6] 如果有种神奇的力量，能让人穿越到比赛当日斗兽场地下迷宫的走廊里，恐怕没人觉得角斗士的血混合着汗的味道是好闻的。在对建筑进行评价时，为什么其背后的鲜血如此无足轻重：比如我们将在第17章看到的秦始皇长城；或是那些为了给古雅典最著名的项目帕提农神庙的建设提供资金、在劳里厄姆（Laurium）开采银矿而死的奴隶。

通常，回答问题中关乎人性的部分，即体会他人的痛苦，是别的学科的责任；而剩下的部分才是专门涉及建筑学的。

我们的头脑经常将建筑跟与它们相关联的事件脱离开来。人们不仅利用任何他们认为合适的方式来使用建筑——这就宽恕了我们的一些同行，他们为任何道德上不可接受的不当行为提供建筑设计，虽然并不是有意的——还按照他们的愿望来设

墨西哥特诺奇蒂特兰建筑 B，带有破损头骨的祭坛，15 世纪

墨西哥特诺奇蒂特兰，主神庙台阶，公元 1487 年完成

计建筑。建筑不仅仅可以保持记忆，它还允许有对历史的不断修改。波斯人烧毁了帕提农神庙，如今的雅典人仔细考虑过要保留这些遗迹作为对历史的永久纪念，但他们还是决定重建；“9 · 11 事件”之后，纽约人经历了最初的犹豫不决，但仍然花

费10年的时间新建了世界贸易中心。雅典人和纽约人可能知道，烧毁的帕提农神庙和逝去的世界贸易中心将失去传达特定的信息的能力，而且可能最后还要去面对无穷的各种各样的演绎和体验。但是，如果回忆是很重要的，那么遗忘也是如此。鲍利斯·帕斯捷尔纳克（Boris Pasternak）[❶]在他的自传中写道："失去比获得更重要。如果种子不消失，果实也不会结出。我们必须在生命的痕迹上来描绘生活，这些生命痕迹不仅是回忆带来的，也要通过遗忘来创造。"[7]

建筑作品作为物质实体在时间上是持久的，但作为文化客体它是脆弱的。它们的留存超出了人类生命的跨度，并创造了对其价值不断重估的可能性。就这样，从前的人在这些建筑中被折磨、行刑，后世的人们却将这些建筑认作是如画的风景。我们将注意力都集中在那些古老的石头、浮雕上的小细节，或建筑体块的大小上面，而忽略了那些我们从未谋面的人所流的鲜血，那些已经被几个世纪的风雨冲刷下去的鲜血。"此时此地"是成为最有说服力的建筑体验基础。

注释

1 Keegan, John: *A history of warfare*. Hutchinson 1993, 111.

2 Clandinnen, Inge: *Aztecs. An interpretation.* Cambridge University Press 1991, 87.

3 Keegan, John: *A history of warfare.* Hutchinson 1993, 112.

4 Cortés, Hernan: *Second Epistle to Charles V*（1520）.

5 Keegan, John: *A history of warfare*. Hutchinson 1993, 110.

6 Lord Byron: *Childe Harold's Pilgrimage*（1812-18）, esp. CXLIII;

❶ 帕斯捷尔纳克（1890—1960年），苏联著名文学家，代表作《日瓦戈医生》，1958年获诺贝尔文学奖。——译者注

Dickens, Charles: *Pictures from Italy*, (1848) , X: Rome. Reprinted in: *American notes for general circulation and pictures from Italy*. Chapman & Hall 1913, 308 ff.

7 Pasternak, Boris: "An Essay on Autobiography" . Reprinted in: *Poems 1955-1959 and an Essay on Autobiography*. Harvill Press 1990, 39.

参考文献

Aguilar Moreno, Manuel: "The Mesoamerican Ballgame as a Portal to the Underworld." In: *PARI*, Vol. III, nos. 2 and 3, 2002–2003.

Mendoza, Ruben: "Divine Gourd Tree. Tzompantli Skull Racks, Decapitation Rituals and Human Trophies in Ancient Mesoamerica." In: Chacon, Richard/Dye, David (eds.) : *The Taking and Displaying of Human Trophies by Amerindians*. Plenum 2005.

Moctezuma, Matos: *The Great Temple of the Aztecs*. Thames & Hudson 1988.

Serrato-Combe, Antonio: *The Aztec Templo Mayor: A Visualization*. University of Utah Press 2001.

Sharer, Robert J./Traxler, Loa: *The Ancient Maya*. Stanford University Press 2006.

Smith, Michael E.: "City Size in Late Postclassical Mesoamerica." In: *Journal of Urban History*, Vol. 31, 4, May 2005, 403 ff.

14

传统与革新

曼图亚的圣安德烈教堂

文献理论家汉斯·罗伯特·姚斯（Hans Robert Jauss）提出了一种观点，即某些最重要的杰作是那些完全游离在公众期待视野之外，但是从长远来看却改变着公众观点的作品。

如果这种说法也适用于建筑，那么曼图亚的圣安德烈教堂就是最好的例证。与哥特教堂相反，圣安德烈没有追求高耸入云的外形。它是平静的，似乎感觉不到那种弥漫的宗教狂热，墙壁没有过多的装饰，也没有用上百圣人、凡人与动物雕像装饰的大门。圣安德烈，这座巨大的、100米长的教堂，以其宁静著称。巨大而稳固的窗间墙，雄伟的筒形拱，在至今仍保存完好的科林斯壁柱、檐口和天花板凹格的衬托下，带给整座教堂分外庄严肃穆的感觉。这一切与古罗马建筑的尺度是如此相似——几年后，米开朗琪罗就将罗马戴克里先（Diocletian）温泉浴场中的冷水浴室改造成一座教堂，天使与殉教者圣母大殿（the Santa Maria degli Angeli）。步入室内，满目的绘画作品和信徒虔诚的祈祷提醒着我们，宏伟的空间是一座宗教场所。圣安德烈距离中世纪的市政厅直行仅50米，以独特的外形从周遭建筑中脱颖而出。其立面灵感显然来自罗马的凯旋门，它改变了哥特大教堂立面上中心大门和两座侧门的格局，创造出了植根于过去的新建筑。

尽管那会儿的人们崇拜古代文明，并从中寻求到启发而开创出新的时代——文艺复兴，但是基督教教堂可以毫无保留地采用罗马建筑形式的想法，却是史无前例的。500 年前出现的罗马风建筑（Romanesque），是对罗马建筑复兴的尝试，但仍与所谓的理想模式相距甚远，并很快在 12 世纪向截然不同的方向发展，最终形成了哥特式建筑。圣安德烈从 1470 年开始，持续建设了几十年，这段时间足够大众接受它的非比寻常了。正如雷姆·库哈斯（Rem Koolhaas）所指出的，建筑需要时间。[1] 在圣安德烈的案例中，时间恰恰是促成一件卓越作品的条件。相比于其内发生的行为活动，建筑随时间的变化较迟缓，这与前面的观点并非矛盾。雅典卫城南坡上正在修建狄俄倪索斯剧场的大理石阶梯时，埃斯库罗斯、索福克勒斯、欧里庇德斯，这三位主要的古希腊戏剧家已逝去多年；他们的作品仍在当时的剧院中演出，以今天的观点看，却没有与之匹配的演出场所。狄俄倪索斯剧场这座奇妙建筑的出现，较之古希腊戏剧的发展大概迟缓了 100 年。

莱昂·巴蒂斯塔·阿尔伯蒂（Leon Batista Alberti）是圣安德烈的建筑师，1404 年出生于佛罗伦萨。讨论绘画问题的《论绘画》（*De Pictura*）和建筑专著《论建筑》（*De Re Aedificatoria*）是他的代表作。虽然《论建筑》模仿了维特鲁威《建筑十书》的体例，将全书分为十部分，但仍可看出文艺复兴时期作家面对前辈的优越感。可能因为维特鲁威出身行伍，并服役多年，相较而言，阿尔伯蒂古典世界的文学知识更加渊博；他不放过任何的机会去竭力证明自己的观点。此外，维特鲁威似乎遗漏了古罗马建筑最基本的特征，因为书中浓墨重彩描绘的，是他格外欣赏的希腊化时期之建筑。在 15 世纪意大

莱昂·巴蒂斯塔·阿尔伯蒂，曼图亚，圣安德烈教堂，公元 1470 年

利的中部和北部，这种建筑形式亦十分罕见。文艺复兴时期的古希腊，只存在于亚里士多德和柏拉图、埃斯库罗斯和希罗多德、欧几里德和盖伦的著作中。当时，雅典、德尔斐和奥林匹亚，这些声名显赫的古希腊城市几乎无法被西方建筑师和学者所了解。[1] 因此就建筑而言，只有古罗马能够进入人们的视野。

阿尔伯蒂提供了整套的理论支持和实践建议，以利用古罗马建筑这项伟大的遗产。但是新的建筑潮流，从来没有屈尊纡贵地完全复制罗马建筑：颇具创意地，甚至有些放荡不羁地对罗马建筑进行再现才是它们的追求，通常要比圣安德烈更加自由不羁（阿尔伯蒂在青年时期系统地研究了罗马建筑遗迹）。中世纪的实践精神仍然鲜活，人们按照最适合他们的方式去建设，绝不墨守成规。

最重要的是，阿尔伯蒂本人似乎并没有采纳前辈论著中的表面观点。他的《论建筑》是西方世界第一部印刷出版的关于

❶ 从 11 世纪开始，希腊隶属的拜占庭帝国就与穆斯林建立的赛尔柱王朝战争不断。自 15 世纪起，希腊又被奥斯曼土耳其占领，直到 1822 年才宣布独立。——译者注

育婴院，佛罗伦萨，菲利波·伯鲁乃列斯基，公元 1419 年

建筑之著作——大约在 1452 年完成，几乎是维特鲁威《建筑十书》被发现后的 30 年，并于 1485 年出版。而《建筑十书》的印刷版本要在一年后才面世，之前它一直以手抄本的形式流传。

阿尔伯蒂倡导的美学原则可以概括为：当整体的和谐已经浑然天成时，既没有什么可添加的，也没有什么可减少的，那么这就是美。[2]这一经典原则要比维特鲁威更优雅地进行了定义，并弥合了与中世纪传统之间的断裂：后者创造出动态的，永远处于未完成状态，在规整与无序间游走的建筑。除了个别较晚的实例，中世纪非宗教建筑的设计和施工依赖于经验，并在过程中不断依靠推测进行。直到中世纪晚期，人们才逐渐认识到规律性可以营造出愈加威严的氛围，大教堂建筑正是实现这种转变的载体 ❶——成功的建造往往需要牺牲一定的建筑功能和防御性：为了保持在同一水平线上且间隔相等，窗户不一定要处于合适的位置；为了与层高齐平，门扇可以大得夸张。建于 1376 年到 1385 年之间的佣兵凉廊（Loggia dei Lanzi）就是很好

❶ 详见第 10 章。——译者注

的例证，这座毗邻佛罗伦萨市政厅的建筑，用来安置居民和举行城市的官方典礼，它是预示着新时代到来的建筑之一。

15 世纪初，随着大众对规律性的确立而产生的信心，建筑师先驱们已准备好走得更远。两座预示着文艺复兴开端的建筑项目，在未完成的佛罗伦萨哥特式教堂上添加的圆形穹顶和育婴院（the Ospedale degli Innocenti），都是由菲利波·伯鲁乃列斯基（Filippo Brunelleschi）主持设计的，并于 1418 年和 1419 年相继开工，它们简练的风格，拉开了欧洲建成环境下新视觉文化的序幕。

失去装饰的罗马废墟，其几何形体反而更加突出。如我们在第 10 章看到的，15 世纪后期，乌尔比诺公爵府中所绘的理想城，激发了以皮耶罗·德拉·弗朗切斯卡（Piero della Fransesca）为首的一派画家之灵感，他们作品中的所有建筑都是方形或圆形。同时知识分子对柏拉图主义和新柏拉图主义的迷恋，也促使建筑物在布局轮廓上应用几何形体。尽管以几何学为出发点的柏拉图宇宙观是缺乏说服力的，特别是与基督教的世界观格格不入。

圆被认为是最完美的形状，因而教堂经常被赋予这种形式或是其变体。此外，圆是可以使信众更好聚集的图形，这与文艺复兴时期的人文主义精神完全一致。同样，15 世纪的绘画运用了科学的透视法，通过让观众成为画外的焦点，带来优越的观画体验，即在利用构图使观者获得更身临其境的景深感。完成于 1502 年的坦比哀多（*tempietto*），位于贾尼科洛（Gianicolo），即传说中的圣彼得殉道处，其平面形状就是完美的圆。向北 1800 米远的地方是西方最重要的教堂，圣彼得大教堂，它建在君士坦丁大帝的长方形基督教堂基址上。按照坦比哀多的建筑师伯拉孟特（Donato Bramante）之构想，新的圣彼得大教堂要采用集中式布局，并升起巨大的穹顶，笼罩在圣人的墓上。尽管该方案被接手设计的建筑师们修改过多次，但是米开朗琪罗的最终方案仍采取了集中式布局，且效果得到了加强。在17世纪初反宗教改革浪潮中，该方案被再次修改，教堂的平面延长了。特伦托会议举办后，形势愈发明朗，拉丁十字布局成为天主教教堂的正统形式：毕竟通过血雨腥风的宗教改革，使我们意识到，精神救赎之路确实需要漫长的过程。

理想城市，皮耶罗·德拉·弗朗切斯卡，约公元1470年；乌尔比诺公爵府

在欧洲中世纪，人们通过各种符号和象征认识世界，譬如占星家们之于夜空；好比流行病绝不只是人与人之间原因不明的传染病症而已，更来自上帝对人类罪恶的警告；再如流星划过天际也不是单纯的天体现象，而是隐晦的、需要破译的信息。

人造物同样也可被认为是某种符号。如果圣餐面包是耶稣的肉身，那么教会代表了耶稣的身体，佛罗伦萨市政厅的垛口则是政府决心的象征。当然在欧洲中世纪，建筑的象征并不是新鲜事。实际上，由于这时大部分建筑物不是一次建成的，并不特别适宜于表现象征意义。建筑是卓越的交际艺术，通过符号和象征表达出含义，这种能力独立于物理尺度之外。就像十字架之于基督徒，《古兰经》之于穆斯林，信仰不会因圣物是体型巨大还是只有手掌大小而动摇。就建筑方面，情况则更加复杂：感官不允许忽视建筑基本的物理信息，包括大小、材料、纹理等等。优秀的建筑中，有影响力的要素总是能支撑起建筑中所表达出的象征意义；如在埃及的案例中，花岗岩令人信服地证实了什么是不朽。但也有例外发生。为了达成建筑预期的思想意识层面的效果，总的感官体验依赖于象征。建筑应该承担这种思想意图带来的责任，就如同圣安德烈教堂圆顶直径只有3米，身处其中的信徒却如同感知到天堂一般。

渴望寻求事物隐藏意义的心态，是产生文艺复兴时期建筑的基础。使用的方法就是建立全新的、可以被应用在建筑上的符号象征系统。相比起中世纪，少了很多神秘性。这是一套被学者至少是上层阶级能够理解的综合性语言，但仍然经历了近400年时间才普遍起来——直到18世纪末和19世纪初，在某些情况下甚至更晚，浪漫主义和古典主义建筑才占据了主流。语言可以传递标准化的意义，并在减少空间的误解和失控的想象方面拥有巨大优势。

在众多元素里，替代了高耸修长的中世纪塔楼，希腊和罗马柱式被选中作为威望和权威的象征。各个时代都奉为经典的罗马大斗兽场，它的柱式排列顺序决定了等级。建筑的底层用多立克壁柱装饰，其上采用爱奥尼柱式，接下来是科林斯柱式，顶层采用混合式壁柱（composite pilaster）。这影响了文艺复兴时期，使得多立克柱式比塔司干柱式（Tuscan）更高级，但又逊色于爱奥尼柱式。科林斯柱式地位更高，混合柱式是地位最高者。“低级”的柱式象征自然和野性，放置在建筑物的较低层或基础处，用较为粗糙的石头雕刻而成，称之为“粗石柱式”（*ordine rustica*）。[1]“高级”的柱式象征着文化和文明，并按照秩序在建筑较高的楼层上使用。随着花园中出现用雕刻着的寓言人物来装饰的人造洞穴，一种格外细化的根据神话、古代历史和圣经发展起来的图像学，即用特定的图像来表达特定含义

❶ 原文为拉丁词，但在语法上有误，应为ordine rustico。——译者注

的方法出现了。在某种程度上，这是图像学在绘画和雕像方面更先进的拓展。

鲁切拉宫，佛罗伦萨，莱昂·巴蒂斯塔·阿尔伯蒂，公元 1446 年；绘图 Lübke & Semrau，*Grundriß der Kunstgeschichte*，公元 1908 年

如果没有赋予建筑物恰如其分的属性，这些符号和象征的系统就不会很好的发挥效用，而建筑恰当的属性也会带来变化和优雅，分别通过“得体”（decorum）[1] 和“装饰”（ornamentum）

---

[1] Decorum 一词来源于拉丁文，是古罗马诗学和修辞学术语。维特鲁威在《建筑十书》中提出了建筑由秩序、布置、匀称、均衡、得体和配给六个要素构成。其中得体（decor），指建筑物精致的外观是由经得起检验并具有权威性的构件所组成。得体有三个要素：功能上的得体，即建筑构件要符合其所代表的神祇的性格；传统上的得体，即建筑风格要符合传统的观念；自然上的得体，即建筑选址要符合自然地理条件，有利于人体健康。得体成为维特鲁威针对装饰的道德讨论，也成为后世功能主义的理论源头。——译者注

实现。现代的观察者可能会对此感到些微的困惑，因为同样的建筑元素，比如柱列、山花和装饰线角，既可以视为表现建筑得体性的组成部分，也可归类于装饰物。

实现“得体”的基本原则是，建筑物应当在布局、规模和装饰程度方面与建筑物的目的和主人的社会地位（在一定程度上指财富情况）相匹配。塔司干柱式和多立克柱式可传达出坚固性和原始力量，并在乡村建筑中经常使用，后来在银行建筑中配以单独的屋顶出现。科林斯柱式代表着辉煌，其形象出类拔萃，因此并不允许使用在附属建筑上，如仓库和车间。大厦的一层肯定是层高最高且装饰华丽，作为屋主的居所：到了 19 世纪末和 20 世纪初，公寓楼的一层仍然被认为是最重要的，这一观念直到电梯和私人汽车普及后才被打破。一层是主楼层（piano nobile），仆人住在阁楼。转角石打磨的更光滑，并沿着楼层向上排布，彰显出世界的秩序：超越了野性自然的人类的巨大成就，如同从基督教信仰中创造出来的皇冠上的明珠。文明的产物被认为优于自然生长的东西；就像歌剧《手》（*di mano*）被认为优先于歌剧《大自然》（*di natura*）一样，直到浪漫主义的风潮到来之前，西方世界一直坚定不移地遵循这种观点。此外，秩序和协调成为把控建筑整体的关键要素。

装饰的使用则更加自由，并被建筑师和建筑业主们迫不及待的加以利用。在文艺复兴的几十年间，佛罗伦萨和罗马各式的私人豪宅令人叹为观止，它们包括：佛罗伦萨的皮蒂宫（the Palazzi Pitti）、鲁切拉宫（Rucellai）、美第奇 - 里卡迪宫（Medici-Riccardi）和斯特罗齐宫（Strozzi）；罗马的教廷枢密院大厦（della Canceleria）、法尔内塞宫（Farnese）和玛丹别墅（Madama）。虽然每座都差不多是带有中央拱廊庭院的立方体，但是精心设计的外立面让它们又呈现出独一无二的风采。

通过装饰所表达出的创造力和想象力，结合得体的规范，几乎有无限可能。1524 年，曼图亚的统治者，费德里克二世贡扎加（Federico Ⅱ Gonzaga），委托朱利奥 · 罗马诺（Giulio Romano）在城墙外设计了一座夏天的豪宅。这座名为得特宫（The Palazzo del Te）的建筑是同时期最经典的郊区别墅之一，正如它为人熟知的那样，整座建筑充满了故意的背离，甚至可以说是对现有规则的亵渎。院墙边多立克檐壁上的三陇板似乎马上就要滑落；光滑的石块之间突然出现了一块糙面石头；一扇窗户直接放在山墙的倾斜处，这是它不该出现的位置；门口的拱心石相对于山墙，比例极其不和谐，诸如此类、不一而足。当时的建筑必须用绘画进行装饰，而这间别墅的画作差不多都可归类于“离经叛道”。

保守宫，罗马，米开朗琪罗，公元 1538 年

所谓手法主义（Mannerism）[1]，是指个人的“手法”或风

[1] 也译为矫饰主义和风格主义。——译者注

格，在建筑的形体塑造中占了主导作用，并寻求“官方”的认可。在1536年，位于罗马的卡比托利欧广场（the Piazza del Campidoglio）的保守宫立面，由米开朗琪罗设计。立面上从地面延伸到建筑顶部的“巨大的”科林斯壁柱，与旁边小得多的、装饰一楼凉廊和二楼窗户的爱奥尼克柱相对应。布局利用打破内部平衡的紧张感创造出动态的整体：科林斯壁柱的高度是一楼爱奥尼克柱的2.5倍，是二楼的3.3倍，相对应的，体积分别是16倍和33倍。米开朗琪罗低调地验证这些规则的界限——最能体现协调的比例和对称的尺度——不仅在这所私人别墅中，在文艺复兴时期罗马最正式的建筑群中也可以看到。

然而，文艺复兴后期的建筑师和画家们并不是唯一寻求编写和重写规则权利的群体，批评者亦是如此。他们定义观众感知艺术的方式，并首先使用了术语“文艺复兴”（rinascita）。乔尔乔·瓦萨里（Giorgio Vasari）是画家和雕塑家，也是《名人传》（*Lives of the Most Eminent Painters, Sculptors and Architects*）的作者，该书出版于1550年，是古代之后在西方出版的第一本关于艺术史的论著。他推广了术语“文艺复兴”，现在这个词已成为该时代的统称。《名人传》第二版发表于1568年，埃尔·格列柯（El Greco）❶在自己私人收藏的第二版手抄稿空白处，既愤怒又钦佩地注释道：“批评就是那些无所事事只剩空口白牙的人唯一能做的，因此从这个角度来看，各种对瓦萨里的批评是真实的。”[3]1600年前后，一位著名艺术家承认，观众们有必要为了欣赏艺术而进行认知上的调和，而这种调和也同样是艺术的组成部分，就如同是艺术品本身一样。

观众敞开心胸去接受新的解释和观点，准备好去接受这些不可预料的作品，在这样的设定下，确定性会不断地被颠覆——

❶ 西班牙文艺复兴时期著名画家，埃尔·格列柯是其别名，意为希腊人，指其血统。——译者注

这一学术环境的出现可能是文艺复兴对建筑和艺术最大的贡献。在这样开放的环境中，孕育着随后几个世纪的巨变。

注释

1 Koolhaas, Rem: *Content*. Taschen 2004, 118.

2 Alberti, Leon Battista: *De Re Aedificatoria* 6.2.

3 Marias, Fernando: *El Greco y el arte de su tempo; las notas de El Greco a Vasari*. Real Fundación de Toledo 2001, 53.

参考文献

Burckhardt, Jacob: *The Civilization of the Renaissance in Italy*. Penguin 1990（1860）.

Burke, Peter: *A Social History of Knowledge: From Gutenberg to Diderot*. Polity Press 2000.

Hohenberg, Paul/Lees, Lynn: *The Making of Urban Europe, 1000–1994*. Harvard University Press 1995.

King, Ross: *Brunelleschi's Dome*. Penguin 2000.

Panofsky, Erwin: *Meaning in the Visual Arts: Papers in and on Art History*. Doubleday1955.

Wittkower, Rudolf: *Architectural Principles in the Age of Humanism*. Norton 1971（1949）.

15

“少即是多”

京都龙安寺的枯山水 ❶

李维和普鲁塔克都记叙过这样的传说[1]：罗穆卢斯（Romulus）在创建以他的名字命名的城市时，用犁在地上挖了一道沟渠，作为罗马广场（*Roma quadrata*）的方形“围墙”。在城市“大门”处，沟渠被打断了，只有这里允许人们通过。罗穆卢斯的孪生兄弟雷穆斯（Remus）行为放肆，跨过沟渠，不走大门，罗穆卢斯就杀死了他。建筑师们肯定对这则传说十分感兴趣，它触及了设计时所面临的最棘手问题之一：判断物质手段是否满足需要并将构想变成现实。根据传说，以逻辑（方形）、法律（尊重法定条款的公共协议）、政权（坚不可摧的墙）为基础而建立的城市，其边界只是利用简单标记来实现具体化的。200 年后，二至三栋小房屋和 70 厘米高 ❷ 的标志定义了雅典中心广场（Athenian Agora）的边界。又过了 500 年，雄伟的柱廊和神庙定义了罗马帝国广场群（Imperial Fora of Rome）的边界。

在我们的客厅里，两级台阶就可以限定出一片独立的区域，那还有必要做五级台阶么？五级是不是太多了？而另一方面，

---

❶ 原文为 rock garden，亦译石庭，龙安寺的石庭名为方丈庭园——译者注

❷ 同一例子，在第 8 章为 60 厘米——译者注

在长400米、宽120米、被摩天大楼环绕的德芳斯广场（Defense Plaza），五级台阶是否足以限定出一片独立的区域呢？也许，用来在纸上勾勒台阶的0.3毫米粗细的线，或是实景渲染中强烈的阴影，会给人带来错觉？在佛罗伦萨的皮蒂宫（the Palazzo Pitti），用80厘米厚[1]的墙来分隔房间，真的是必要的么？8厘米厚的现代隔音墙是否就足够了？那么用16世纪京都的宣纸做成的墙呢？

在现代日本，宣纸墙并不少见。我们可以赞赏这种优雅的建筑，但是生活在里面要遵守严格的合住规则，才能不会对这种墙感到别扭。然而首要的是，这需要每个人对其任何行为都做出承诺，这样才能有助于抵消宣纸在听觉和视觉方面隔绝性差的缺点。

紫式部日记绘卷（Murasaki Shikibu Nikki Emaki）中的场景，（传）藤原信实（Fujiwara Nobuzane），公元13世纪，藤田美术馆

禅宗是佛教的分支，在追求觉悟的修行中强调冥想，它的传播增强了日本人对其容身之所传统上强烈的认同感。最严格

[1] 原文为80米。——译者注

的禅宗流派是临济宗（Rinzai Zen，始于中国唐代僧人临济义玄），于13世纪成功地引入日本，并缓慢而稳定地逐渐从中国的影响中独立出来。相比温和质朴、更适合乡下人的曹洞宗（Sōtō Zen），上层阶级更喜欢前者。不仅有天皇和商贾的支持，在地位逐渐上升的武士阶层中，临济宗也有实质性的影响，因为它完全符合武士阶层对生活的态度；总之，它在进一步塑造他们心智的方面大有裨益。

禅进一步强化了现有的思维模式，这些思维模式的魅力来源于综合的、整体的世界观。对于贵族来说，生活与艺术之间的界限变得模糊起来——这是西方艺术1960年以后才试图实现的事情。每种行为都可以成为艺术，每种艺术也是行为，其最终目标不外乎就是创造或实用、或美观的客体。康德将艺术归为纯粹美的享受，而真正的艺术是没有实用目的的艺术，理论上甚至都不像康德所说那样。因此，带着追求所谓的终极实在的理想去进行创作，是艺术的最终目的。一些艺术门类要求多年的学徒生涯，并继之以个人不断的努力来达到臻美的境界，如插花和书法。虽然掌握那些技术知识已经非常难了，但这仍然不够。人们必须超越它，使作品能够"浑然天成"，在不刻意的状态下毫不费力地生长出来。类似俳句（haiku poems）[1]的写作，能很明显地体现出这种精神；但像射箭和剑术，即便目的是胜利（用箭击中目标或用剑术击败对手），却很少有人拒绝训练，因为通过不断的训练才能增强实力。

禅宗的传播，正赶上艺术和手工艺蓬勃发展的时期，而禅宗可能有助于它们进一步成熟。15世纪的日本正处在技术的最前线；说到最基础的发明，尤其引人注目的就是公元前3世纪它从邻国中国引入水稻种植技术，反映了它依靠自己如初生之

[1] 日本古典短诗，要求首句五音，第二句七音，末句五音，共三句十七音为一首。——译者注

日般的势头吸收着各种事物、方法和理念的决心。这时的欧洲正处于文艺复兴的阶段，日本却生产和出口了大量的高质量产品。其中有无数种用于各种用途的纸制品——甚至一次性的纸巾，这是美国人三百多年后才重新发明出来的用品。英国的钢铁是欧洲之最，可日本的钢铁比英国的还好；它的铜制品比瑞典的还便宜，即使它要用船从长崎运到阿姆斯特丹。日本刀剑在当时是最高技术的武器，在东亚受到追捧。它们的刀剑相对欧洲的刀剑更小。日本佛教寺院是尚武之源，类似于西方的圣殿骑士团（Knights Templar）❶；根据一位耶稣会（Jesuit）❷修士访问佛教寺院时的证言，这样的刀，质量如此之好，以至于切穿盔甲容易得就像用一把锋利的刀切细嫩的牛臀肉。[2] 日本刀剑的刀片是长约 70 厘米、宽 5 厘米，通过反复地锻造会有大约 400 万层的钢材，刀口坚硬，而刀片的其余部分则富有韧性，使得这种刀不会脆如玻璃，也不会钝得像同时代的欧洲刀剑那样。魔鬼存在于细节中，这对日本工匠来讲是千真万确的：毫无疑问，这是有利的魔鬼手艺。

室町时代（Muromachi，1338—1573 年），被贵族视若珍宝的活动之一就是茶道，那时它已经成为一种身份地位的象征。新的偏好出现了，而据说只有纯朴的过去才能给其带来灵感。类似于欧洲的浪漫主义时代，16、17 世纪的日本，农村的简朴生活并不仅意味着不好。因此，茶道的展示一般就在简单朴素的狭小的茶室中进行。有严格的规定来定义备茶和侍茶的动作、位置和步骤，主人和宾客都要一丝不苟地遵循它。许多茶室是由茶主人自己设计的：在建筑师取得合法的设计权利前，使用者自己设计其所使用的建筑，是很常见的。

---

❶ 中世纪天主教军事修士会，创建于第一次十字军东征之后，最初驻扎在耶路撒冷圣殿山所罗门王圣殿基址上，因此得名。——译者注

❷ 天主教主要修士会之一，1534 年创立，成员积极参与海外传教。——译者注

茶道本身以及茶室，代表着一种新的美学：由侘（*wabi*）的理念所代表的质朴特征，在建筑中演绎。日本的统治阶级开始流行在书院（*shoin*）的房间中铺设地板，摆好榻榻米，装上吊顶和推拉门；而此时中国正在热火朝天地修筑雄伟的长城。撇开玄学不谈，一些贵族偶尔出现的财力不足反倒促成了他们的成功，我们可以从之后的亲王行宫桂离宫中推断出这一点。建筑群中第一批建筑建于17世纪初，那时主人财力十分有限，与后来的加建（那时修建者的收入已经显著增加了）相比更显质朴（可以说更符合"侘"的理念）。

为了实现预期的目标而限制物质手段的运用，从早期就已植根于日本人的思维中，这很可能源于他们对人与自然相统一的深刻信念。他们将这种思维贯穿于各种活动中——从武术（martial arts，在这一运动中，身体是唯一的武器）到武士刀——这强烈地影响了建筑，运用材料的方式和西方迥然不同。

首先，日本的纪念性建筑主要使用木材；而西方主要使用石材。木材是一种天然的可再生材料，即使它成为梁、柱或地板后，如果再经过巧妙地加工，它还能变成其他可用的构件。相对纤薄的构件在三个维度上的相互交织造就了木结构建筑的结构完整性；而砖石建筑的结构整体性在于其体量。在木结构建筑中，内部和外部的界线不是绝对的，建筑的木构架能让地板伸向屋外的庭园，也能够让屋顶出挑遮蔽外面的草地；而砖石建筑的内部和外部有明确的界线，这也造就了西方人今之所见的建筑，正如俗话所说，我们的居所就像我们的堡垒。

一般来说，平安时代（Hein，794—1192年）中期以后，也就是大约公元10世纪，日本建筑开始显现出对没有单一主导元素的组群式建筑的偏好。除了一些早期的佛寺，在宫殿、别墅和寺庙中，这些特别的会见室不会被安排在大体量的建筑中，

京都龙安寺主殿，始建于约公元 1500 年

也不会位于建筑组群的轴线上。每组这样的空间都形成多多少少各有不同的单元，一般是独立的房屋，用狭窄的走廊与建筑组群中其他的部分连通。很有代表性的二条城（Nijo Castle，内有幕府将军的寝室、会见室等），其各个单元在大小上并没有明显的不同，并且不会占据特别突出的位置，也不会遮挡其他的建筑。进入二条城较正式的大殿是要经过一连串房间的，而这些房间并没有按照明显的等级顺序先后排列。与此相反，西方建筑更倾向一种有核心主导的布局。事实上，可能除了中世纪早期和拜占庭时代，从希腊时期到现代，经常按照体现严格等级的中心轴线对称的方式来布局；罗马的奥古斯都广场或巴黎的凡尔赛宫都是典型的例子。另外在日本，即使是最正式的建筑，其高度也很少超过周围的树木。在西方，建筑一般会远离高大的植物。

日本的建筑中，房间往往不会局限于一种功能；也不会像西方那样通过大量的家具来显示身份，尤其是在城市里的建筑。住在房间里的人的坐垫和睡觉用的褥垫，都折叠起来存放在壁橱里，房间几乎是空的，随时准备用作其他用途。决定房间和建筑组群的形式和布局的，是主人和客人所坐的位置以及传统规定的房间入口方向，而不是几何规则。西方人炫耀似地创作出来那些时间上静止的图形，并按照这些图形将材料组织在一起；而日本的建筑的身份认同不基于这样的材料累积，他们不着重强调人造物与自然之间的反差。相反，因为这些建筑只需要满足住客很少的需求，所以它们在直接的视觉层面能成功地融入环境，在更高层次的认知处理层面也能做到。

使用有限物质手段，并运用这种手段来确立其身份的建筑，在室町时代获得了很高的声望，因为它完全符合日本贵族追求高雅的要求。17 世纪初，室町时代一结束，日本就进入了与世界其他地方完全隔绝的时期，它封锁了边界，将任何影响与刺激拒之门外。二条城就是在这样的年代建成的。它可能曾经用黄金做的树叶和精巧的木雕来做装饰，但是茶室和优雅的书院大厅的精神，一直都蕴藏在其清晰的线条和轻盈的结构间。与此同时，相比其他文化环境中的惯常措施，如派全副武装的士兵把守城门，二条城除了用来阻挡军队入侵的双墙与护城河（几年后，在 16 世纪 20 年代，大阪城的城墙就是用巨大的相互环扣的花岗岩建成的），还配备了一种肉眼看不见的安全措施：当有人走在二条城的地板上面时，会发出嘎吱嘎吱的声音。这样可以保证没有人能偷偷通过走廊而不被发现，为了达到这样的效果，它使用了各种各样的技术，其中固定在木板上的钉子摩擦钉套或楔块时发出声音，大概是最有效的方法。

使用尽可能少的材料来实现既定的目标的心理在园林建筑中得到充分的体现，这种艺术在当时的日本已经流行并广泛普及；而那时的欧洲，类似的造园方法几乎只存在于神庙里的花园，这些花园种植着用于制药和烹饪的草本植物，当然，还有一些玫瑰园。《作庭记》(*Sakuteike*)手稿成于 11 世纪[1]，它的插图版本由造园僧信严(Hōin Shingen)于 15 世纪出版。[2]另一部手稿[3]写于 12 世纪。两部神秘的著作都将造园看作人与自然抽象关系的化身。为了选择材料、形状和质地并用最少的手段来捕捉并再造大自然的本质，进而创造一种建筑与环境之间的缓冲地带，需要对自然景观进行长期、仔细地观察，深谙于心并加以升华。

在日本传统中，每个地方都有其精神，这种精神可由一块石头来象征。随着时间的推移，源于佛教和风水术的更多的象征元素被添加进来。寻找形状合适的石头来担当这个复杂的象征重任是一件非常严肃的事情。从《作庭记》的时期开始，也就是千年前，立石就成为造园的基础，这门艺术的超群之处就在于用自然将人与他们的造物联系起来。禅宗的影响和它推崇的抽象概念不仅仅增加了石头在日本园林中的重要性，在某些情况下甚至将其他一切材料拒之门外。

早在公元 1500 年之前这些案例中的最杰出者出现了，它就位于京都龙安寺主殿前。我们今天所见的 10 米 ×30 米见方的园子是秋里篱岛(Akisato Rito)在 1797 年大火之后重建的。一片铺满长石砾石的地面，上面放置了 15 块石头，分成 5 组；庭园里没有一棵树(据我们所知,在相当于欧洲中世纪的那个时候,日本园林普遍是有植被的，只在 1800 年前后，像龙安寺这样的做法才变得比较常见，这也进一步证明了现存庭园的年代)。

庭园的大体布局简单到了极致，但它在视觉上创造出超乎寻常的吸引力：据记载，最初的庭园也做到了这一点，当然和

---

[1] 原文的 11 世纪手稿,应指《作庭记》的雏形,橘俊綱(1028—1094 年)的园事日记。——译者注

[2] 原文如此。这个插图版本并不是《作庭记》,而应是 10 世纪僧人增圆(Zōen)所著的《山水并野形图》(*Senzui-narabi-ni-yagyō-no-zu*)，该书于 1466 年由造园僧信严编集并流传。——译者注

[3] 原文的 12 世纪手稿，可能指《作庭记》最早的现存版本。——译者注

现在的样子没有那么多明显的不同（起初有一座抬高的环绕它的室外走廊）。这些石头都是精挑细选出来的，它们的大小相比那些砾石既不会显得庞大突兀，也不会显得太小而湮没其中；它们的布置方式，不论从哪个角度看，总是有一块看不到——僧侣们喜欢说，当你顿悟之后就能够一眼看到全部。每一组石头的外形和组成它的单块石头的形状有点相像；这是渗透到构图中多重尺度的组织原则：分形原则（fractal principle）❶。这些石堆之间的中轴线（线上任一点到两组石头的距离都相等）像树的枝杈一样相连，而这棵树的树干几乎像是从寺院大殿的中心生长出来的；虽然并不对称，但给人一种经过严格组织的平衡感。所用材料的构成极为丰富：砾石中包含了砂，以及大小不一的卵石，用耙子将它们耙成均匀的、各向同质的无差别表面。墙是用黏土混合稻草和油制成的，而苔藓和地衣为其增添了灰绿色的阴影。

与传统的日本画一样，园林中包含的所有元素都是一目了然的。这意味着，这些元素在我们的脑海中显现的时候，需要我们在头脑中对那些缺失的视觉细节进行最低限度的重建——比如，当我们看到一匹从侧面过来的马或迎面而来的人，还会想到一些会随之而来的其他事物。在这个你会立刻熟悉起来的环境中，你的视线会被这些元素协调的形状所吸引，会被清晰的视觉构图的和各种材料的质地所吸引。你的眼睛会在这个视觉上平衡的构图中来回游移，它是如此复杂而不让你感到厌倦，如此简单而不会迷惑你的感官。顺便提一下：在几本文献中（其中有一些是那场大火之前的），这处枯山水所展示的景象被描述为渡海的虎崽。[3]

---

❶ 现代数学的新分支，1967 年由美籍数学家曼德布罗特（B. B. Mandelbort）提出。大意为：事物的整体可以借由其局部而反映出来，在一定条件下，局部的某些特性，比如形状。功能、结构等会表现出与整体的相似性。——译者注

京都龙安寺的枯山水，始建于约公元 1500 年，现存的为公元 1797 年后建成

奈良圆成寺园林，始建于 12 世纪

而另一方面，从未随时间改变的龙安寺枯山水，失去了一些至关重要的东西：随着季节交替逐渐变化，是其他日本庭园最富于感染力的特质。古往今来，在崇尚静心冥想、吟咏诗歌的文化环境中，大自然每一年的季节轮回一直是灵感和赞美的源泉。而除了石头下面生长的青苔，没有其他草木的枯山水无法提供这种体验。这可能也是为什么它几度被遗忘，直到 20 世

纪（最初是 20 世纪二三十年代，再到第二次世界大战结束后），随着西方人对禅宗的兴趣越来越大，日本本土也紧随其后，这处庭园才重新回到聚光灯下。

但事实是，龙安寺的枯山水用一种匪夷所思的方式利用了最少的材料——不同形状尺寸的未经加工的石头。用一种极具组织性和平衡性的构图，创造出对心灵来说既熟悉又撩动心弦的环境。即使今天，该环境的视觉复杂性也是与观察者的感知能力相一致的，它让人沉思，既不用丰富的图像给其感官加载过重的负担，也不至让人感到无聊或挫败感。毫不夸张地说，现在的、可能还有最初的龙安寺庭园，以及它所在的整个建筑组群，可能是对后世密斯·凡·德·罗的名言“少即是多”[4]最佳的视觉呈现；历史上能够实现“少即是多”的建筑，不过寥寥。

注释

1 Titus Livius: *Urb*. I.1.7; Plutarch: *Rom.* 10.

2 Perrin, Noel: *Giving up the gun, Japan's reversion to the sword 1543-1879*. David R. Godine 1979, 11.

3 Kuitert, Wybe: *Themes in the History of Japanese Garden Art*. University of Hawai' i Press 2002, 101.

4 Mies van der Rohe, Ludwig: “On restraint in design.” In: *New York Herald Tribune*, 28 June 1959.

参考文献

Coaldrake, William H.: *Architecture and Authority in Japan*（*Nissan Institute/Routledge Japanese Studies Series*）. Routledge 1996.

Locher, Mira: *Traditional Japanese Architecture: An Exploration of Elements and Forms*. Tuttle 2010.

Suzuki, D.T.: foreword to Eugen Herrigel: *Zen in the Art of Archery*. Vintage 1981（1953）.

Takei, Jiro/ Keane, Marc P.: *Sakuteiki Visions of the Japanese Garden: A Modern Translation of Japan's* Gardening Classic. Tuttle 2001.

van Tonder, Gert J.: "Less is More or Less More: Visual Minimalism in Japanese Dry Rock Gardens." In: *South African Journal of Art History*, 22（3）, 208 ff.

Yamada Shoji: *Shots in the Dark: Japan, Zen, and the West*. The University of Chicago Press 2009.

16

建筑与环境

圆厅别墅

烹饪历史学者马西莫·蒙塔纳（Massimo Montanari）通过研究认为："……香料被用来丰富美食的历史已经上千年了，再也没有什么像香料一样被如此渴求的东西。而慢慢地，香料开始不再隅于烹饪的用途，而将在更广阔的范围内大显身手。直接从原产地采购以满足对香料的需求，一直是环洋航行探索征服的目标之一。但风靡16世纪欧洲的那扑面而来的香气和韵味迅速引起了感官疲劳。当红花、肉桂和"优质香料"变得人人触手可及时，富人开始在别处寻找令自己与众不同的标志。甚至转向土著和（在某些方面）"农民"的产品：17世纪法国的精英阶层放弃了香料，而用韭菜、葱、香菇、刺山柑和凤尾鱼等取而代之，这些更细腻，也能更好地适用于丰富饮食要求的美食，引领了新的潮流。一些腰缠万贯的人甚至可让自己享受"下等"的食物，新奇体验带来的满足感也是流行的另一因素，非常有趣的是，这种倾向在今天也很普遍。"[1]

富人和穷人本来就生活在两个世界，不论城市还是农村。从建筑历史的角度看，许多有趣的实例将特权和非特权之间的社会和经济差距具体化了。在很多情况下，"界限"从字面意义上就已然代表了支配权：统治者的住所是在有围墙的城市中，往往还有第二道墙的保护。在其他情况下，界限也可能不是具体的，而是象征性和支配性的，例如，教堂或游行的座次礼仪（seating etiquette）。很多时候，有钱人选择接受截然不同的审美情趣，以此将自己与平民区分出来。在中世纪的欧洲社会，“富人”与“穷人”之间象征性的距离变为现实；少数富人竭力将自己从穷人肮脏的生活环境中脱离出来。安东·弗朗切斯科·多尼（Anton Francesco Doni）在他的《多尼的别墅》（*Le ville del Doni*）中这样写道“为了远离人群的嘈杂，达官显贵和封建领主们在他们的乡下产业中建造美丽的郊区别墅……别墅离城市有近有远，满足了主人们高贵的需求。”[2] 这本书于1566年在博洛尼亚出版。

城市很难实现高等阶级和低等阶级之间的空间隔离，在一年中能有几个月转移到农村，不论从思想上还是审美上都有益处，而且相当实际。对于一些城里人而言，有时无法狩猎就是搬到农村的唯一理由。城市的空气中散发着腐臭，充斥着发霉的物品、尿液和动物，得病的概率明显高于农村。大约和多尼同一时代的作者如此写道：“（生活在农村的）好处是如此丰厚，让我愉快又心甘情愿地待在那里。首先因为空气，包容我们存在的容器，比起在费拉拉（Ferrara）我觉得这里的空气纯净和优质得多，对我的气色也大有裨益，而费拉拉这儿……充满了致命的水蒸气……”[3]。除了乡间居民常见的长期营养不良，农村的生活条件比城市明显要好得多；而1348年佛罗伦萨暴发瘟疫期间，失去了三分之二的市民，富人们则选择躲到乡下别墅中去。

毫无疑问的，在世界范围内，远离城市的倾向一定比上述的时间更早，从芸芸众生中逃离显然不是它的唯一动机。

古希腊时期，人们已经感知到耕地和荒野的区别：一方面是田地和葡萄园，以及他们照料的农场；另一方面是森林和野性。这是几百年以后人们对环境的感知移向城市和农村的前奏，这种转移在很大程度上归因于人口稠密的城市中的居住环境。

在罗马人的统治下，和平亦随之而来，农村生活成为许多少数族裔欢乐的源泉，他们可以借此逃避充满敌意的城市，不必再进行斗争，也可以免于屈服在罗马暴君的淫威下惶惶不可终日。在阿尔伯蒂的《论建筑》（*De Re Aedificatoria*）的第九书中，涉及了农村私人建筑，他摘抄马提亚尔❶的诗写道："简单日常，带来欢乐，吃喝歌唱，阅读洗澡。"[4]

农村生活与罗马贵族的密切关系，也生动地体现在西塞罗（Cicero）的著作中，特别是他与阿提库斯（Atticus）的通信里。这位著名学者热切地希望从城市的喧嚣中离开，隐居到他在图斯库卢姆（Tusculum）的别墅里。这种渴望具有强烈的道德深度：城市是充满陋习和妥协、怀疑与心烦意乱的地方，而农村是纯洁和透明、引人思考又从容的净土。耕地是朴实的，它把农民和民族的优良传统联系在一起。科鲁迈拉（Columella）和加图（Cato）❷的著作中都体现了维护个人财产的重要性，这种精神和马克斯·韦伯（Max Weber）在他的研究中对新教精神的描述十分相似。❸而娱乐在这里恢复了其完整的意义：身体和心灵在和平与安宁中的真正复苏。

不似后来在远东地区的那些别墅，罗马别墅并没有真正与周围的自然环境融合在一起。虽然通常建在风景优美壮丽的地区，如那不勒斯附近的海岸，但是他们在自己的外墙上只设置

---

❶ 马提亚尔（Marcus Valerius Martialis），古罗马诗人。根据约瑟夫·里克沃特（Joseph Rykwert）等的英译本 On the Art of Building in Ten Books（1989），注释 9-32，P406，这首诗并不是马提亚尔的诗作。——译者注

❷ 此处应指老加图。——译者注

❸ 这里指马克斯·韦伯的名著《新教伦理与资本主义精神》一书中的观点。——译者注

了较少的开口，大多数的房间只能看到内庭院或柱廊。然而较为封闭的外观并不是为了保护自己的居民。再说，如若真要展示别墅主人的实力，大理石雕像和精心打理的花园，远胜于耀武扬威的垛口。

卡法焦洛（Cafaggiolo）的美第奇别墅（Villa Medici），公元 1452 年，由米开罗佐（Milchelozzo）在 14 世纪的结构上重新设计

罗马帝国的崩溃彻底改变了这种情况。当中世纪城市出现后，起初它们成为脱离农村生活的好去处。但 13 世纪之后，随着城市规模不断壮大，人口过于稠密，原先的小城市发展为大都市。人们最终意识到避世乡间的好处，这是再自然不过的了。彼特拉克（Petrarch）是其中最著名者，他在 1335 年 4 月 26 日攀登了旺图山（Mont Ventoux），那是位于阿尔卑斯山脉的一座陡峭山峰，寒风长年呼啸。[5] 值得注意的是，这种攀登的唯一目的是赏景，诗人在他的笔记里精心描述了自然的美景。对于那些在此耕作的人而言，如此耗费体力的活动，又没有什么实际生产目的，是相当奇怪的；这就是彼特拉克，一位城市居民，和他途中遇到的农民的区别。在当时，能够享受景观的美妙和

壮丽而不被生活在农村的日常所滋扰，是有钱人的特权，他们与农村人有着巨大的差异，成为古怪而不事生产的社会阶层。

但这是在意大利中部和北部过渡时期的情况。早在中世纪，拥有土地的贵族就在领地中有利的位置建造高塔了。然而，城市已经发展到了贵族们不可能视而不见的地步；一些强大的家族选择建立令人过目难忘的宫殿。而另一方面，封建领主们放松了对土地的绝对控制权。农奴获得自由之后，很多人甚至拥有了自己的养殖场。然而，农业收成是不可预测的，通过它获得的收入会有很大的波动。此外，贵族往往保留着森林利用的专有权，这是食品和财富的主要来源。其结果是，一些农民被迫向积累了财富的城市居民寻求经济上的帮助。后者最终投资于土地；作为交换，他们有权获得收成的一部分，遇到周期性复发的粮食短缺时，对农作物的需求会成倍增加，这种做法也算是未雨绸缪。然后，最富有的资产阶级从他们手里买断土地来创建自己的大庄园。这逐渐改变了城市的周边景观。早在 14 世纪初期，佛罗伦萨周围的山区就散落着农庄，类似于后来威尼斯周边的郊区（Terraferma）。

最初，这些乡村别墅是按照贵族农庄的高塔风格建造的。然而到了 15 世纪中叶，这种防御式的居住模式再不能满足人们的需要——既没有实际的安全条件，也没有为当时的政治和军事结构服务的必要。武装团体的攻击现在已经消失了，这些老式建筑也无法防御拥有大炮的正式军队。但新贵们和旧的封建领主都不愿意让自己的房子去适应不断变化的喜好；他们世代居住的家宅外观越古老，就越能体现自己的威信。这种典型的心态充分体现在卡法焦洛美第奇家族的别墅中。佛罗伦萨最著名的统治者，人称“伟大的洛伦佐”（Lorenzo the Magnificent）的洛伦佐·德·美第奇，青年时大部分时间就是在这里度过的。15 世纪中叶城堡纷纷改建成别墅，保留了高高的围墙、小窗户、垛口，以及厚重的大门。然而它们并不与世隔绝，建筑环绕着院子，主人允许的话，还可以从室内进入花园。

在古代罗马，乡村生活可以和幸福论挂钩；然而这在中世纪的西方文化环境中被边缘化了，尤其是考虑到基督教对幸福感受的质疑。随着人文主义在文艺复兴时期的兴起，从彼特拉克起，乡村生活的幸福论再度出现并持续发展；浪漫主义流行的 18 世纪末，主张用惆怅来代替幸福的情感，以此让人们在大自然中找寻自我，即使在这一阶段，幸福论也依然存在。在抛弃中世纪乡村别墅模式的过程中，重拾认知自然的审美素质可能是思想上迈出的最重要一步。

美第奇别墅，菲耶索莱，佛罗伦萨郊外，米开罗佐，公元 1451 年

事实确实如此，我们可以在菲耶索莱（Fiesole）的美第奇别墅中找到痕迹。它由建筑师米开罗佐于 1455 年设计，坐落在山坡上，并提供触手可及的景观。别墅外观简洁呈方形，没有任何炮台或者垛口——姑且可称之为豪华版本的朴实村舍。

美第奇家族还在波焦阿卡伊阿诺（Poggio a Caiano）拥有

一栋别墅，15 世纪末由洛伦佐·德·美第奇委托建筑师朱利亚诺·达·桑迦洛（Giuliano da Sangallo）设计。这是一座惊人的、对称结构的建筑，在升起的平台上设置了带有柱廊的入口。新的时代已经声势浩大地到来，新的建筑类型诞生了。

乡村别墅中的翘楚非圆厅别墅莫属。建于 1565 年的圆厅别墅，是为某位教会权贵从梵蒂冈退休后回到家乡维琴察而设计的返乡居所。建筑师名为安德烈·帕拉第奥（Andrea Palladio），毫无疑问被认为是中世纪后期欧洲最成功的郊区别墅设计者，也是西方建筑史中最具影响力的人物之一；他在威尼托大区设计的几座别墅，甚至在几个世纪后，仍然完全超出了一些国家（如英国和美国等）的建筑师和其客户的想象。帕拉第奥，曾是石匠，也是众所周知的《建筑四书》（*I Quattro Libri dell' Architettura*）的作者。正如标题所暗示的，这本书并不是用拉丁文写成，而是用意大利语，他家乡的语言，当然，这可能是出于市场营销和广告的原因；这本书的大部分内容都在他本人的设计中有所体现。

波焦阿卡伊阿诺的美第奇别墅，托斯卡纳，朱利亚诺·达·桑迦洛，公元 1485 年

建筑在构图上沿两条轴对称设计，使得圆厅别墅四个立面完全相同，每个立面都是如爱奥尼克神庙一般的柱廊或突出的门廊。四座楼梯——每座都在建筑的一边——引领人们来到高于地面层的主楼层。建筑的地面层为方形，而内部则是圆形大厅。这明显受到罗马万神殿的启发，大厅上又以圆顶覆盖，并用壁画装饰。利用几何元素进行组合，圆厅别墅获得了巨大的成功；这是以有限制的方式来获得视觉及象征方面丰富效果的范例，圆厅别墅在接下来的几个世纪成了建筑经典。

别墅位于坡度平缓的小山丘顶部，好似在邀请人们进入其中：通往主楼层的楼梯占据了立面宽度的一半，这在当时是相当新颖的做法。它并没有什么防御性或内向性的痕迹，而是创造了一种毫无保留地、亲切自然地、开放着坐落在周围环境当中的感觉。由于该别墅是在城市附近，帕拉迪奥在他的著作中"关于城市中的住宅设计"一章里绘制了该建筑的平面。不过，他特意用了最具诗意的话语来形容它的自然景观："再也无法找到像这样令人愉快的地方了，因为它是在很容易进入的小山丘上，巴基廖内河（Bacchiglione）这条可通航的河流从一旁蜿蜒流过；而另一面是最令人惬意的起坡之处，它看起来像一座大剧院，并用最丰美的水果和最精致的藤蔓包围；因此它从每一面都能享有最美丽的景色，其中一些是局限的，一些向远方延伸，一些会让人以为景色与地平线一同终止，在四个立面上都设有凉廊。"[6]

圆厅别墅是一座表达性的建筑，丝毫没有受到它周围的（或多或少被改造了）自然环境的影响；人人都能感受到人造建筑散发出来的毋庸置疑的优越感。这是较为突破性的想法，当时的威尼斯并不以新奇而羞耻，而是鼓励创新的：例如，在当时即将与奥斯曼帝国舰队开战，但是这场战役最终于 1571 年发生在勒班陀（Lepanto），威尼斯人决定在他们的战舰上安装大炮，这将大大增强火力，即使这意味着他们不得不拆除自己的攻城槌——那个时候他们的主要进攻武器——以平衡额外的重量。

虽然圆厅别墅向周边自然环境开放，但是仍然突出强调了自身居住者的不凡，他要从拥挤在城市的市民和耕作在土地里的农民中脱离出来。除了将建筑抬升于地面，设计宏伟的入口以突出主人的威信外，帕拉第奥还毫无保留地应用柱廊、额枋、山花、穹顶和描述神话场景的壁画——这些元素在古代原本只有神庙和最权威的公共建筑才会使用，是为上层阶级个别成员而不是社区普通个人服务的，如阿尔伯蒂曾在圣安德烈设计的建筑[1]。逐渐地，倾注于土地生产的罗马式热情逐渐消退，美学和享乐主义完全控制了潮流的走向。

卡普拉别墅或圆厅别墅，维琴察，帕拉第奥，公元 1585 年

少数特权阶层的生活正在向农村转移，这种趋势在 17 世纪专制统治的法国尤为明显。尼古拉斯·富凯（Nicolas Fouquet），

❶ 详见第 14 章。——译者注

沃乐维康宫，曼西，法国，路易·勒伏，安德烈·勒诺特和查尔斯·勒布朗，公元1657年；Nicolas Poilly版画绘制

这位财政总监效力于年轻的路易十四，于1657年委托建筑师路易·勒伏（Louis le *Vau*）、景观设计师安德烈·勒诺特（André le Nôtre）和画家夏尔·勒布朗（Charles Le Brun），即后来改建凡尔赛宫的设计团队，重建一座他新购得的小城堡。沃乐维康宫（Vaux-le-Vicomte），位于巴黎郊外约40公里处，人类的主权并没有受到限制，自由地向土壤、水和植被延伸。它的花园绵延有3公里长，完全显示了征服自然的力量。建筑的周围没有葡萄园和田地，但贵族和他们的陪同人员可以在几何形状的园林、人工池塘、散步小路和庭院那里愉快地打发时间。

帕拉第奥在建筑和周围大自然之间实现的平衡，在盛大的巴洛克式的建筑群中已经丢失。但在18世纪的英国，另一种形式重新出现，尤其是在奇斯威克宅邸（Chiswick House）中淋漓尽致地展现了这一点。1733年，威廉·肯特（William Kent）翻新了这处庄园的花园，在当时的文化环境中他实施的一些概念具有相当的革命创新性。几何不再是主导原则：草坪慢慢地延展，轻轻地铺到河边；视线得到组织，一切都不会一目了然，这样可以留下想象的空间并让期待感逐渐升温。建筑位于理想化自然的核心部位——这就是帕拉第奥主义（Palladianism），崇拜帕拉第奥建筑运动的缩影。伯灵顿勋爵（Lord Burlington）是这一建筑趋势的核心人物，他特意重振了乡村别墅的罗马传统，并把文艺复兴时期的建筑师作品当成设计的指导范例。

奇斯威克宅邸的花园，伦敦，威廉·肯特，公元 1733 年

像西塞罗别墅（Cicero’s villa）周边的土地那样，环绕圆厅别墅的土地、沃乐维康宫花圃的农场和奇斯威克宅邸的草坪，都得由数十名安家在附近的工人照料。将自己从大众中隔离出来并不意味着否定普通人的服务，也不代表要从集体的成就中分离出来。

注释

1 Montanari, Massimo: *The Culture of Food*. Blackwell 1994, 119.

2 Quoted in: Ackerman, James: *The Villa*. Thames & Hudson 1995, 109.

3 Lollio, Alberto: *Lettera nella quale rispondendo ad una di m. Hercole Perinato, egli celebra la villa, et lauda molto l'agricoltura*. G. Giolito1544, fol. IX v; transl. James Ackerman.

4 Alberti, Leon Battista: *De Re Aedificatoria* 9.2.

5 Petrarch: *Epistolae familiares* IV.1.

6 Palladio, Andrea: *I Quattro Libri dell'Architettura*. D. de' Franceschi 1570, II.3. Transl. Isaac Ware（1738）.

参考文献

Ackerman, James: *The Villa*. Thames & Hudson 1990.

Ayres, Philip: *Classical Culture and the Idea of Rome in Eighteenth-Century England*. Cambridge University Press 1997.

Frossmann, Erik: *Dorisch, Ionisch, Korinthisch*. Almquist & Wiksells 1961.

Lapi Bini, Isabella: *Le ville medicee. Guida Completa*. Giunti 2003.

Puppi, Lionello: *Andrea Palladio*. Electa 2006.

Nauert, Charles G. Jr.: *Humanism and the Culture of Renaissance Europe*. Cambridge University Press 2006.

17

实用的巨构

万里长城

那些讲究实用的宏伟巨构，似乎没有教堂或宫殿等纪念性建筑声名卓著，但它们的作用却不逊于后者。这类建筑对功能的考量超过美学；是否达到了初始建造目的，也是衡量它们的重要标准。"实用"也不意味着完全没有装饰的建筑。

无论是印象中还是事实上，城墙都无疑是人类建造史中最具实用性的构筑物。它们是政权和实力的象征，是领土边界，限制人的行动和商品的流通，不过防御一直是最核心功能，一墙之隔即生死有别。

城墙反映着城市百态，世界各地迥然不同。城墙也是创造城市文化的最重要因素之一：它圈定的范围限制了人们的活动，被动形成的人际关系最终演变为城市文化。城市面临的各种威胁（无论是真实存在或是虚构想象的）和其所占有的不同资源，决定了城墙的类型。耶利哥城墙（the walls of Jericho）是已知最古老的城墙，《圣经》中记载了它的传说。这些城墙大概有一万年的历史，在农业生产出现之前业已存在。城墙内的居民点规模甚小，却发掘出产自遥远地区的物品，包括土耳其南部制造的黑曜石工具。面对发现，学者们倍感惊讶：是否最早的城市的产生是为了易于交换，而不是为了容纳那些因农业而被束缚于土地的人口。

火炮在15世纪的发展,带来了防御工事设计上的彻底变革。而几个世纪后，大炮的火力成倍增加，军事战术、政治形势和战争伦理也发生了根本性变化，那样的设计就又变得过时了。19世纪早期或中叶，欧洲主要城市的几座城墙被拆除，比如维也纳。铁路的出现宣告了一个时代的结束，城墙仅作为“化石”而存在了。

再经过百年，人口保护策略发生了彻底的改变，也更好地适应了当代军事技术的需要。20世纪五六十年代，核战争出现了，分散人口变成了最好的解决方法。在一些国家，尤其是在美国，大量远离城市中心的移居[1]已成为一种强劲的趋势，它所宣扬的生活模式是拥有一座带花园的底层住宅、更多地使用汽车。这就导致了一种怪圈：高速公路在这些国家的战略规划中也获得了防御性的地位，充当了郊区化和随之而来的城市扩张的推手。高速公路成为人口自由迁移的象征，但仅仅几十年的工夫，已成为常态的交通拥堵让我们不得不对这些本就存在争议的项目进行更客观的评估。

技术的发展使得作为防御工事的城墙变得不那么必要了，不过在这之前，人们也并不是在筑造城墙的路上一条道走到黑的。这些号称具有无可置疑的实效和功能的建筑常常受到质疑，甚至动摇了建设决策者的信念。也许长城就是最有力的例证。

从公元前16世纪到公元后16世纪末，在两千多年的时间里，长城是中国防御工程建设的巅峰。即使不把沿线各城市的围墙算在内，长城的总长度也可能超过了赤道的长度。洪武帝朱元璋为都城南京修筑了气势雄伟的双层城墙；内墙由砖砌成，

[1] 即郊区化。——译者注

长度约30公里,高度在14米和21米之间;外墙由泥和黏土筑成,长度是内墙的两倍。此外,几个世纪内世界上最大的城市唐长安,或是后来由城墙包围住胡同群的北京,它们的小街坊都包含一定数量的、面向狭窄通道的住宅,而城墙将这些独立的房屋规则地围合起来。

平遥的夯土城墙,约公元1370年

不是所有的城墙都是为了相同的原因建造的。有的是为了保持那些较小城邦的完整,它们使公元前3世纪后期的中国实现了统一。另外一些城墙的修筑可能是用作海关或是为实现中央权力机构对贸易的控制。然而,它们中的大部分都是为阻止"异族"(夷)对"文明国家"(华)的野蛮侵袭。一些城墙立即证实了自身的用处,而另外一些在建成后不几年就废弃了。

有趣的是,秦始皇的长城并不是最早修建的,相关的民间传说却代代流传。公元前221年,秦始皇统一中国。将一国之君称为"皇帝"也是从他开始;在其死后,有约七千个兵马俑守卫在侧作为陪葬。他统一了度量衡来促进商品交易,统一了马车车轴宽度以方便运输,还修筑了道路、开凿了灵渠。秦法

典型的北京胡同院墙

残暴，对犯罪绝不姑息，轻微违法也会获刑。内政严苛，外交上也同样决断。秦始皇“乃使蒙恬北筑长城而守藩篱，却匈奴七百余里”[1]，长城即我们所熟知的“万里长城”（万里相当于五千公里）。这道防线由许多城池构成，其中44座城池在十年内即先后建成，并由承担守备任务的囚犯来驻守；长城的修筑还结合了那些通常意义上的“墙”，包括已有的旧城墙，以及诸如悬崖峭壁这样的天然屏障。

无论是城墙还是那些保卫地理疆域的防护墙，中国的大部分墙都是由夯土筑成的。尽管还有其他方法，秦始皇时期，夯土被大规模地用来修筑长城。人们用木质模板将每层泥土压筑至大约10厘米厚，像极了古罗马人与现代人浇筑混凝土的方法。为了使泥土不含种子和草，要从10厘米以下的土层进行采挖。还有一些情况，尤其是那些沙性土壤和砾石性土壤地区，加入红柳和芦苇可以使墙体更加坚固，因为植物的韧性能够适应昼夜温差。墙体表面多覆以黏土；在可以获得大量木材的地

---

[1] 贾谊，《过秦论》。——译者注

方，模板甚至是用整棵树的树干制成的，在砌筑完成后并不拆除，而成为墙体的一部分。

这种建造方法并不需要大量专门的劳力。成千上万的农民、囚犯和士兵在筑城的地点工作，还配合众多人员为他们运送食物和其他必需品。人民在史无前例的高压政策驱使下劳动，统治者则宣称是为了百姓的利益而修筑长城的。有学者研究，中国当时大约一半的人都被调动起来参与修建。大草原边上的生活条件、工作环境异常艰苦，尤其是在严冬和盛夏，很多人因此丧命。一些古老的民谣唱道“君独不见长城下，死人骸骨相撑拄”❶——在修筑长城时，因挖土形成了城壕，死亡劳工的尸骨可能被扔在了这里。毫无疑问，秦始皇是暴君，在他治下，挟雷霆之势，横扫六国。又焚书坑儒，暴力处置那些不服从管理的上层知识分子。也许批判秦始皇的评论家们是对的：秦二世而亡，只留下可憎的、脆弱的长城，在风吹日晒中逐渐倾颓。

秦二世赐死大将军蒙恬后，秦长城的修筑工作结束了。接到圣旨，蒙大将军似乎找到了自己受排挤的根源并归结为：为了得到用来修筑长城的泥土而进行的挖掘，伤到了“地脉”。百年后，史学家司马迁针对这件史实提出了一些经典的儒家观点，他认为：蒙恬之死是因为他不义，“而恬为名将，不以此时彊谏，振百姓之急，养老存孤，务修众庶之和……何乃罪地脉哉？”❷[1] 但相比这些正常的理由，当时的大将军似乎更愿意接受神秘主义的解释，考虑到那时正是系统的风水理论形成的时期，就不足为奇了。

中国历史上的多个朝代都曾修筑长城，但在官员和知识分子心目中，万里长城象征暴政的固有印象一成不变。又过了1600年，明朝为了巩固北方更绵长的边境防线，花费数十载修

---

❶ 陈琳，《饮马长城窟行》。——译者注

❷ 司马迁，《史记·蒙恬列传》。——译者注

建长城；只是，修筑长城已不是朝堂上皇帝需要权衡的唯一御敌选择了。

北方草原游牧民族的入侵，是明朝面临的最大难题。之前的蒙元，对这些部落采取了恩威并施的政策。由此建立起的庞大帝国，它的疆域既包含中国传统的农业核心地带，也拓展到由于极端的气候条件虽广阔却不适宜耕种的牧场，以及在这些地区生活的人民。元朝被驱逐出中原后，取而代之的明朝以汉民族为中心，朝廷对游牧民族的态度也发生了变化。尚武的洪武和永乐两位帝王，力图将游牧民族控制在草原内。他们颁布了多项政策：军队戍边屯垦，兴建由瞭望台和烽火台组成的预警体系，在特定的位置修筑新的防御工事，并对原有的长城进行修整。这一系列措施有助于稳固来之不易的疆土。然而随着天灾人祸，这项单边政策瓦解了。而且永乐大帝把位于黄河南岸的鄂尔多斯沙漠留给了游牧民族；这一决定在接下来的几百年里被证明是非常不明智的。他做出该决定的原因之一似乎是缺乏足够的资金：国库紧张，不仅要支持军事作战和勘察远征，还要承受紫禁城建设的花费。兴建作为权力象征的宫殿，财政消耗往往大大超过社会其他职能的开支。

随着时间的推移，朝廷在处理与游牧民族关系的政策上也分成了针锋相对的两派。实务派主张发展商业关系和礼节性的往来，即贸易和朝贡制度。因为游牧民族不能自给自足，衣物和工具都依赖农耕民族提供，这也是他们一再地要求开边互市的原因。然而对于明王朝，这些诉求可不只是说说而已：在1549年的一次突袭中，俺答汗（Altan Khan）的军队将一支箭射进翁万达（当时长城的主要修建者）的军营以示警告——如果再不允许贸易往来，他们将在秋天攻打京城（那时他们的马匹正好刚经过水草丰茂的夏季而变得强壮）。

强硬派坚持认为与游牧民族谈判通商对政府来说不体面，

长城，约公元 1600 年

唯一恰当的政策就是武力征服或驱逐。与他们形成平等贸易关系基本上等同于政治上和道德上的背叛——中国是文明世界的中心，其他所有民族都应当臣服于天朝。为了支持这种观点，他们引经据典，找到了相当勉强的解释：中国有清楚的疆界，又具有凝聚力的文化和源远流长的历史；而“异族”在这里没有地位，因为他们不遵从天道，也就是说，没有与天朝人民统一价值观。在这种背景下，如果将中国比作一座房子，长城正是房子的围栏，也是合情合理的。

这种理想化的大局观虽然被各类集团拥趸，包括野心勃勃的将军、宦官，以及南方文人；但也仅在朝堂上占据上风，并不符合当时的军事政治形势。随着时间的推移，组织战斗并取得决定性胜利越来越难。即便如此，边境地区的官员，如果帮助或纵容与游牧部落的通商，仍会受到严厉的惩罚。

因此，打破僵局的唯一办法就是阻隔那些游牧民族。设立新的兵营，完善预警系统——其实主要是对原有城墙的修复和加固，并修筑一些新的、规模较大的区段。到 16 世纪末，长城这座 6500 公里的恢宏屏障，即告完成。这道屏障由双层或三层的墙体构成，每段长达几十甚至甚至上百公里、彼此相连，也常用分支将独立的塔楼与城墙主体相联结。

长城比之从前修建的部分更加坚固、适应性更强。但相比从前仅使用简单的泥土夯实方法筑造城墙，新的建设需要更多的劳动力；不过在 16 世纪末，中国的人口可能已经超过了 1.5 亿，是旧长城时代的十几倍。这时长城的标准构造是：将当地的黄土混合以粗砂、砾石和破碎的墙砖夯实作为墙芯，厚石板（更多情况下是砖）构成墙体粗糙的外表皮。砖的用量是我们今天砌筑方法的四倍之多，由建设地点附近成千上万的砖窑，夜以继日地烧制出来。除了黏土的化学成分外，烧制的步骤是保证砖韧性的关键。炉温需要达到 1150℃，烧制长达七天（如今，最好的瓷砖在这个温度下只需烧几个小时）。此外，用来黏结砖块的砂浆不仅含有大量石灰，还具有一种“秘密原料”——最近的研究表明，这种成分是米浆，它可以使砂浆尤其强韧，甚至砖本身遭到缓慢的侵蚀后，这些砂浆还能保持原状。

山海关长城入海处（老龙头），约公元 1600 年

司马台长城，约公元 1600 年

墙顶面用砖铺砌，可容纳五列身着盔甲的士兵并排通过。墙上每隔一小段距离都设有烽火台，用于接力传递讯息和驻扎士兵；一些拥有精巧的装饰，甚至可用煤炭对地面进行加热，这些措施都极大地改善了士兵的居住条件。

纵观世界，有的城墙保卫了城市几个世纪之久——例如君士坦丁堡（Constantinople）的狄奥多西城墙（Theodosian Walls），在长达 800 年的时间中抵御外敌入侵——而明长城在建成后半个世纪就废弃了。1644 年，满人入关，定都北京，建立了清王朝。清代中国人口规模大约是明代的两倍，其中包括了众多的非农业人口。中国人的范围、中国的版图扩大到了新的领地和新的人民。排斥外族的政策已经成为过去式。

时光流转，如今的长城吸引了越来越多的欧洲人来中国游览，并逐渐与吉萨大金字塔齐名。伏尔泰曾在五部不同的著作中提到长城，我们也都曾听闻过那个至今仍广为流传的、绝对荒唐的神话——长城可以在外太空用肉眼看到。长城的影响并未止步于此，最终变成中国的象征。此时长城不再为军事服务，实际上它也几乎从未起过这类的作用；它之所以声名远扬，完全凭借其史诗般的形象。一直以来有种观点认为：几千年来，长城都没有失去它在中华民族的显赫地位，是因为上苍指定了中国的疆界（即使它的版图随着统治王朝的更替而改变）；城墙虽然是通过一次次地修建才完成的，但它仅是对上苍的作品进行的局部补充，也正是这个原因，它们利用地形的优势最大限度地拓展了疆土。

到了明末，长城的选址愈发险峻。例如司马台段[1]，修建在海拔 2000 米，70° 的陡坡上，墙体厚度仅半米。长城只有遇到悬崖或河流时才会中断。它的绵延千里也标志着帝国疆界不可逾越。因此，长城惊人的长度体现了更深的含义，即从满足真正防御需求的实用性转变为标志中国统治范围的象征，这里曾是世界上最先进文明的中心。为满足当时的需求而修建起来的长城，不论是其至臻的实用性还是极致的象征性，广义上来讲，都达到了存在的目的。

长城完全反映了修建目的，那些在修建过程中克服的困难，如险峻的修建地点等，标志着它的完美，不愧为一项圆满的人类工程。力图证明什么似乎一直是人类实施建筑工程的原始目的，这可能与人们长期以来对有形物体的盲目崇拜有关。维特鲁威提出了著名的建筑三要素“实用、坚固、美观”[2]，他认为建筑师的首要关注点是作品要经得起考验，也就是说，要能证明人类的创造力。建筑本身的存在比它所能提供的服务更为重要——本身的存在高于实用性。而长城就是证明这一法则不可辩驳的证据。

---

❶ 司马台段，即司马台长城，位于北京市密云区古北口镇司马台村北。——译者注

注释

1 Bodde, Derk（trans.）: *Statesman, Patriotic, and general in ancient China: Three Shih Chi Biographies of the Ch'in Dynasty*（*225-206 BC*）. American Oriental Society 1940, 61 ff.

2 Vitruvius: *De Architectura* I.2.2.

参考文献

Khazanov, A.M.: *Nomads and the Outside World.* Cambridge University Press 1984.

Lovell, Julia: *The Great Wall: China against the World. 1000 BC–2000 AD*. Atlantic Books 2006.

Luo Zewen et al.: *The Great Wall.* McGraw Hill 1981.

Robinson, David M.: "Politics, Force and Ethnicity in Ming China: Mongols and the Abortive Coup of 1461." In: *Harvard Journal of Asiatic Studies*, Vol. 59, 1, June 1999, 79 ff.

Turnbull, Stephen: *The Great Wall of China 221 BC–AD 1644*. Osprey 2007.

Waldron, Arthur: *The Great Wall of China, From History to Myth*. Cambridge University Press 1990.

18

边界的处理

伊斯法罕的沙阿清真寺❶

中世纪的伦敦，当局狡猾地应对那些异常情况。法庭的裁决中有这样一则记录，郡长和巡夜人“进入公鸡巷屠夫威廉·考克的房子，用锤子和凿子强行拆除了11扇门和5扇窗户”[1]这个办法可以让邻居们窥探到那些住在这所房子里的人，尤其是户主的私生活。这完全破坏了家庭生活的自由：为了消除公众的顾虑，通常为大众所接受的行为习惯都受到尊重，而任何道德上的可耻行为都不被允许。

与此同时，在稍远一点的南边——伊斯兰世界的北非，使用这样的办法几乎是不可想象的：可以从社区成员在集市和清真寺里的行为来推断他们是否遵从公认的道德观念和宗教戒律，家中的暴力行为是可以报告给法官的。《穆斯林圣训实录》(*Sahih Muslim*，后简称为《实录》)是逊尼派穆斯林最重要的圣训集之一，它的历史可以追溯到公元9世纪。《实录》的5366-5371条写道：挖掉向别人房子内偷窥的邻居的眼睛，是天经地义的，不会受到惩罚。[2]圣训，据说是得到先知穆罕默

❶ 原文是Masjed-e Shah，Shah Mosque，意译为国王清真寺，伊朗伊斯兰革命后更名为伊玛目清真寺（Imam Mosque）。——译者注

德认可的言行录，这也是它为什么被视为判决的依据和法规的源头。其他的圣训甚至还详细地列出了客人到达后该如何提示主人，这样就能让房间里的女性及时回避。这种对家中隐私的绝对保护反映了家庭中的角色分配：男人是唯一的领导者，监督着家里其他人对教规的遵守程度。新娘的直系亲属来观察新郎如何对待新娘，但并不干涉家庭中已确立的等级关系。

房屋的形态是内向的、朝向街巷的洞口十分有限，彻底隔离了这里的居民。从某种意义上说，这种形态成为保证私人生活与公共生活之间界限的关键。和以往一样，这种形态有助于复制两性之间和两代人之间的固定关系；但并不是说这些形态相同的房子不能他用，也不是说它们不能适应男女间或长幼间其他不同的关系；但这区别于建筑的可塑性，建筑是允许极大的使用上的多样性的。

老城，突尼斯，公元 1899 年

严格意义上讲，伊斯兰教不仅仅是一种宗教，它是建立在一种统一完整的价值观之上的社会组织形式。因此，城市的建设必须支持其居民对这些价值观的尊重。一般来说，直到 19 世纪，几乎在所有以伊斯兰教为主要宗教的地区，建筑规定大都以圣训为媒介，直接取材于《古兰经》和伊斯兰教法（Sharia）。他们的目的是维护社会道德规范的统一、进而促进邻里之间的和睦关系，甚于对城市形态进行限定——这是九人党时期锡耶纳的情况。[1]

他们的建造规则不仅以法律和道德普遍原则为基础，还以人们相互间的行为准则为基础，而这些规则即勾勒出了我们称其为“伊斯兰城市”的城市特征。不过，其他因素也常常扮演了决定性的角色。在非洲撒哈拉沙漠以南地区，城市和小村落的布局，在伊斯兰教传入的过程中幸存下来，仅做了较小的调整。在伊朗的平原上，房屋常常沿着供水管道进行建设，因此，它的路网，包括主要路段、交叉口以及道路端头，复制了既有的灌溉网络。

实际上，如果城市是在原有的几何图底上发展起来的，那么随着城市建筑密度的逐渐增大，常会形成迷宫一样的路网和许多死胡同。通常，政府只决定礼拜寺、皇宫和市集的位置，不过，仍然存在综合性的城市规划，伊拉克首都巴格达就是一个典型的例子。中心市场一般布置在清真寺旁，商店则占据了街道两侧的小片区域，这些区域是人为划定出来的。穹顶这样的固定结构或半固定的顶棚，为顾客和货物提供了保护。入口处通常设有大门，晚间关闭。店主们不能住在自己门店的旁边或上面，路过的人必须走另一条路来绕过市场，因为市场内的道路是那些常住居民使用的路网的一部分。在许多情况下，邻里之间也会在入口处设门——这是出于另一种考虑，将城市中不同的民族集中在各自独立的区域内。

在中心市场，珠宝店和香水店建在清真寺旁边，而那些会

[1] 详见第 10 章。——译者注

散发出讨厌气味的食品店则离得远一些，其他店铺则将他们的每种商品分类摆好。通常，他们为了吸引顾客而竞争激烈，将商品摆好展示出来是为了给顾客留下印象。白天，成袋的豆角、成堆的橙子、成卷的布料和瓶瓶罐罐的香水，形状各异、颜色多样、气味丰富。这是一个典型的根据建筑设计进行空间布局的案例，但其特色归功于建筑外部空间的特征。毛皮地毯和织物地毯在家中承担了类似的角色——就像今天西方文化环境中的家具所起的作用那样——但它们具有极大的灵活性，代表着一天中不同时段房间的临时性功能。

在伊斯兰教出现后，大约过了三个世纪，其价值体系才记录成文法的形式。当时著名的法官们承担了这项棘手的任务。他们留给后人的是五所法学院，每一所都在其所属的地域内具有影响力（四所属于逊尼派，一所属于什叶派），并且存续了几个世纪之久。它们对建筑项目在社区生活方面的影响进行评价，比如它们是否有效地鼓励了那些符合教规要求的行为，尽管评价方法稍有不同。因此，建造规定仅有些微的差异，相比这些规定，更重要的是那些出现在每个区域的、成为司法判例的裁决先例。例如，在奥斯曼土耳其人将哈纳菲法（Hanafi）学派的建造规定引入突尼斯和利比亚之前，本地的马利基（Maliki）学派是允许人们在他们自己的房屋上加建第二层的，这种扩建不损害他人的隐私、并且不是以炫耀财富和权力为目的的，不用过多考虑对他们邻居的采光和通风产生的影响。而且他们还允许任何人都可以将加建的附属建筑物凸出到街道上方，有足够的空间，无论是宽度上还是高度上都允许加建，能通过一头驮着货物的骆驼就行。如果这座附属建筑物需要由街道对面的墙体进行部分支承，对面墙的主人不得不同意。而另一方面，在一面两家共用的墙面上设置门窗是被明令禁止的，除非某个房间以任何其他方式都不能获得充足的采光或通风。不管怎样，一套完整的规定保证了邻里之间的隐私，从而确保了他们的生活质量。

在城市里，私有空间和公共空间彼此联系，不同性质的私有空间也用类似的方式彼此联系。管理这些空间之间的界限成为整个伊斯兰世界在建筑方面的主要议题。门窗的位置和形式无疑很重要，但并不是建筑设计上唯一要关注的事。死胡同（Cul-de-sacs）创造了一种半私有空间，相比公共空间，这更像是现代公寓建筑中的公共区域。根据马利基学派的规定，路尽头的房子是可以将门前移、并占据尽端路面的，只要它不会遮挡相邻房子的门窗。在这些半私有的尽端空间中，只穿着家居服的女人可以在她们的家中来回走动，意味着这些特定街坊的居民在他们的领域享有独有的权力，那些从城市其他地方来的人们则必须尊重他们。

谢赫·卢特夫劳清真寺，伊斯法罕，约公元1618年，内部

私有空间和公共空间之间的分界线、两个相邻私有空间的分界线，常常与“内部”和“外部”的分界线相重合。内部与外部的关系、室内与室外的关系一直是建筑要处理的基本问题，特别

是在那些全年长时间日照和高温的地区（地中海南部、中东和南亚），或者温暖潮湿的地区（东南亚）。例如，中庭完全内向的房间在古美索不达米亚司空见惯。当伊斯兰世界拓展到这里时，就很有必要管理一下室内和室外，以及私有和公有空间的关系（这样，房屋的主人、社区和城市中的居民就都能生活在舒适的温度下、不再受太阳和雨水的侵扰了。目的其实在于保障隐私。）地区法律规定，要废止那些与伊斯兰教义有冲突的本地习俗和传统建筑特征，那些与教义并不冲突的将被保留并加强。

沙阿清真寺庭院，伊斯法罕，公元 1611 年，未知艺术家

随着时间的推移，这样的做法促使一种建筑产生，它在创造不同特性空间的直接联系和管理边界两个方面都非常有效率——遮挡与露天、明与暗、私有和公共。由于纪念性建筑庄重地象征着权力，并且有复杂的功能需求，所以这种建筑手法在纪念性建筑上的应用产生了许多造诣颇高的作品，其中包括 1501 年到 1722 年间统治伊朗的萨非王朝（Safavid Dynasty）修建的清真寺。

1598 年，阿拔斯一世（Shah Abbas）决定将他的都城迁到伊斯法罕（Isfahan），一座由宰因达河（Zayandeh River）灌溉的肥沃的山谷，差不多位于其帝国的中央。一位兼具建筑师、数学家、天文学家和哲学家等众多才华的通才（*homo universalis*），谢依赫·巴哈伊（Shaykh Bahai），被指派去完成重建这座城市的任务。他为其设计了一条从南到北的典型林荫大道，一座 500 米长、160 米宽的宏大皇家广场，周围是集市和清真寺。事实证明，这座广场适用于全部类型的活动，从充满货摊和杂技表演的露天集市到马球比赛，国王（Shah）[1] 可以和他的随从们从位于广场西边宫殿的六层看过来。在广场南端，谢依赫·巴哈伊设计了一座面向公众的沙阿清真寺，与皇宫对面那座留给皇室的谢赫·卢特夫劳清真寺（Masjed-e Sheikh Lotf-ollāh）[2] 功能不同。米哈拉布(*mihrab*)[3] 面向麦加是必须遵循的准则，沙阿清真寺前面的这座新广场按惯例要让它的主轴线为西南方向。谢依赫·巴哈伊规划的整体效果使广场和清真寺成 45 度角，这样就可以从广场上的任何地方观赏到它华丽的圆屋顶，而不会被清真寺宏伟的皮西塔克门（*pishtaq*）[4] 遮蔽住。罗马的圣彼得大教堂就没能避免这种缺陷：几乎与沙阿清真寺同时的 1607 年，卡洛·马代尔诺（Carlo Maderno）扩建了教堂的中殿（nave），高耸的立面挡住了从贝尔尼尼椭圆广场看到米开朗琪罗穹顶的视线。

在伊斯法罕，纪念性的轴线被牺牲掉了，取而代之以最大限度增加视觉效果的平面布局；把建筑像艺术品一样呈现出来，这个概念也逐渐在当时的欧洲流行起来。

---

[1] 音译为沙阿。——译者注

[2] 意译为卢特夫劳长老清真寺。——译者注

[3] 拜向龛，指清真寺正殿纵深处墙正中间指示麦加方向的小拱门或小龛。——译者注

[4] 该词源自波斯语，意为从建筑立面突出的大门，指通往伊万（见下一脚注）的入口立面。——译者注

沙阿清真寺有四座伊万敞厅（*iwan*）[1]——带拱顶的开放礼堂，立面由矩形和拱形组成——它前面庭院的每边都有一座，这种布局在伊朗极受欢迎。回溯到公元540年，霍斯劳一世（Khosrau Ⅰ）[2]在泰西封（Ctesiphon）[3]的那座拥有激动人心拱顶的宫殿——高37米、宽26米、长50米——可能是伊万建筑最早的原型。萨珊王朝时期（公元224—651年）的拜火庙（Sassanid fire temples）[4]似乎也在频繁地运用这种四面带拱形开口的穹顶礼堂形式。由于伊斯兰教的盛行，许多寺庙被改建成了清真寺：只要把它们墙上面向麦加（Mecca）方向的拱门封闭起来即可。这使得伊万敞厅具有一种能够与新宗教建筑相融合并被接受的特征。

沙阿清真寺的中心礼拜殿左右两侧各有一座列柱大厅，为参与祷告的虔诚信徒提供了足够的有顶空间。大型列柱大厅是早期清真寺的典型特征，其中尤以大马士革清真寺最为古老且著名。每一座列柱大厅不远的地方都有宗教学校，或称为经学院（madrasa），教室环绕庭院布置。列柱大厅比中心礼拜殿纵长一些，这样它们共用的墙体就会沿着拱形正立面从两侧延伸。相应地，经学院又会比列柱大厅纵长，它们共用的墙体又会沿着中心礼拜殿和列柱大厅前的庭院两侧延伸。简单的布局创造了一座极其繁复的雄伟建筑，有顶的礼堂与露天区域参差交错。尽管没有闭合的大门用以掩蔽，这些礼堂仍然能创造出封闭的效果。强弱不同的光线限定了相对私密的区域。虽然没有清晰有形的边界将各个礼拜殿进行分隔，通过运用不同的天花板、

[1] 该词源于波斯语，意为房子，亦可译为拱顶敞厅。——译者注

[2] 萨珊王朝著名国王，531—579年在位，也译为库思老一世。——译者注

[3] 位于今伊拉克首都巴格达东南底格里斯河河畔，萨珊王朝首都。——译者注

[4] 拜火庙（fire temple）是琐罗亚斯德教（拜火教）的宗教场所，主要仪式为火前祷告。——译者注

不同大小的洞口，相邻礼拜殿各有特色。空间具有一定的流动性，可以让来访者畅通无阻地（几乎是无意识地）从一个区域进入下一个有不同特征的区域。沙阿清真寺最大的建筑成就在于，无论是独立性的礼拜殿还是整体性的寺院，它们在几何结构的清晰性方面不做丝毫妥协。

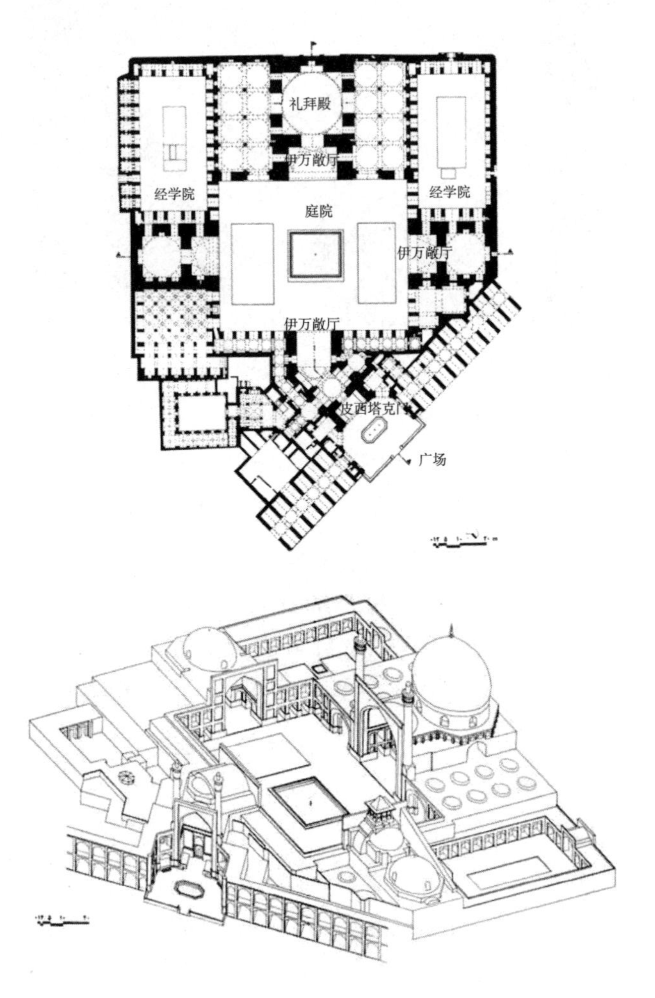

沙阿清真寺，伊斯法罕，公元 1611 年，一层平面图和轴测图。来自 Ganjnameh II

泰姬陵，阿格拉，印度北方邦，公元 1632 年

伊万敞厅代表了不同特质空间边界的敏感性。宏伟的拱形壁龛凭借它深深的凹室，提供了一处向庭院开放的有遮盖的区域。伊万敞厅后部通往穹顶礼拜殿的墙上嵌有洞口。使得坚硬的墙壁和洞口、高度和深度、明与暗之间的平衡渐趋完美。

在边界处理的问题上，同样的原则也适用于众多其他的清真寺和公共建筑。巴德夏希清真寺（Badshahi Mosque）坐落在当代巴基斯坦的拉合尔（Lahore），其最大优点在于简洁的设计。遵照莫卧儿王朝皇帝奥朗则布（Aurangzeb）的命令，它于 1671 年开始修建。可以与巴德夏希相媲美的是印度莫卧儿王朝的另一座大型清真寺，即位于德里的贾玛清真寺（Jama Masjid），它是在沙贾汗（Shah Jahan）倡议下建立起来的，沙贾汗是奥朗则布的父亲，也是被奥朗则布推翻的前任皇帝。贾玛清真寺有一座 170 米见方的大庭院，四周环绕着经学院的教室，在 19 世纪英国统治时期，这些教室被连在一起形成拱廊。庭院的一侧是主寺，总面宽 70 米、进深 25 米，拥有一座中心礼拜殿和两座配殿，它们都各自被穹顶覆盖。这种简单的布局直接效仿了——或许甚于其他大清真寺——穆罕默德自己在麦加修建的、位于他居所外的那座四面围合的、有简单顶棚遮挡阳光的庭院，虔诚的教徒可在此聚集礼拜。

1632 年，沙贾汗为了纪念他心爱且早逝的妻子穆塔兹·玛哈（Mumtaz Mahal），下令修建泰姬陵（Taj Mahal）。泰姬陵建在几何形园林的环境中，更加凸显结构上的壮丽。它稳固而空灵的风格不在于惊人的装饰，而在于它既不是通常意义上的建筑，亦不是雕塑：没有封闭的礼堂，其“内部”仅通过多孔的围屏来进行分隔。它不是实心的，而是一块精美透雕的大理石。安放穆塔兹·玛哈石棺那层的面积，约等于巨大柱础底面的面积，这使人不禁思考：到底是实，还是空，谁占据了上风？再往上，列柱与其下方构成的凹室相接，空间由实转虚，反之亦然。它的倒角也透露出这座建筑的意图——忽略那些能够创造视觉稳定性的特征。从那时起，拱顶不再是严格的半球形，顶端逐渐变得尖细最终收束于天空。

泰姬陵梦幻般的状态，很大程度上归因于两种潜在的对立特性在同一的建筑物中和谐并存。然而不难看出，与这座宏伟纪念物所表现的空间流动性相反，它暗示出了死亡——通过位于几何布局中心的穆塔兹·玛哈的石棺可以看出——是一种完全区别于生的、不同范畴的状态，这也是沙贾汗不愿接受的事实。

注释

1 Ackroyd, Peter: *London: The biography*. Vintage 2000, 64.

2 *Sahih Muslim. The Book on General Behaviour*（*Kitab Al-Adab*）.

Transl. Abd-al-Hamid Siddiqui.

参考文献

Ardalan, Nader/Bakhtiar, Laleh: *The Sense of Unity*: *The Sufi Tradition in Persian Architecture*. ABC International Group 2000.

Blake, Stephen P.: *Half the World: The Social Architecture of Safavid Isfahan, 1590–1722*. Mazda Publishers 1999.

Blow, David: *Shah Abbas: The Ruthless King Who Became an Iranian Legend*. I.B. Tauris 2009.

Bonine, Michael: "From Uruk to Casablanca: Perspectives on the Urban Experience of the Middle East." In: *Journal of Urban History*, February 1977, 3, 141 ff.

Hakim, Besim: *Arabic-Islamic Cities: Building and Planning Principles*. Kegan Paul 1986.

Tabbaa, Yasser: *The Transformation of Islamic Art during the Sunni Revival*. University of Washington Press 2001.

19

建筑与景观[1]

从新桥到十四圣徒朝圣教堂

中世纪对整体性的认识和那时对高密度的经验，定义了欧洲城市的布局和特征，在这些城市里，圣安德烈教堂[2]那样激进的建筑出现了。例如，锡耶纳中央广场（Siena's central square）周围的城市府邸一座挨着一座，在市政厅的对面利用它们的正立面为广场创造出弧形的、垂直的边界表面[3]；即使那些非常有权势家族的豪宅，也只能面向狭窄的城市街道开门，完全融入了连绵的城市肌理中。然而，一些事情渐渐地开始变化。独立的建筑——那些与构成中世纪城市的紧凑大杂烩风格不一致的建筑——在 16 世纪早期开始出现。皮耶罗·德拉·弗朗切斯卡（Piero della Francesca）在乌尔比诺的公爵府的全景画中所描绘的文艺复兴理想开始成为现实：一座由一幢幢明显区别于相邻

[1] 本章标题为 Architecture and Spectacle。流行于 20 世纪后半叶的文化思潮“情景主义国际”代表人物德波（Guy Debord）著有《景观社会》（La Société du spectacle）一书（见第 20 章脚注），其中的景观一词意为“少数人演出，多数人默默观赏的某种表演（张一兵语）”。这与本章所要表达的欧洲城市和建筑从中世纪到巴洛克时代的变化相一致，故采用景观翻译 spectacle 一词，并在文中个别处替代以表演等词。——译者注

[2] 曼图亚的圣安德烈教堂，详见第 14 章。——译者注

[3] 详见第 10 章。——译者注

建筑的矩形或圆形建筑构成的城市。[1]

本着这一精神，罗马最著名的城市府邸之一，法尔内塞宫（Palazzo Farnese）建成了。25 岁（1493 年）就成为红衣主教的亚历山德罗·法尔内塞（Alessandro Farnese），1495 年购买了这座宅邸的前身，开始着手整修并扩建；他还买下了邻近的房子并将其拆除。法尔内塞开辟了一条道路，用以连接他的府邸与坎波德菲奥里（Campo de' Fiori），后者为那时主要的商业中心。1534 年他成为教皇[2]，又开始了一项更富野心的事业。他委托那个时代最好的建筑师重新设计他的宅邸。这座变为现实的建筑是被道路环绕的扁立方体，独立的建筑体量，有清晰可辨的转角石和檐口，凸显了它的轮廓。建筑高 30 米，底层用粗粝的石块（名为粗石柱式[3]），砌筑成坚固的基座，窗户交替装饰着三角形和弧形的山花。法尔内塞的家族徽章和代表教皇的三重冕图案对称地控制着正立面，为中央米开朗琪罗设计的窗户增色不少。若想更好地感受这座建筑的辉煌，沿轴线方向退后一定距离观看是最理想的角度。它前面的广场必不可少。亚历山德罗·法尔内塞家族为了修建广场买下了这块地，并拆除了所有旧建筑。通往府邸的道路两旁的建筑，外立面都被重建了。法尔内塞宫拥有的不仅是精雕细琢的建筑细部，还包括感观上别具匠心的设计。

保证重要建筑前面有一片空地的做法，和纪念性建筑的出现是同时的。在对中世纪后期欧洲的描绘中，这种做法成为乌托邦最为突出的表现形式——皮耶罗·德拉·弗朗切斯卡脑中的理想城市。但我们不得不等到 16、17 世纪，伴随欧洲大城市的发展，新的城市和建筑图景才呈现出来。

---

❶ 详见第 10 章和第 14 章。——译者注

❷ 即教皇保罗三世（Pope Paul III）。——译者注

❸ 详见第 14 章。——译者注

法国国王亨利四世（Henry IV）在 1599 年决定继续修建巴黎新桥（Pont Neuf），这座新的巴黎大桥从西岱岛（Île de la Cité）[1] 西端连通了塞纳河（Seine）两岸。亨利三世在 1577 年就已经开始这项工程，但二十年过去了，最初设计也经历了不停地修改，新的大桥仍未完成。

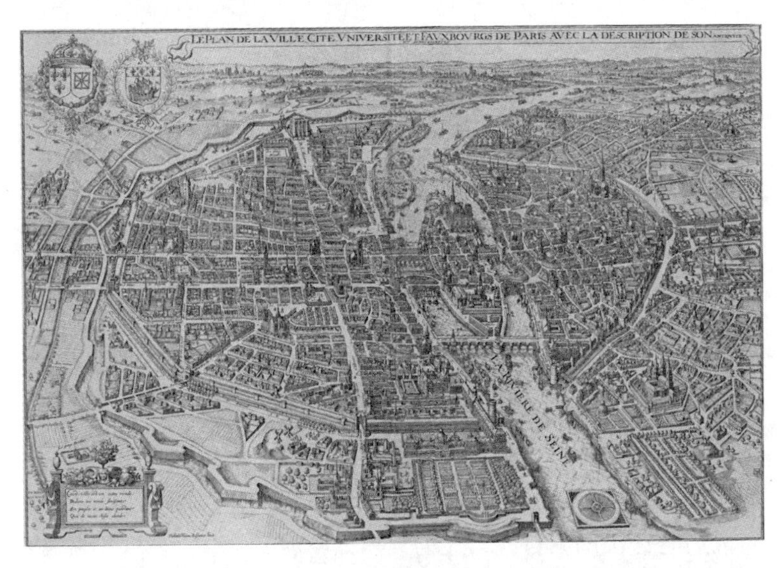

巴黎地图（局部），马特乌斯·梅里安，公元 1615 年；新桥和沿塞纳河的新翼在图片的中下方

在新方案中，这座桥成为一座拥有半圆形拱券的优雅作品，这点仍然没有摆脱古罗马的桎梏，但相比之前的桥梁设计，它实现了一点突破性的创新：桥上不再盖有房屋。由于木结构不能承受上部房屋沉重的负荷，中世纪早期或建在小村落中的木桥上面一般没有房子。然而在 1599 年的欧洲，城市里石桥桥面的两侧一般会有商店和房屋——就像至今我们仍能在佛罗伦萨

[1] 意译为城岛，又译西提岛。——译者注

看到的维琪奥桥（Ponte Vecchio）那样。桥梁在经济和社会生活中至关重要：使城市融入区域交通网络，同时也是国家非常重要的收入来源，这是因为在那里适合对贸易和商品流通进行控制。桥上及其周边永不停歇的交易和络绎不绝的人流，使桥梁成为交汇点。因此，桥梁是开展商业活动的理想场所，有永久的构筑物当然更好，这样，那些想要生活在他们商店的楼上或尽可能接近贸易场所的商人们就可以随时回家了。如此一来，在中世纪后期，石桥上面加盖房屋就顺理成章成为惯例了。

即便如此，法国国王却有不同的想法。他想让视野尽可能地开阔，这样，从新桥到卢浮宫（Louvre palace）和它正在建设的两翼——其中一翼沿塞纳河右岸连接了杜伊勒里宫（Palais des Tuileries）——的视线就不会受到阻碍，为此他不计代价。君主专制全面推行，国家统一几近完成，国王成为国家的化身。他的王宫，即国家的统治中心和心脏理应尽可能地俯视这座城市；为了达到目的，它当然要极尽吸引目光之能事。

然而，象征君主的不仅仅是他的宫殿，还有城市甚至整个国家。从弗朗索瓦一世（Frances I）永久定都巴黎开始（1530年前后），法国国王自我彰显的强烈欲望就集中在巴黎这座城市；在此前的几十年间，他们更倾向于在卢瓦尔河谷城堡（Chateaux of the Loire valley）生活。城市的整体形态可以反映城市的自治制度，如锡耶纳；而后又能联系并反映独裁统治；如果我们认为弗朗索瓦·密特朗总统在20世纪80年代的“大卢浮宫计划”（Grands Projets）体现了民主的话，那么它也反映了民主制度。

亨利四世较之以前的几位皇帝，更清楚地意识到：在人口稠密的城市保留空地或许是他能给予其臣民的最昂贵奢侈品，这也将为王权增加威信。类似的有在马德里热闹的市中心开辟市政广场的想法，始于15世纪70年代，但直到几十年后才付诸建设。亨利四世时的巴黎，塞纳河两岸激动人心的滨水区逐渐成形，任何人（特别是那些敢在皇宫森严的监视下闲逛的人们）都可以进入。哪里有河水自然冲刷形成的河岸，就在哪里建造河堤与人行步道，遇到房屋的话就拆掉。由于海外贸易的急剧增长，在尽可能靠近市中心的地带，建设有大量的沿河码头和仓库，因此拆除和改造工程是一项极富野心的挑战。在马特乌斯·梅里安（Matthaeus Merian）1615年的版画中，可以看到这项宏大的、正在进行中的城市更新项目。工程持续了两百年，最终将全部河岸变成最好的公共空间。相比之下，伦敦泰晤士河（Thames）的滨河地带直至今天仍致力于商业开发，形象地展现着催生资本主义的商业所具有的优先特权；而在纽约，直到20世纪60年代，整个曼哈顿岛的沿河区域几乎都被码头占据着。

1606年，在新桥完成前，改造西岱岛西部的决议通过了。这座小岛的河岸被塑造成滨河人行步道，沿着塞纳河河湾的两侧展开，然后在新桥大概中间的位置会合。岛尖的尽头修建了太子广场（Place Dauphine），广场的命名是为了向当时的王位继承人即后来的国王路易斯十三（Louis XIII）表达敬意——这透露了王室在这个工程中不菲的投资。它形状接近三角形，周围是带底商的住宅。这些房子既能看到广场又能看到河，它们的立面一模一样，凭借这种秩序与韵律创造了高贵的整体效果。

几乎与此同时，另一座皇家广场，孚日广场（Place des Vosges）的建设已经在巴黎的最东面开始了。这里的房屋正立面由红砖和隅石（stone quoins）构成，它们彼此统一，方形的柱子支撑着上部的连拱。在广场南北两侧分别为国王和王后建造了凉亭，相对周围高出许多以引人注目。虽然陡峭的屋顶还带有旧时代的特征，但广场周围房子里的居民体验到了前所未有的独特感受。能在房子面前有一片140米×140米的室外空地，在当时是前所未闻的事情：巴黎圣母院（Notre Dame）仍然挤在一片摇摇欲坠的民房中间；卢浮宫和杜伊勒里宫通过沿着塞纳河右岸的新翼[1]形成一体，气势壮观的宫殿之间却是人口稠密的闹市。

上述两座皇家广场都没有完全融入城市肌理；通向它们的道路不是笔直的，入口也不位于任何大道的端头。而且，孚日广场的中心区域被围起来留给邻近住宅的居民——就像伦敦AA建筑学院前面的贝德福德广场（Bedford Square）和纽约的格拉梅西公园（Gramercy Park）那样。

郊区别墅的出现，为上层社会提供了远离人群的方法。[2]在中世纪的城市，广场和少数桥梁向全体市民开放，各类公共活动都在那里举行。相比之下，新的皇家广场和沿塞纳河的步道，几乎是专为特定人群的奢华享受保留的特权：那些拥有大量时间去消磨、衣着优质而昂贵、举止仪式般地礼貌优雅的人们。换句话说，这种新型的城市空间成为社会上层阶级进行表演的景观舞台，它们的数量多到过剩，以支持这场永无休止的夸张演出。

如此说来，自17世纪初期，不同社会阶层在欧洲城市中的分区开始了，这种行为或公开或隐秘地进行着。艺术越来越成为隔离阶层的手段，这或多或少是故意的。穷人是这些区域早期绅士化（gentrification）过程中的大问题。当然，对应不同阶层的各区域间的界限不是固定的。新桥承担着桥梁的传统功能，并时而变换着角色。与亨利四世的建造意图形成鲜明对比的是：18世纪中叶，人们蜂拥而至，街头艺术家在上面表演，还搭建了固定的帐篷。然而，始于1600年的城市更新，全部民众在250年后才利用和分享到它带来的好处。此后，19世纪，私家

---

[1] 新翼即亨利四世沿塞纳河北岸修建的大画廊（Grande galerie），建成后连接了卢浮宫和杜伊勒里宫。——译者注

[2] 详见第16章。——译者注

旺道姆广场，巴黎，儒勒·哈杜安·孟莎（Jules Hardouin-Mansart），公元 1699 年

的广场和公园向一般人群开放，并使人们养成了散步和野餐的新习惯。

然而最初，这些皇家广场比较内向的布局导致市井小民不敢进入。在亨利四世的城市更新项目开始之前不到 20 年，也就是 16 世纪晚期，罗马教皇西克斯图斯五世（Pope Sixtus V）下令修建的广场和大道有很大的不同。后者将城中七座朝圣者最常参观的重要教堂联系起来，使罗马"永恒之城"的意向更加明确。因此，炫耀并不是该方案的第一目标，教皇志在吸引更加广泛的观众。17 世纪中叶，吉安·洛伦索·贝尔尼尼（Gian Lorenzo Bernini）设计了圣彼得大教堂（Saint Peter's Basilica）前的大广场。每天戏剧般的信徒集会更加使主教堂突显出来。从某种意义上说,圣彼得广场体现了巴黎皇家广场所谓的"平等"精神;在上帝的化身面前,社会阶层之间的差异不应当那么清晰。

旺道姆广场（Place Vendôme）是巴黎最激动人心的皇家广场。18 世纪初，解决了几项所有权官司，并对其设计进行修改后，它开始成为今天的样子，一座圆角矩形的广场。最初，仅仅建造了奢华的石制正立面，装饰着半柱和山花。任何人只要有钱并得到国王的允许，就能随意购买多少个开间来建楼。而在其他皇家广场，业主们都放弃了参与塑造城市形象的权利，他们将房子建成他们认为适当的样子。旺道姆广场的业主们企图通过拥有代表国王的房产以换取巨大的威望；这种威望是通过豪华建筑的统一性和节日似的建筑特征来表现的，形成一组秩序井然的城市建筑群。20 世纪早期的西班牙思想家奥特加·伊·加塞特（Ortega y Gasset）认为"城市是广场、集市、讨论和雄辩的集合，这些比什么都重要。事实上，城市不需要有房子：有门面就足够了。"[1]旺道姆广场可能不是那种拥有集市或举办大型活动的中世纪市政厅广场，但它四周房屋的正立面足以营造出一种满足时代功能要求的城市环境：着力凸显代表上流社会的徽章，并给佩戴它们的人们相互会面和彼此交流的机会。

这就是巴洛克时代——建筑形式以古典原则为基础，但企图颠覆所有的规矩。被视作墙面延伸的曲面天花撼动了古典建筑"梁柱"的系统和水平垂直线的地位，但建筑的三段式（台基、主体和檐口）仍然明显。直线的平静被波动的表面所取代。建筑元素的简洁性丧失了，这些元素包括柱、柱顶过梁、山花、檐口、墙（将会重现于 19 世纪初，我们将在下一章讨论），失控的装饰将它们统一成令人陶醉的整体。

巴洛克时代是充满伟大作品的时代。建筑群展示出数百米长的立面，成为公共空间中程式化行为的背景。将一位贵族介绍给其他贵族的社交始于前院（cour d' honneur），即官邸或宫殿入口前的庭院，随着马车（就像一座安放在车轮上的雕塑）的到达而大幕开启。随着客人们的进入，大楼的入口变化为社交场合，可以想象人们从维尔茨堡宫（palace of the prince bishop of Würzburg）[1] 里颇具仪式感的楼梯一层的入口迤逦而上的情景。这座宫殿由巴瑟萨・诺依曼（Balthasar Neumann）于1720年开始设计。它用于礼仪场合的楼梯占地540平方米，上面笼罩面积为18米 ×30米、高度达23米的穹顶，穹顶上的壁画由乔凡尼・巴蒂斯塔・提埃波罗（Giovanni Battista Tiepolo）绘制。

王宫的中央楼梯，维尔茨堡，巴尔塔萨・诺伊曼，公元1720/1737年

那个阶层的视觉趣味几乎没有道德禁忌（狭义上），并且艺术享受拥有至高的地位，这种环境正与这种趣味相匹配。不同的主体，即使是最实用主义的人，也不得不首先关注于视觉的满足。各种各样的活动——从最日常的（例如散步），到最正式的（例如去宫殿当观众或参加一场音乐会）——由

[1] 维尔茨堡大主教兼大公的宫殿。——译者注

那些上层人士通过凸显其美学素养的方式来完成。个人的学识与视觉感受被联系起来，达到了前所未有的程度。珍奇屋（The Wunderkammer）[1]里的藏品多为稀有的自然标本，从珊瑚到奇怪的哺乳动物，在某种意义上讲，这是用来引起访客惊叹而非用于仔细研究的。法国亨利四世决定继续建造新桥的1599年，那不勒斯的费兰特·伊普拉多（Ferrante Imperato）发表了《自然的历史》（*Dell'Historia Naturale*）一书，书中的版画有对这种动物标本收藏室的描绘：鳄鱼标本放置在不适合进行科学研究的顶棚上，和现在通常的标本展陈方式相左。

科学剧院的舞台，曼图亚，安东尼奥·比比恩纳，公元1767年

曼图亚的科学剧院（Teatro Scientifico），是将“通过美学的透镜感知真实”具体化的典型案例。亚历山大·戈特利布·鲍姆嘉通（Alexander Gottlieb Baumgarten）的《美学》（*Aesthetica*）

[1] Wunderkammer来源于德语，英文是wonder-room或Cabinet of curiosities，是欧洲文艺复兴以来，用以摆放珍奇收藏的柜子或房间，被认为是博物馆的前身。——译者注

于 1750 年发表，他赋予“美学”以哲学上的意义；十七年后，这座由安东尼奥·比比恩纳（Antonio Bibiena）设计的剧院开始投入建设。科学剧院建在曾经的统治者宅邸旧址上，观众可以坐在舒适的覆盖着精美织物的扶手椅中。一种类似于三层建筑立面的结构将舞台从后部和两侧环绕：开敞的拱廊、抬高的“地面层”、带半圆形拱和双柱的“二层”和有窗的“三层”构成了立面。观众可以进入这个结构里面观看演出，并且能与那些坐在观众席扶手椅上或包厢中的人进行眼神交流。还能多少有些偶然地碰到偷窥异性的人，他们可以瞬间藏到柱子后面而不被发现。各类节目在下面的舞台上演出，包括了音乐会、科学讨论、物理实验和解剖演示。启蒙时代到来了，由哲学家带头的宣传运动和知识普及达到全盛。更多的观众（尤其是那些有能力资助这类活动的人）接触科学，是以观察那些自然界中引人入胜的景观为途径的。这就要求更多的像科学剧院一般的建筑，利用表演的方式带领人们探索自然界。

巴洛克建筑不是低调的建筑，不会为了衬托其他活动的视觉魔幻效果而成为苍白暗淡的背景。在那个没有摇滚音乐会或 3D 影院的时代，巴洛克建筑是为景观文化服务的高调建筑。在根据视觉焦点制造丰富的舞台布景方面，巴洛克建筑不具竞争力；但它是其他娱乐形式的补充。从祭司攀爬第一座塔庙的时候起，建筑就扮演着并将一直扮演相似的角色。譬如，如果观众进入一座令人印象深刻的体育场，有成千上万的人聚在一起又喊又唱，使他做好了心理上的准备，那么一场刺激的足球比赛会让他的情绪愈发激动。

巴洛克建筑不仅在物质上，也使人们的精神世界转化为景观——这是加尔文主义（Calvinism）极度反对的。在反宗教改革运动期间，以及一些后来的 18 世纪建造的天主教教堂，用尽一切手段让信徒感到惊奇。比如，建于 1743 年的十四圣徒朝

十四圣徒朝圣教堂，巴伐利亚，巴尔塔·萨纽曼，公元 1743 年

圣教堂（Vierzehnheiligen）[1]，是巴瑟萨·诺依曼的另一杰作，也是众多散布在巴伐利亚田野里令人印象深刻的教堂之一。教会拿不准像“信耶稣者上天堂，不信者下地狱”这样的承诺是否足以说服那些持怀疑态度的人，所以用建筑来使它所传达的讯息更具吸引力。从那个时期修建的教堂数量和建造的花费判断，似乎教会的首脑认为这类建筑成功地回应了他们巨大的期望。这也反映了建筑并不总能被人们接受的事实。

注释

1　Ortega y Gasset, José, quoted in: Rubert de Ventós, Xavier: “Urbanisation against urbanity?” In: *Ciutat real, ciutat ideal*. Centre of

[1] Vierzehnheiligen 为德语，全称为 Basilika Vierzehnheiligen，英语为 Basilica of the Fourteen Holy Helpers。——译者注

Contemporary Culture of Barcelona 1998.

参考文献

Cleary, Richard L.: *The Place Royale and Urban Design in the Ancien Régime*. Cambridge University Press 2011.

Cowan, Alexander Francis/Steward, Jill: *The City And the Senses: Urban Culture Since 1500*. Ashgate 2007.

Kaufmann, Emil: *Architecture in the Age of Reason: Baroque and Post-Baroque in England, Italy, and France.*

Harvard University Press 1955.

Lavin, Irving: *Bernini and the Unity of the Visual Arts*. Oxford University Press 1980.

Sennett, Richard: *The Conscience of the Eye: The Design and Social Life of Cities*. Faber & Faber 1991.

Spezzafarro, Luigi: "Place Farnèse: urbanisme et politique." In: *Le Palais Farnèse*. École française de Rome 1981, 85ff.

20

实证的方法

1800年：格网

亚当·斯密在《国富论》中写道：

“壮丽的大道，断不能在无商业可言的荒凉国境内建造，也断不能单为通达州长或州长所要献媚的某大领主的乡村别墅而建造。同样的，不能在无人通过的地方或单为增益附近宫殿凭窗眺望的景致，而在河上架设大桥。在公共工程建设费不由该工程本身提供的收入支给而由其他收入开支的国家，这类事情有时亦有发生……一国公路的建设费和维持费……必随公路上所搬运货物的数量及重量的增加而增加。桥梁的支持力，一定要适应可能通过它上面的车辆的辆数和重量。运河的深度及水量，一定要适应可能在河上行驶的货船的只数及吨救。港湾的广阔，一定要适应可能在那边停泊的船舶的只数……公路、桥梁、运河等等，如由利用它们的商业来建造和维持，那么，这种工程，就只能在商业需要它们的地方兴建，因而只能在宜于兴建的地方兴建。此外，建造的费用，建造的堂皇与华丽规模，也必须与该商业的负担能力相称，就是说，必须适度。”❶ [1]

❶ 亚当·斯密著，郭大力、王亚南译，《国民财富的性质和原因的研究（上卷）》，北京：商务印书馆，1983：285-287. 文章引用前后顺序与原书略有不同。——译者注

这些准确而且不偏不倚的文字可以追溯到 1776 年：当时的贵族阶层穿着他们花哨的衣服，或在豪华的房子里用餐，像维尔茨堡宫那样——1772 年它内部大楼梯的装潢完成了；或在剧院开心享受，譬如当时刚刚建成的曼图亚的科学剧场。❶

在情境主义国际（Internationale Situationiste）开始衰落之前 200 年，斯密的书就预言了所谓的“景观社会”（the society of the spectacle）❷。启蒙运动批评了上层社会寄生式的生活方式。歌德让少年维特，他 1774 年小说的主人公，被赶出一场宴会，因为他不属于与会者们的阶层。[2] 为这个社会服务的美学标准终于为人所质疑。知识分子意识到巴洛克建筑越来越明显的夸张和虚假。欧洲当时正逐渐形成的文化环境中，那些以醉人诱惑为基础的建筑——如果不是幻象的话——除了浪费以外还有道德上的错误。抛弃它们只是时间问题。

大教堂，部雷，公元 1778 年

❶ 详见第 19 章。——译者注

❷ “情境主义国际”是流行于 20 世纪后半叶的文化思潮，其代表人物德波（Guy Debord）著有《景观社会》（La Société du Spectacle）一书，全书表达了对战后消费主义和拜物教的控诉，书中所指的“景观”是一种物化的世界观，通过影像介导（mediated by images）产生新的社会关系，逐渐控制社会大众。——译者注

《国富论》出版后仅仅两年,法国建筑师埃特纳·路易斯·部雷（Étienne-Louis Boullée）就表达了他对一种新建筑的想象：基于基本几何形体并且几乎没有装饰，与当时通常的建筑形成鲜明的对比;最引人注目的是它们巨大的体量。在部雷的想象中,屋顶看起来好像触到天空，柱廊消失在地平线上，建筑整体散发出一种庄严感。按照他的设想，每幢建筑物为使用者创造的感受应当与它的建造意图相一致——图书馆应该激励人的心智,大教堂应当让人产生敬畏和虔诚，而歌剧院应该有庆祝的气氛。

部雷最典型的设计之一是艾萨克·牛顿纪念碑（Isaac Newton's Cenotaph）。直径大约150米的空心球体嵌进种有柏树的圆柱形基座内。球体较低的一端安放着伟大物理学家的空石棺。球体表面有无数孔洞，这样就可以让日光穿透制造出满天星辰的景象，而到了夜晚，挂在球体中心的浑天仪好似太阳发出光芒,还有模拟的地球环绕着它运行。对时间的“反转”（外面是白天而里面是夜晚，外面是夜晚而里面是白天）带来了超现实的魔力。纪念碑的布局并非首创，它是罗马万神庙和奥古斯都皇帝陵墓的混合体。让它与众不同的是庞大的体积——超过雄伟的万神庙约50倍。牛顿纪念碑是不可能实现的，它仅仅是空想的设计，这可以让我们将注意力集中在这样的建筑理念上：每幢建筑都应当有一种与其目的相符的独特的性质；只根据秩序性、对称性这样的建筑一般原则来设计是远远不够的。在此案例中，构筑物的目的是表现社会对科学的重视，它必须成为永恒的东西，能够被所有的人看到、感受到，而不仅仅是那些理解建筑象征手法的人们。

部雷的大教堂甚至更大，长约600米、高200米，使巨大的罗马圣彼得教堂相形见绌；他设计的图书馆带有高耸入云的柱廊、巨大的筒形拱顶，将纪念性表达到极致。这些设计即使到今天也仍具有魔力，虽然我们的视觉经验已经比工业革命开始时的那些人不知高出多少倍。部雷，一位国立桥路学校（École Nationale des Ponts et Chausses）的教授，似乎并不介意某些方案中同一幢楼平面图中的柱子与立体图像不吻合，他的目的是打动观众。如果不考虑能否最终实现，他的设计会使我们激动，它们绕开了我们的知觉和触觉，可以说超越了逻辑的控制。它们通过简单的结构、清晰的外形来达成这一目标——也就是说，通过各种方法让它们吸引最广泛的受众，从受过最好教育的、有修养的人到最普通的人。

部雷响应了启蒙运动的纲领：直觉情感与理性头脑的统一。真正的艺术已不在于精巧的装饰，而在于约束——即对于之前的事物的认知。“原初棚屋”被认为是建筑的原型。[1]经过系统的研究，古代希腊的遗址显现出不同于古罗马的另一个世界（这之前由于政治原因，欧洲人在长达几世纪的时间里无法直接考察希腊建筑[2]）：更朴素、更严格的设计原则，富有想象力的样式在使用上更加克制。这些遗迹触动了那些浪漫的灵魂，它们令理性主义者们着迷，因为他们知道这是所有欧洲国家都曾觊觎之文明的艺术作品。传承自帕提农神庙时代的古典主义建筑学取得了胜利。几十年后的1823年，卡尔·弗里德里希·申克尔（Karl Friedrich Schinkel）设计了柏林老博物馆（Altes Museum），外观运用了古希腊建筑元素，将古典主义建筑的几何简洁性与实用性发挥到极致。

部雷的设计一定程度上表达了法国大革命的英勇精神和它的伟大愿景。18世纪末19世纪初的真实情况有所不同。构成工业革命的意识形态中，效率是主导的价值标准，这是贯穿亚当·斯密著作的主线。部雷的学生，一位为他工作的建筑师，试图将这一理念贯彻到建筑中去。

---

[1] 详见第1章。——译者注

[2] 见第14章脚注。——译者注

老博物馆，柏林，卡尔·弗里德里希·申克尔，公元 1823 年

1796 年，J·N·L·迪朗（J. N. L. Durand）成为巴黎综合理工学校（École Polytechnique）的教授。该机构由法国大革命的立法机构国民工会创办，成立第二年即 1795 年才得到命名。其目的是培养工程师，这些工程师将为了人民的利益和国家的荣誉，对路易十四时代留下来的老化的基础设施系统进行养护、改造和扩建。

迪朗基于简单的理念制定了一套严密的设计体系，其抽象的力量激动人心。房屋由有限的建筑构件组成：墙、柱、梁、门、楼梯，以及屋面或穹顶——是真正意义上的标准化系统。这些构件的有效组合产生了各种性质和用途的建筑。对于私宅和教堂，人们明显有非常不同的要求。但无论哪种情况，它们的墙和柱都彼此等距地落在网格里——运用网格是古埃及，以及后来的古希腊的建筑特征，但它从未成为迪朗所设想的建筑的形成原理。

迪朗的建筑以其对称性和组件的重复而著名，它们的平面大多是方形或圆形的。面积周长比因此达到最优：因为外墙往往造价高昂。这种布局在不使用厚重的墙体和粗壮的柱子的前提下，保持了建筑的结构完整性；最重要的是，这可能会使它们更具美感，因为这回应了我们作为理性存在的最深切的期望——规律性，以及对其组成部分良好而有效的组织。

迪朗列举了一些方案来论证其理论的优越性。最典型的是他的书《为综合工科学校提供的建作课程概述》（*Précis des leçons d'architecture données à l'École Polytechnique*）在开篇所描绘的那些。在第一个方案中，他用苏夫洛（J. G. Soufflot）的先贤祠 [French Pantheon，建于 18 世纪中叶，原名圣日纳维夫教堂（Ste. Genevieve）] 和自己的设计进行对比：前者形体为希腊十字；后者为圆形，并与前者表面积相同，外形使人回想起罗马万神庙和圆厅别墅。这幅插图被注为“对给社会带来好处的建筑真实原则的认知及其应用的例证。”迪朗对先贤祠评论道“……这座相当促狭的建筑花费了 1700 万❶”；但对自己的设计则赞美其“……成本只有前者一半并更加宏伟壮丽。”[3]

第二个方案显现了其近乎自大的自信——这种性格往往被视为建筑师在职业上的优点。一些我们所说的艺术进步，其实是出于毫无道理地对传下来的东西进行蔑视。伽特赫梅赫·德·甘西（Quatremere de Quincy），1816 到 1839 年期间任法兰西美术学院（Academie des Beaux-Arts）的秘书，曾称，“现代主义这个词好像除了反对一切存在之外就没有别的意思了。”[4] 这个方案中，他将罗马圣彼得大教堂与自己设计的具有相同外表面积的教堂对比；迪朗的设计是中殿左右各两排侧廊的巴西利卡，前面带有矩形广场，为了与圣彼得教堂前贝尔尼尼的椭圆形广场相比较。这幅插图注释为：“对建筑真实原则的无知或无视造成灾难性后果的案例”；圣彼得教堂下面的说明写道：“这座建筑当时耗费了超过 3.5 亿”；而在他的教堂下面是“如果该

❶ 原著为 1700 万，原文误为 1800 万。——译者注

设计付诸实践，它可以将四分之三的欧洲从几个世纪的灾难中解救出来”。很明显，迪朗暗指中欧的信众因购买“赎罪券”以建造千里之外的圣彼得大教堂而陷入困境，催生了马丁·路德宗教改革的事件。后来的宗教战争给四分之三的欧洲带来巨大的灾难。

迪朗称节约是建筑的魔法石。他从实证主义者的视角探讨了这个行业，它在之前的几个世纪中满足了人们对景观的要求。但是迪朗的节约仅限于最优化，只对特定的方案做出回应。什么样的建筑适合什么样的场合并不是他所讨论的问题。迪朗并没有质疑建造一座庞大的先贤祠或是一座巨像似的圣彼得大教堂的必要性；他只是选择批判，批判这些正在建造中的雄伟建筑物的形态。

建筑应仅仅限于这些职责吗？建筑师是否必须起到顾问的作用，针对征用项目的用途和社会经济影响提出问题？还是应当仅限于其核心任务，去实现给定的方案并进行狭义上的设计？在任何社会文化中、在任何时期，这些问题似乎都没有得到很好的回答。维特鲁威给建筑师安排了几种轮番交替的角色。一方面，对于那些预先确定的项目，他希望建筑师能给出最恰当的形式，尤其是像神庙这类项目——这种最正式的公共建筑，其类型、规模和象征性关系到整个城市并由当权者决定。而另一方面，对于实用型公共建筑，他又赋予建筑师较大的自由，比如巴西利卡或广场。最后，对于私人项目，他又将建筑师安排为主角：他反复敦促建筑师（我们不知道那时是否有女性建筑师）要设计与房主的社会地位和经济状况相符的房屋，而无视他们设计上的冲动欲望。[5]

除了个别城乡私宅，以及一些省镇的市政厅和法院，迪朗书中介绍的都是非常巨大的建筑物。它们的设计脱离实际，以致没有一座能够真正实现。不过，迪朗的方案仍然是古典主义

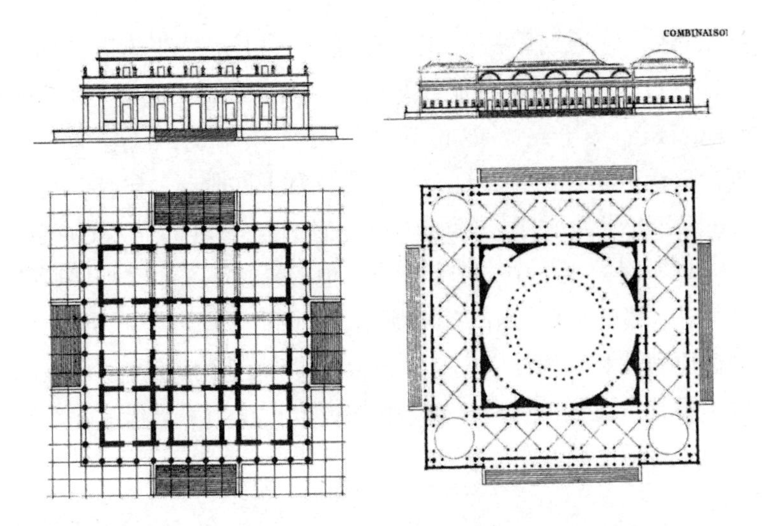

建筑构图，J·N·L·迪朗，公元1809年;城市私人豪宅（左）和某公共建筑（右）

与理性相联系的中枢：对往日时光的浪漫思考激发了建筑的古典主义，并很快流行起来；公众迫切需要它提供对当代问题的合理答案。

迪朗的方案也是此后数十年间建筑设计的灵感之源。正如我们将在下一章所见，19世纪，相比之前的数百年，建筑变得复杂得多，因为他们必须应对愈发纷乱的城市环境中日益复杂的需求。迪朗所建议的建筑构件（不论是墙、柱还是厅、廊）的系统性组织方法，成为一种非常有效的范式，有助于创作建筑"作品"。甚至19世纪晚期重装饰的学院派(Beaux-Arts)建筑，一定程度上也源于这本书中那些出现在前几页的、十分朴素的方法；在这些建筑的布局中，他们都或多或少地遵循了迪朗提出的明确原则，来控制那些充斥于各处的形式上和功能上的纷繁细部。

迪朗在巴黎教学的这段时间，大西洋另一边的纽约采用了实证的方法来扩充其城市结构。根据人口数量，纽约被列为"二线城市”，它的期望是在未来 50 年将人口增加到 40 万。1807 年，三位杰出市民被选派起草后来知名的“纽约市规划”（the Commissioners Plan）。这份计划于 1811 年提交，制定了曼哈顿街道网的蓝图——直到今天，它只有少许改动。包括间距约 200 至 250 米的平行大街，和与其垂直的彼此间隔 60 米的街道。在计划所附的报告中，作者指出，他们忍住不采用“那些所谓的改进、那些用来美化方案的圆形、椭圆形和星形❶，无论它们对于便利性和实用性来说有什么影响。”[6] 他们解释道：“一座城市主要是由人们的居所组成，那些方方正正的房子建造起来最容易，同时也最方便居住……”

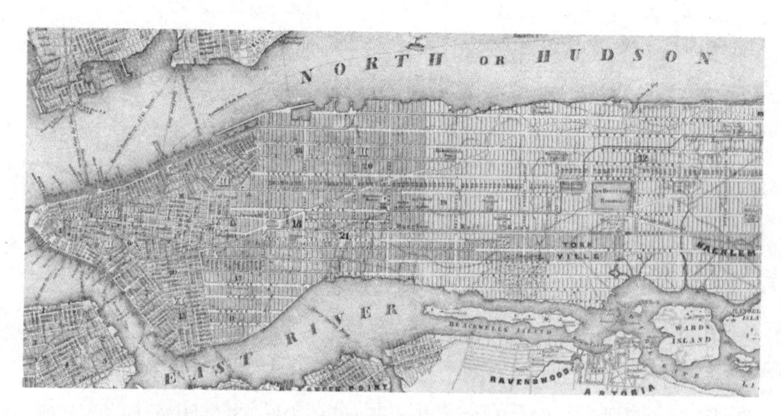

纽约和布鲁克林的马格努斯地图（局部），公元 1855 年

实用主义渗透于 1811 年的纽约市规划中，比起以往城市环境中的类似项目，如埃及金字塔的工人定居点、有规划的罗马大街、中国的胡同、印度的或是文艺复兴时期欧洲城市中的街道，极为不同。缺少公园（中央公园并不包括在最初的规划中）的理由，也被充分论证：同巴黎和伦敦相比，纽约位于两

❶ 如 1791 年华盛顿的规划。——作者注

片带状水域之间；考虑到高昂的地价，似乎“在不同的条件下，应当承认经济原则是影响更大的，这是节俭的要求和责任感使然”。该街道网格没有套用一些基本的几何形状，而是沿着相当不规则的海岸线展开。大道指向“北”却不是精确的北，但如果象征意义是主要关注点的话，方向就是个问题了。这些街道要适应曼哈顿岛偏长的形状，两条大致平行的海岸线的大道沿小岛不规则的长圆形延伸，向东 6 英里，向西 10 英里；并且街道的方向要与 1785 年建造的主干道（如今的第五大道）的方向一致（第五大道建成之前，其两侧大的矩形地块已经挂牌拍卖完毕）。最后，也是相当重要的就是，无论地形有多么特殊，无论丘陵还是山谷，街道都会延伸过去——这是一项经过深思熟虑的选择，因为通过全面调查已经取得了详细的地形数据。时间证明那些委员们是极其有远见的。曼哈顿的棋盘式街道成为标志性的布局，并增加了纽约的特色——能提供均等地块和无限机会的城市，时刻准备着接纳新移民并让他感觉宾至如归。朴素的实证主义有助于创造一座美妙的城市，一座既熟悉又神秘、秩序井然又充满意外与变化的城市。

1811 年纽约市规划基本上是高效的，也从侧面证明，尽管迪朗的实证主义建筑未曾建成，但长远来看，它是极具影响力的。19 世纪初的两个案例，我们会惊异于其有效性和高效性的建筑特点。一座楼可以进行耗资巨大的装饰，但总会有源源不断的拥趸者使其经济上变得可持续。一座建筑如果使用了有效的材料和土地，我们说它是有效的；但建成后没有人愿意使用，我们则说它是无效的。这种无效必须等到欣赏并由衷爱它的人到来，才可破解。

注释

1 Smith, Adam: *An Inquiry into the Nature and Causes of the Wealth of Nations* 5.3.1.

2 von Goethe, J. W.: *Die Leiden des jungen Werther*, 15 März.

3 Durand, J.N.L.: *Leçons d'architecture. Partie graphique des cours d'Architecture.* Chez l' auteur 1809, I part, pl. 1 & pl. 2.

4 de Quincy, Quatremère: *De l'invention et de l'innovation dans les ouvrages des Beaux-Arts*. F. Didot 1828, 1.

5 Vitruvius: *De Architectura* I.2.9; III.3.1-9; IV.1.3-10; V.1.2.

6 *Remarks of the Commissioners for laying out streets and roads in the city of New York, under the Act of April 3, 1807.*

参考文献

Buci-Glucksmann, Christine: *Baroque Reason: The Aesthetics of Modernity*. SAGE 1994.

Gratta-Guiness, Ivor: "The École Polytechnique, 1794–1850: Differences over Educational Purpose and Teaching Practices." In: *The American Mathematical Monthly*. March 2005, 233 ff.

Kostof, Spiro: *The City Shaped*. Thames & Hudson 1991.

Perez-Gomez, Alberto: *Architecture and the Crisis of Modern Science*. MIT Press 1983.

Schiller, Friedrich: *Über die ästhetische Erziehung des Menschen*. Suhrkamp 2009 (1795).

Trempler, Jörg: *Karl Friedrich Schinkel. Baumeister Preußens*. C.H. Beck 2012.

21

建筑和技术

高层建筑

一项工程，在开工百年后的1586年终于实现了。多梅尼科·丰塔纳（Domenico Fontana），遵从教皇西克斯图斯五世（Pope Sixtus V）的命令，指挥900名工人，用140匹马和40台绞车，将梵蒂冈古竞技场内的方尖碑移走，转而竖立在250米之外的圣彼得大教堂前。它是一整块高25.5米、重331吨的花岗石，是公元37年从亚历山大港运到罗马的，用一艘在当时来说非同寻常的特制的船，这艘船除此之外就别无它用了。

罗马人不仅从埃及运回方尖碑，他们还从别处抢来一些竖立在他们的城市中。不同于埃及人通常将它们直接放在庙宇入口的塔门前[1]，罗马人将方尖碑作为独立的构筑物。1500年后，教皇西克斯图斯五世采用了古罗马的做法。为了强调城市改造环节中的重点区域，他动用了十三座存世的方尖碑中的四座，这些方尖碑从古代一直遗留下来直到文艺复兴时期的罗马和梵蒂冈。尽管方尖碑体型巨大（含基座高41米），却无法与高138米的圣彼得大教堂争锋。但是，凭借其鲜明的垂直形态，

[1] 详见第5章。——译者注

它显然可以作为与教堂截然不同的地标脱颖而出。

建筑这个词的字面意义是指人可以进入的构筑物，如果这样理解的话，方尖碑并不是建筑，塔庙（ziggurat）[1]才是。然而，若想建造高度两倍于乌尔的新塔庙，其所耗费的材料则要 8 倍。一种全新理念的出现，需要多年的时间。萨迈拉（Samarra）清真寺的螺旋形宣礼塔位于现代伊拉克境内，它也许是早期（很可能只是个例）建造高而细长建筑的最典型的尝试。把我们从重力的束缚中解放出来的是飞艇和飞机而不是建筑；然而，从开封铁塔到锡耶纳市政厅的塔楼，从君士坦丁堡蓝色清真寺的宣礼塔到巴黎的埃菲尔铁塔，历史中如此多人类追求高度的例子，都通过建筑实现了。即便今天，为追求高度而用不是那么合适的航天火箭征服天空的努力仍在继续：就像我们曾附加于建筑上的那些奇怪事情一样。

向着脱离地面的目标我们已实质性地迈出了一大步，那就是在远离地表几十米甚至几百米的地方建造居住空间。它最早是在 19 世纪末 20 世纪初被称为新大陆的地方实现的。

1820 年，芝加哥仅有大约 250 户居民；直到 19 世纪中叶，它的大部分道路都还未经铺装。由于其位于美国发达且人口稠密的东海岸和人口稀少的西部地区之间，它很快就成为农业生产产业化变革的中心。在中西部广阔的平原上，农场广袤而劳动力稀缺。奴隶制在 1787 年被废除，新的移民宁愿耕种自己贫瘠的土地也不愿在别人拥有的农场里劳动。这是农业革命带来的改变，因而劳动生产率大幅提高。

---

[1] 详见第 2 章。——译者注

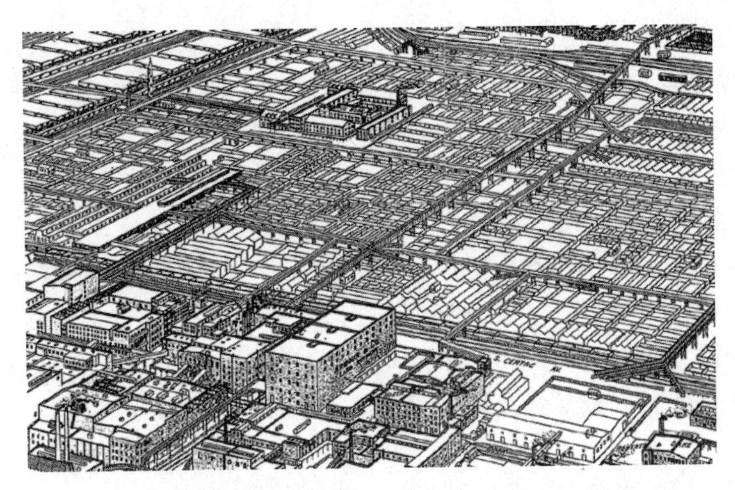

联合牲畜饲养场，芝加哥，公元 1901 年：桑伯恩 - 佩里斯地图绘制有限公司

新的耕作收割方法依靠两点来支撑：知识和机器。为提供前者，大学里设立了农业学院。而后者由各种发明专利来支撑：收割机、自动捆草机、打谷机、粪肥撒布机、马铃薯种植机、干草催干剂。不计其数的发明和令人眼花缭乱的数字：由塞勒斯·麦考密克（Cyrus McCormick）1847 年开办的农业机械厂，到 1860 年可以年产 25 万台收割机。

可通航的河流和不断拓展的铁路网使得原材料能够直达芝加哥，在这里经过加工，制造成商品进入全国市场。动物也不幸地成为这种“原材料”——牛群放牧在美国大平原上——对它们的“加工”则是屠宰、剥皮、分割和包装。城市西面紧邻麦考密克工厂的饲养场在创立之初规模就很大；它在接下来的几年中演变成庞大的综合体，使人联想起弗朗茨·卡夫卡（Franz Kafka）在《美国》（*Amerika*）[1] 中描绘的

[1] 卡夫卡（1883-1924），20 世纪著名德语小说家，《美国》又名《失踪者》（Der Verschollene），是其去世后在 1927 年出版的未完成长篇小说，故事讲述一名少年被父母送到美国后的经历。——译者注

环境。1900 年，它配合全长 200 公里的铁路线，生产出美国所消耗肉类的 82%。附近的肉制品包装厂已经建立了生产流水线，就像几十年后在汽车工厂里所使用的一样。牲畜挂在悬浮导轨的铁钩上，每个工人都做一项专门的、重复的劳动，因此这些工作相当易学。

第二次工业革命表面上远不如钢铁、电力和电话那样轰轰烈烈。2.5 万头牛和猪每天由专业人员手工屠宰，这些贫困的德国、爱尔兰和波兰移民在芝加哥联合牲畜饲养场（Union Stock Yard）12 小时轮一次班，生活中充满了那些动物的惨叫声。在这种环境中，工会组织逐渐壮大。这座农业生产工业化的核心城市，成为全球八小时工作制运动的中心。就是在这里发生了 1886 年五月的事件，成为五一国际劳动节形成的源头。❶

为了支持这项产业，会计、法律、保险和运输公司纷纷在芝加哥落户。对商业空间的需求变得如此迫切，以至于新的大厦在建成之前整层楼就已经租出去了。建筑业在 1871 年芝加哥大火之后达到顶峰，火灾为重新规划这座城市提供了契机。六七层的建筑——就像 19 世纪 60 年代巴黎的大道旁，那些被强行去掉中世纪特色，并进行了现代化改造的房子（这是一项由塞纳区行政长官欧斯曼男爵，Baron Haussmann，指挥的冒险）——显然已经不能满足芝加哥的抱负了。作为五大湖地区的城市，芝加哥既不是国家的首都，也不是地方长官的所在地，它没有义务象征中央权威。建筑要符合新的服务型经济的要求。而首先要完成的事情就是创造一种新的建筑类型——高层办公楼。

最具革新性的这一类型建筑之一，是家庭保险公司大楼（Home Insurance Building）。它是由建筑师兼工程师威廉 · 勒巴

---

❶ 即秣市惨案（Haymarket affair），1886 年 5 月 4 日，芝加哥工人群众为争取 8 小时工作制在秣市广场举行集会遭到镇压而发生的惨案。——译者注

隆·詹尼（William Le Baron Jenney）设计的，于1884—1885年修建。詹尼在美国学习，后前往巴黎，在高等专业学院巴黎中央工艺制造学院(École Centrale des Arts et Manufactures)学习；詹尼比著名的埃菲尔铁塔的设计者古斯塔夫·埃菲尔（Gustave Eiffel）晚一年毕业。

家庭保险公司大楼，芝加哥，威廉·勒巴隆·詹尼，公元1884年

新时代的嘈杂声回响在这些新建筑里；1687年，打字机被发明出来。建筑不愿再为那些富于争议的美学标准和过时的象征主义而牺牲建筑的功能、采光和通风。首要目标变为保证适宜的生活和工作条件。在建筑学讨论中一度占主导地位的建筑风格和建筑符号一下子不再那么重要了。路易·沙利文（Louis Sullivan）是遵从詹尼理念进行建造的建筑师，曾短暂地在詹尼的事务所工作过，他将建筑要优先考虑的新要点总结为一句话，这句话最终成为现代主义的座右铭："形式追随功能。"[1]沙利文以今天已成为常识的动植物知识举例：曾生活在地球上的物种，如今99%都已经灭绝；它们的构造不能很好地适应它们的"功

能”，最终未能保证它们的生存。

这些高楼开启了将建筑从风格中解放出来的新篇章，建于 1894 年的纽约州布法罗保证大厦（Prudential Building in Buffalo）就是其中之一，尽管它也参考了过去的形式，诸如经典的三段式和立面上华丽而谨慎的装饰（这些将被下一代摩天大楼所抛弃）。它巨大的体量使檐口和梁托（corbels）黯然失色；好像无限重复的楼层一层又一层，消除了粗石基座和壁柱柱头的象征性，抹去了它们礼仪性的功能而仅作为简单的装饰：成为可以任意处理的建筑立面的一部分，回应现代的实际需求。

同一时期的欧洲，风格也逐渐失去了它们在建筑中的核心地位。在过去的 400 年里，对于那些已经熟悉并尊崇古典建筑风格的观者，柱式、山花、拱券和基座决定了他们眼中建筑的形式和特征。而这一切在 19 世纪晚期发生了改变：资产阶级掌控了以前由君主或贵族控制的机构，为了满足这些志得意满的资产阶级及其文化，新的建筑成倍增加。自 18 世纪末以来，歌剧表演、艺术品和书籍收藏不再设在宫殿或修道院的大厅内，而为它们修建起专门的建筑：剧院、博物馆和图书馆。随着时间推移，它们开始在体量和豪华程度上同教堂和宫殿这些旧政权最有力的象征物比肩。它们的体量和布局使得对其外观的处理越来越无关紧要，这种趋势从 19 世纪中叶历史主义流行的时期开始，就被学术界所注意并讨论。歌剧院都有前厅、剧场和高高的舞台，彼此类似，就像火车站都有候车大厅，百货商店都卖节日打折商品一样，无论这些建筑物是否被包裹在新巴洛克还是新哥特式还是其他任何风格的盛装之下。观众看到的只是大厦（无论它的建筑是什么风格的），一幕幕代表大都市的新式生活，以其为舞台不断上演。

芝加哥大礼堂，阿德勒与沙利文事务所，公元 1887 年

可能在美国和欧洲，立面处理很大程度上失去了表现建筑身份的作用；但即便如此普通的一步，在整个 19 世纪的进程中，因为不同的城市空间管理方式，这两个地区的城市也经历了不同的过程。

在欧洲，政府通常进行详细的城市设计。他们倾向于将各种活动根据其重要性安排在独立的建筑中：例如，1857 年维也纳的城墙拆除了，与此同时，开辟了一片 450 米宽、5 公里长的区域，在这里设置了剧院、博物馆、大学、新的宫殿、议会、豪华住宅和办公大楼。

而在美国，空间管理在很大程度上是市场行为，因此是非常动态的和不可预知的。当局不设计城市，而是通过建立非等级化的街道网络来引导城市的发展——比如 1811 年的纽约市规划 [1]——同时出台鼓励和限制措施。这些道路以一种刻板的

[1] 详见第 20 章。——译者注

方式不断重复，能够容纳几乎任何类型的建筑——住宅区、教堂、剧场、仓库和办公楼。私人投资者们在其拥有的土地上建造大楼，以应对新兴市场容纳各类活动的需求。这样一来，紧张的城市生活随机地发生在城市的各处，而高楼大厦使其达到高潮，比如由丹克马尔·阿德勒（Dankmar Adler）和路易·沙利文在1887年合作设计的芝加哥大礼堂（Auditorium Building）。它容纳了一座拥有4200个席位的剧场、一家酒店和许多间办公室。查尔斯·加尼叶（Jean-Louis Charles Garnier）的巴黎歌剧院，或者维也纳的各式歌舞剧院与大礼堂剧院同样建于19世纪[1]60年代早期，但大会堂的剧院如同40多年后洛克菲勒中心的纽约无线电城音乐厅（Radio City Music Hall）一般，完全融合在高层建筑内部，从大厦外观上看不到任何传统剧院的影子。

此外，进入20世纪后，建成的办公大楼室内大部分不进行分隔，以便于每个租户能够根据自己的需求来安排空间；这种具有前瞻性的“开放计划”是不干涉精神在建筑中的直接应用，极大地打破了在建设开始之前就严格规定出建筑形态的传统。

从此，新一代的建筑不再仅仅针对一个项目、一个预定的简单功能或用途。其外观上都是通用的、多层的都市建筑，它们的外形体现出一种适应性——适应房地产开发商资本自由流动的要求。这种建筑与大城市的去风格化完美结合。

这并不意味着这些建筑必须低调；恰恰相反，只要外形尽可能少地限制潜在的使用，它应当尽可能地引人注目。难以想象帝国大厦（Empire State Building）这样的标志性建筑，会苦苦挣扎数十年去寻找租户以维持运转。帝国大厦建于大萧条时期——1930年1月22日动工，410天后完工——今天仍有

[1] 原文为18世纪，应为笔误。——译者注

约 1000 家公司、2.1 万名员工。按照以往的惯例，举个例子来说，巴黎的旺道姆广场的租户们是没有发言权的，他们被要求放弃在城市中显露与众不同的权利，并接受集体意志下的美学标准。❶

帝国大厦，纽约，史莱夫、兰布与哈蒙建筑公司（Shreve, Lamb & Harmon），公元 1930 年；背景为刚刚完成的克莱斯勒大厦

曼哈顿的下城健身俱乐部（the Downtown Athletic Club）完成于 1930 年，低调得近乎隐蔽。约 23 米宽的狭窄地块，并没有阻碍建筑师将完全不同的活动垂直地连续安排：壁球场在 4 层，建有土坡和小溪的高尔夫场在 7 层、储物柜和一家牡蛎酒吧在 9 层、有夜间水下照明的泳池在 12 层，15 层有一间餐厅，再往上是公寓。它的钢框架是不规则的，这非常独特，柱子不是像往常一样贯穿所有的楼层，而是间断的，以此来适应各种活动特别的空间要求。

❶ 详见第 19 章。——译者注

如果没有可行的适用技术，建造高层建筑是无法想象的——当钢铁取代了石头和砖块，巴别塔（the Tower of Babel）的传说将被推翻。比如彼得·勃鲁盖尔（Peter Bruegel）1563 年的油画❶，用传统方法建造高楼的僵局是显而易见的。下部楼层的墙体太厚，以至于空间狭小得不能再正常使用。

不过，在建筑中使用钢结构的动机最初并不是为了节省空间和材料。1796 年，查尔斯·鲍格（Charles Bage）设计了英国的什鲁斯伯里（Shrewsbury）迪特林顿亚麻厂（the Ditherington Flax Mill）的结构。它的柱子是铁的，浅浅的砖拱组成的连续低拱通过托梁支承着楼板，楼板表面覆以着砂子和瓷砖，所以这栋建筑比当时常见的木结构更不易着火。之后这种构造流行起来——虽然不是在美国，因为那里建造工厂仍旧使用厚重的木料，也同样耐火。几年前的 1779 年，铸铁首次被应用于建筑行业。塞文河（the Severn River）上的大桥❷立即成为工业发展的丰碑，并促成了艾恩布里奇镇（the Ironbridge village）的形成。就像毕尔巴鄂（Bilbao）这座城市的现代复兴，某种程度上当归功于弗兰克·盖里（Frank Owen Gehry）的古根海姆博物馆（Guggenheim Museum）一样。

19 世纪，有数不清的新方法用来提升钢材质量并使其价格大幅降低。于是，钢逐渐取代了铸铁，虽然其间运用钢和铸铁或锻铁的混合结构做法持续了多年。钢框架的体积与同样强度的由砖石构成的墙体相比小得多，这样，高层建筑的下部楼层就可以使用。征服天空的道路由此展开。

---

❶ 这里的勃鲁盖尔指老勃鲁盖尔，他于 1563 年绘制了三幅名为“巴别塔”（the Tower of Babel）的油画，其中一幅已佚，另外两幅中，别名“Great”者现存奥地利维也纳艺术史博物馆，别名“Little”者现存荷兰鹿特丹博伊曼斯·范伯宁恩美术馆。——译者注

❷ 这座桥名为“铁桥”（the Iron Bridge），世界上第一座主体结构用铸铁制造的桥梁。——译者注

帝国大厦，纽约，史莱夫、兰布与哈蒙建筑公司，公元 1930 年

与以往一样，研发新技术需要解决一系列问题——在我们的案例中，问题就是高楼的建造。一是保护钢不受火的侵害：这很快有了许多可靠的解决方案。二是安全快速地垂直运输人和货物：高层建筑没有电梯是无法想象的。1854 年，伊莱沙·格雷夫斯·奥的斯（Elisha Graves Otis）在纽约世界博览会上展示了他的发明。他走入升降机的轿厢，然后将固定它的钢索切断。它的制动装置立即启动，轿厢纹丝不动，并没有掉下去，人们松了口气。这是个有力的信号，说明公众很快会克服抗拒心理转而信任这些机器。第一台蒸汽动力升降机在 1860 年前后安装于一幢多层建筑里，20 年后，电动升降机发明了。不过几年的时间，他们的速度就增加到了可以服务于真正的摩天大楼的水平：电机可以提供比蒸汽或内燃机大得多的加速度。帝国大厦就装有 64 台这样的电梯。

曼哈顿下城健身俱乐部，纽约，斯塔雷特与范·弗尔切克建筑公司，公元 1927 年

有效的技术，或者说是为解决特定问题而开发的技术，往往能极大地决定建筑的形态。以古希腊神庙的屋顶为例，为了排雨，最初坡度很陡，将近 45° 角。公元前 7 世纪上半叶，希腊科林斯人（Corinthians）发明了高度先进的技术，让他们能够建造出平顶，大片的瓦相互扣住，实现防水。这为坡度和缓的屋顶（还有山花）的产生创造了条件，就像我们所看到的帕提农神庙一样；后来的罗马神庙奉行伊特鲁里亚人（Etruscan）的传统——陡峭的屋顶和山花，这种做法也被 2000 年之后的帕拉第奥所采用。科林斯人的发明带来的改变并非颠覆性的，但也足以成为古典希腊美学的标志性符号。另一方面，罗马人虽保持着传统的陡坡屋面和山花，却也因此促成了开创性新材料——罗马混凝土的发明，诸如万神殿这类大型建筑，不用坡屋顶也能解决问题。除此之外，让我们设想下几百年后，如果

受伯鲁乃列斯基（Filippo Brunelleschi）委托的皮萨诺造船厂（Pisano shipbuilders），没能制出数百米长且强度满足要求的绳索，佛罗伦萨大教堂的穹顶可能就不是现在这番模样了。

众所周知，没有计算机和先进的软件，今天的建筑将会是另外的样子，借助这些手段我们可以轻松地设计出复杂的几何图形，就像我们用铅笔画直线一样……

注释

1 Sullivan, Louis: "The tall office building artistically considered" . In: *Lippincott's Magazine*, 57 (March 1896).

参考文献

Condit, Carl W.: *The Chicago School of Architecture: A History of Commercial and Public Building in the Chicago Area, 1875–1925.* Chicago University Press 1964.

Giedion, Sigfried: *Space, Time, and Architecture.*

Harvard University Press 1962 (1941).

Hobsbawm, Eric: *The Age of Capital, 1848–1875*. Vintage 1996 (1975).

Hounshell, David: *From the American System to Mass Production 1800–1932: The Development of Manufacturing Technology in the United States.* The Johns Hopkins University Press 1984.

Koolhaas, Rem: *Delirious New York: A Retroactive Manifesto for Manhattan*. Monacelli Press 1994 (1978).

Pinol, Jean-Luc: *Le monde des villes au XIXe siècle*. Hachette 1991.

22

大众建筑？

现代主义建筑

理查德·罗杰斯（Richard Rogers）在他1979年的一次演讲中提到：巴黎的蓬皮杜艺术中心（the Centre Georges Pompidou）——又名“博堡”（the Beaubourg）——不全是由伦佐·皮亚诺（Renzo Piano）和罗杰斯本人设计的；更确切地说，它是“皮亚诺、罗杰斯和消防队共同的作品”。[1]罗杰斯用这种典型的英式幽默指出了，消防部门的要求对建筑的形态有决定性影响。这座建筑因防火而最重要的变更是必须降低高度，以便于在遭遇火灾时上部楼层可迅速疏散。建筑师们想出了巧妙的解决方案：大楼的入口设在地平面以下，疏散楼梯的出口要放在端头与街道的标高平齐；于是他们将位于楼前的大广场做成向下微微倾斜的坡，类似于锡耶纳市政厅前的广场。这样一来，参观者们就可以毫不费力地向下走进大楼的入口。高科技的外观、红色的自动扶梯，荣耀般地展现出来。当参观者们离开时，他们会面对广场上戏剧般的拥向大楼的人群，这是广场坡向出口带来的效果。幸运的是，因为一方面的限制而促成好建筑的案例并不罕见。

“博堡”的设计是为了保证参观者的逃生路线，只是以防万一（但愿永远不会）。如今，几乎全世界都针对建筑的特点制定了详细的安全规范——从教室出口的数量到楼梯栏杆扶手的形式。保证独立的、足够的活动空间经常会决定建筑的布局和结构。让我们来设想一下，例如，东京的新宿车站（Shinjuku Station）每天要为 200 万旅客服务——尽管这在今天并不稀奇，但如果设计罗马斗兽场或圣彼得广场的建筑师要面对类似的问题呢？

现代建筑的目标是为大众服务，面对的不仅限于人群管理方面的问题。对于那些代表着国王或上帝之显赫地位的建筑物，普罗大众从来仅是纯粹的旁观者和评价者，而现代建筑将他们提升为核心成员——规划建筑项目、选择建筑布局和美学标准的核心成员。

在 19 世纪后半叶和 20 世纪的前 10 年，建筑关注普通大众的条件形成了。首先是政治条件和文化条件：激进的劳工运动和更多的民主需求；大都市及其周边默默无闻的小城市；工业水平和影响力的提升，尤其是那些致力于满足无名消费者需求的行业。可是，有些条件是与建筑息息相关的。正如第 21 章所指出的，建造不同的建筑是为容纳城市生活中的各种活动，那些因其自身特点而作为城市基础的活动，例如剧院、博物馆、图书馆等。建筑的象征性被实用性替代，变得不那么重要了，尽管这种建筑本身就意味着新秩序战胜旧体制。相对于早 7 个世纪的巴黎圣母院、巴黎东站（Gare de l’Est）或大皇宫（Grand Palais），它们承担象征功能的压力要小得多。提高实用性表明了建筑首先考虑的是它们的使用者，其次才是理念或美学。

接着，建筑活动聚焦于非特权阶层，其范围是空前的。第一次世界大战和苏维埃革命结束后，社会的安定在很大程度上依赖于改善工人阶级的恶劣生活条件，这一点特别是在欧洲，作用明显。就像 1919 年，英国前首相戴维·劳合·乔治（David

Lloyd George）所意识到的："纵然它将花费 1 亿英镑，但这与国家的稳定比起来呢？"[2] 因此自 19 世纪 80 年代以来，更经济的住房项目明显增多了。

这就要求建筑需协助这项巨大的尝试，也就是说，要大幅度地扩大它的客户群。几千年来，大多数人都是自己建房，而非靠建筑师。尽管从古代开始就有专人设计的、安排有序的工人居住区的记载，比如在古埃及的卡洪城（Kahun），为修建塞索斯特里斯二世（Sesotris II）金字塔的工匠们建造的居住区。不管怎样，从 19 世纪中叶开始，为低收入阶层设计简单、实用、廉价的房屋越来越普遍。西方各国的国际博览会上，为新兴中产阶级服务的现代房屋以及工业产品层出不穷。尽管技术上已经较为先进了，这些房子仍然符合当时的普遍观念，即家庭的传统样貌：家庭结构和成员角色分配还和旧时代一样，这被认为是理所当然的；人们依旧遵守那些原来的生活习惯。与私人房屋的传统配置相关的语义规则也没有被质疑。因此，直到 20 世纪 20 年代，弱势群体的住房形式仍然像《草原小屋》（*Little House on the Prairie*）❶ 里表现的那样，介于具有新古典主义美学特点的兵营和简化版的文艺复兴时期城市住房之间。

第一次世界大战结束后，天平开始向当时还是雏形的现代主义倾斜；它们向传统风格的公共住宅建筑设计提出了挑战，尤其在欧洲大城市的外围地区数量明显增多，直到席卷整个欧洲大陆的法西斯政权上台，并将现代主义视为异端为止。值得注意的是，意大利的情况是个例外。❷ 受其影响，即使在古典

---

❶ 《草原小屋》是美国儿童文学作家劳拉·伊丽莎白·英格尔斯·怀尔德（Laura Elizabeth Ingalls Wilder）"小屋系列"中最著名的一本，以自传形式讲述了童年时一家人在美国中西部的拓荒生活。我国曾在 20 世纪 80 年代引进同名美国电视连续剧。——译者注

❷ 第一次世界大战后意大利发展了以朱塞普·特拉尼为代表人物的现代主义建筑，又称"理性主义"，代表建筑如科莫的法西斯之家（1932—1936）。——译者注

卡尔·马克思大院，维也纳，卡尔·恩，公元 1927 年

主义仍旧生机勃勃的地方，优秀现代建筑还是可以被创造出来的。卡尔·马克思大院（Karl-Marx-Hof）便是这一类建筑中最著名者，它是座长达 1 公里、拥有巨大体量的综合体，有 1382 套公寓，由卡尔·恩（Karl Ehn）于 1927 年至 1940 年间设计，那正是如火如荼的“红色”维也纳[1]年代。

现代主义要面对时代提出的挑战，这些挑战有时是从艺术和技术的角度提出的，有时是以激进的政治态度为基础，针对艺术和建筑在社会中的作用提出的。这两种进步在包豪斯（Bauhaus）中体现得尤为突出——包豪斯是格罗皮乌斯（Walter Gropius）于 1919 年在德国魏玛（Weimar）创立的学校，用来传承这座城市的艺术和工艺，但其在艺术和建筑教育改革上所做的贡献远超于此。汉斯·梅耶（Hannes Meyer）作为第二代负责人于 1928 年接管包豪斯，他对成立于前一年的建筑工作

[1] 德语为 Das Rote Wien。第一次世界大战结束后，奥匈帝国瓦解并成立共和国，从 1918 年至 1934 年间，社会民主工人党一直是维也纳的执政党，这段时期被称为红色维也纳。——译者注

卡尔·莱吉恩住宅城，柏林，布鲁诺·陶特，公元 1928 年

包豪斯校舍，德绍，德国，格罗皮乌斯，公元 1923 年

坊进行了改革，学校有了强烈的“左倾”倾向。1925 年包豪斯迁址到德绍（Dessau），但它的政治倾向遭到德绍当局的反对；当地政府为包豪斯提供了资助，必然对学校的管理有发言权。1930 年，路德维希·密斯·凡·德·罗（Ludwig Mies van der Rohe）取代了梅耶，他不顾学生的抗议重新为学校定位，远离政治并赋予技术专家管理学校的权利。然而为时晚矣，当时的德国已经陷入法西斯主义无法自拔，纪念性建筑呈现出简洁古

典主义的面貌，住宅建筑则倾向新传统主义。包豪斯在柏林惨淡经营不久，于 1933 年被迫永久关闭。[1]

所有现代主义建筑师或多或少都在遵循的一个核心原则就是功能主义。建筑必须用最简单的方法和最恰当的手段满足具体明确的规范要求。这是建筑的使命。为了确定它必须满足哪些需求，现代主义构想了一位各方面需求居中的人。这是因为现代建筑具有这样的特性：特定的体型，以及特定的思维方式——试图以“福特主义”（Fordist）的态度提供服务。在大规模生产的设计中，统计资料占有中心地位：我们所熟悉的那些演示方法都被发明出来，包括饼图、表格、曲线图和数据示意图；标准也被建立起来。恩斯特·诺伊费特（Ernst Neufert）的设计手册于 1936 年首次出版。在任何情况下，所有建筑项目，甚至是壁炉前的地面这种普通人梦中的避难所，都要能够且必须通过一种理性、公正的方法来评估。房子变成了“一部可以用来居住的机器。浴缸、阳光、热水、冷水、任意调节的温度，节约粮食，卫生……”[3] 对于许多顽固的功能主义者，尤其在战后时期，这些东西多多益善，居住者的欲望和恐惧是不会被考虑在内的。终归，建筑会实现改变世界的目标，通过它所宣扬的新型房屋来改变功能主义者们的想法。

人们将铺瓦屋顶认作是旧时代的象征和落后建造技术的产物，相反平屋顶可以用来种植；人们将黑暗的地下室与厚重的墙体认作是把人像农奴一样束缚在土地上的锁链；相反凭借独立于建筑承重框架体系外的薄墙，轻型建筑将人们从禁锢中解放出来。

这些理念碰上了优秀的捍卫者。瓦尔特·本雅明（Walter Benjamin）认为传统居所就像密封的箱子，是代表隐蔽和安全

---

[1] 包豪斯于 1932 年 10 月后被迫迁至柏林，1933 年 4 月即遭关闭。——译者注

的地方；对他来说，打破过度保护的建筑室内，使秘密无处躲藏是具有革命性的突破。透明性以及内部、外部空间的相互作用将会使传统住宅走向终结，因此，现代人别无选择，只能面对工业时代的现实。

1929 年巴塞罗那国际博览会，路德维希·密斯·凡·德·罗的德国馆（1986 年被精确地重建）

房屋终于能做成通透的；光线和空气可以渗透进与世隔绝的地方。然而，现代主义是否创造了一种完全不同的居住文化，并使人们以全新的方式面对世界，还很难说。现代主义将一种特定的生活方式通过房间布局强加给使用者，那种传教士般的狂热让人们非常抗拒，于是使用者们决定自己来处理这个问题。他们抓住一切机会进行改变，表现为反社会行为以及肆意损害私人与公共财物。靠近波尔多的佩萨克（Pessac）住区就是典型的代表，这里是柯布西耶 20 世纪 20 年代中期为亨利·弗吕杰（Henri Frugès）的产业工人设计的（1990 年这些房子被列为文化遗产并被恢复到最初的样貌）。以一种表面的实证精神来设计房屋并没有使人们的思维方式理性化。大众作为现代建筑的主宰者，反而成为它的敌人。

现代主义并不是单独的个体，对一些极为重要的问题他们的看法是多元的。“别样的现代主义”建筑师想要挖掘其作品的表现力，他们认为创造一个使人产生共鸣的、含义丰富的人造环境是建筑师的责任；阿尔瓦·阿尔托（Alvar Aalto）和汉斯·夏隆（Hans Scharoun）是这些建筑师里面最杰出的；而布鲁诺·陶特（Bruno Taut）则是最充满斗志的。陶特曾是柏林市政住房服务部门的负责人，后被强迫放弃他的职位并移居到东京，然后又去了伊斯坦布尔。20 世纪 30 年代后期以来，布鲁诺·陶特远离了主流现代主义，丝毫不提倡实证主义，他认为：建筑的使用者是有血有肉的真实的人，而不是虚构的人、假象的居所中假想的房客。他的理念与后来由西奥多·阿多诺（Theodor Adorno）于 1944 年阐述的观点很接近，对甚嚣尘上的实证主义进行猛烈抨击。[4] 两者都反对将房屋当作机器，前者是从建筑师的角度，而后者是从在社交上很活跃的哲学家的角度。

萨伏伊别墅，普瓦西，巴黎郊区，勒·柯布西耶，公元 1929 年

然而在接下来的几十年里，人们意识到：让人们产生家的疏离感的罪魁祸首并不是大片的窗户、白色的墙和功能性厨

房，而是外部公共空间的消亡。为了实现让阳光进入每一幢房屋——这在 20 世纪中叶并不算什么，但是在 19 世纪中叶却十分困难——尺度亲切的传统街道是丰富的社会生活的容器，却成为这一高尚动机的牺牲品。但正如前文所述，建筑的发展是滞后的。[1]

柏林爱乐乐团音乐厅，汉斯·夏隆，公元 1960 年，室内

无论如何，现实主义那种毫无诗意的处理手法，从未真正表达出其开山鼻祖的想法。后来人确信，对形式进行彻底的革新是势在必行的，这包括汽车、书、厨房用具、大楼以及我们周遭其他的每一样东西，也就是我们现如今所谓的视觉文化。包豪斯的基本原则是：设计要使对象让人一看就知道其功能，材料要根据其本身的属性尽可能地被充分利用。这些设计原则产生了精美的物件，经得起时间的考验，成为经典。不用将人包围在内部的物件尤其如此——也就是说，创作者不用考虑与材料之间那种非常令人恼火的关系。由包豪斯的大师们设计的餐具和家具极少会带来争议，相比廉价房，它们在时间上的适

[1] 详见第 1 章和第 14 章。——译者注

应性更强——这是为那些支持运用更多艺术和技术手段的人进行的辩白，也是对那些政治上想扮演活跃角色的人的嘲讽。有技术统领一切思想的密斯·凡·德·罗，1929 年为巴塞罗那国际博览会设计了德国馆，作为住宅的样本，或许是现代主义最重要的建筑。无论是在大片玻璃滑动门后面，或是在昂贵的大理石墙面上，你基本不可能悬挂一副自己喜欢的画，而密斯这样设计，却无须向任何觉得缺乏私密性的人致歉。

勒·柯布西耶同时从两个角度进行了演示：一方面是严谨的实证主义的确定性，另一方面是艺术能提供的兴奋感。他认为，形式产生于功能之中，要以合理、高效的工程师精神，使建筑不仅仅是对给定任务的有效回应，更是超越——这种态度使功能主义显得不那么激进了。他诗意地形容到："建筑是学习的游戏，是正确的、宏伟的、在光线中的形式的集合。"[5] 或许他有第三种角度：在认真研究了广告之后，他将建筑的形象并列在一起对比，这强有力地论证了其观点，于是有了 1923 年第一次出版的、即使到了今天都对读者有巨大影响的《走向新建筑》（*Vers une Architecture*）。

总而言之，当时世界各地的学术权威对现代主义都不屑一顾。他们认为这种建筑是为被社会边缘化的弱势群体服务的建筑，然而，它最终主导了此后的时代。现代主义的公共建筑在当时十分稀少，只有一些殖民地成为新事物的试验田。然而从早期开始，只有那些想在朋友之中显得与众不同的上层阶级才会选择现代主义——实际上，许多代表性的现代建筑都是奢华的别墅。第二次世界大战后，一切都翻天覆地。许多国家的政府，为了体现与旧时代的不同，开始采用现代主义；刚刚成立的联合国位于纽约的大楼标志着新时代的开始，它是 1947 年由国际委员会小组进行设计的，勒·柯布西耶为其中最有影响力的成员。大型设计公司也看到了从诸如檐口、基座以及科林斯式壁柱，

联合国总部，纽约，勒·柯布西耶等人，公元 1949 年

这些过去的形式的束缚中挣脱出来的机会。这种新的文化是看得见摸得到的，可以得到政府的拨款，即使今天也是这样。

巴比肯中心住区，伦敦，张伯伦、鲍威尔与本，公元 1965 年及以后

现代主义的体系很快就建立起来了。很难对它的影响做出过高的评价。如果非要找到值得称道的地方，那就是空间的设计更注重从普通人的日常生活出发，而非抽象的理念，这是现在人工环境的基本特征。难道从城市中心周围的大片商业用地和工业用地里还能提取出什么概念么？它们是大型商场和停车场的集聚地，也是仓库、工厂的集聚地，这些工厂生产饮料、冰箱、电视，还为我们的电脑制造软件。琐碎的日常生活通过这些场所来体现，并通过它们得到纪念。

20 世纪 20 年代以来，现代主义一直致力塑造这个新的事实。那时，像超市、加油站这样的设施都藏在梁、柱、坡屋顶和规则的几何体块之后，其象征意义承载了形式——而现代主义号召建筑师们将它们全都暴露出来。不仅如此，现代主义还创造了一种美学，将展示本来面目的权利赋予这些原本上不了台面的元素。路易·沙利文“形式追随功能”的格言 ❶，帮助现代主义为其创造的建筑形式找到了解释；然而更重要的是，它帮建筑师重新阐释了现代主义的根本目的——让建筑为普通人服务，展开来说，就是要让这些不配永恒的平凡的建筑可以合法地占用土地。

什么最能体现建筑转向普罗大众的日常生活，似乎可以引用勒·柯布西耶的这句话：“建筑学可以从电话和帕提农神庙中找到答案”。[6] 将一种平凡的、可有可无的物件与特殊阶层的神祇所在的建筑进行比较，几乎是对神的亵渎。然而，这也是一种对事物新的评价方法，它注定要引导人工环境的发展方向，并且这种景象会持续至少一个世纪，甚至更久——时间将给我们答案。与此同时，它让那些实践这门艺术的人认为，自己几乎就是菲狄亚斯（Phidias，古希腊雕刻家）了，即使他们仅仅

---

❶ 详见第 21 章。——译者注

设计了一座比较讨人喜欢，却微不足道的、有使用年限的、建在广阔郊区某处的房子。

注释

1 Author's personal notes.

2 *Minutes of a War Cabinet Meeting, March 3, 1919*.

PRO CAB 23/9/539, National Archives, 5.

3 Le Corbusier: *Vers une Architecture*. Crès et Cie 1923, 89.

4 Adorno, Theodor: "Asyl für Obdachlose". In: *Minima Moralia: Reflexionen aus dem beschädigten Leben*. Surhkamp 1951, 38.

5 Le Corbusier: *Vers une architecture*. Crès et Cie 1923, 16.

6 Le Corbusier: *Vers une architecture*. Crès et Cie 1923, 7.

参考文献

Colomina, Beatriz: *Privacy and Publicity: Modern Architecture as Mass Media*. MIT Press 1996.

Conrads, Ulrich: *Programmes and Manifestoes on 20th- Century Architecture*. Lund Humphries 1970.

Droste, Magdalena: *Bauhaus*. Taschen 2002.

Heynen, Hilde: *Architecture and Modernity*. MIT Press 1999.

Pooley, Colin (ed.): *Low-cost Housing Strategies: A Comparative Approach in Europe*. Leicester University Press 1992.

Zevi, Bruno: Architecture *As Space*: *How to Look at Architecture*. Horizon Press 1957.

23

没有建筑师的建筑

机动化时代的建筑

我们可以判断物理理论和医学诊断的对错，但一座建筑永远不会“错”，因为众口难调且标准不一，哪类人的意见会被优先采纳也会随着时代和环境的不同而改变。因此，每位建筑实践者都能从中得到必然的回报，建筑也能够为此自吹自擂：总会有人对某座建筑作品给予好评。

如果连一块砖都不改变，建筑设计有没有可能让公众对一座建筑的看法大相径庭？类似的问题在艺术领域已经提出了将近一个世纪。至迟到了马塞尔·杜尚(Marcel Duchamp)[1]的年代，我们就已经知道，通过改变对象所处的环境能将它隐藏的一面展现出来，或是能激发我们之前没有意料到的情感。从此意义上看，刻意地改变公众感知客体的环境和背景，如果这些改变是通过感官可以感知的方式完成的，如用图像或声音重新布置此客体周边的事物，那么这种行为就可以是艺术，尽管这种说法仍有讨论的余地。通过文字改变我们的看法，在某种意义上

[1] 杜尚（1887—1968 年），法国著名先锋派艺术家，达达主义代表人物。1917 年的代表作《喷泉》，是将直接购买的男士小便池送往展览会现场，嘲讽了西方传统艺术和大师，成为艺术史上里程碑式的事件。——译者注

属于艺术范畴。如果它是艺术家们用一般的方法来记述或表现的——这究竟意味着什么是另一个讨论的话题——那么它很可能被视为艺术；如果它是以艺术批评的方式来表达的，那么它大概就不是艺术了。而使用迷幻剂来改变我们看待周围事物的眼光也不属于艺术，这一点我们都同意。这些问题在建筑领域也同样适用。

即使建筑本身未曾改变，它们在我们头脑中的影像也会发生变化。往往是新建筑的建造促使我们对已建成的那些展开新的思考。正如本书第 8 章所记叙的，塞涅卡通过详细的描述告诉我们，当有着敞亮的窗户和高耸的天花板的新浴场落成后，罗马人对旧浴场有多么不屑一顾！同样，圣安德烈大教堂的出现[❶]，让曼图亚的市民们重新审视了邻近它的中世纪晚期市政厅的设计。

我们经常可以体会到，一些数年以前令人印象深刻的建筑突然显得平庸甚至糟糕，仅仅因为有类似的建筑建成了。后现代主义的兴衰就是明显的例子。20 年间，它让人们相信制造惊奇、颠覆规则、影射传统都是可靠的设计方法。但好像在 21 世纪初的某个时候，这些方法的使用戛然而止：当运用它们的建筑数量突破某个临界值时（这提醒我们在建筑史研究中重视量化数据是多么重要），这类建筑伴随我们如此长的时间以至于变得令人厌倦。

能够分辨一种理念何时已经达到它的极限，能够觉察一种公认的建筑风格何时已经多到令人感到过时，抑或是能够继续探求这种建筑风格中令人感到舒适亲近的那一部分，是否具备这些能力可以区分一位建筑师水平的高下。建筑学在很大程度上是一种营销行为。

---

❶ 详见第 14 章。——译者注

香港夜景

第20个世纪之交，两项技术发明从根本上改变了人们感知建成环境的条件，并最终改变了建成环境本身，那就是电力和机动化。电力彻底改变了建筑物与道路的照明状况，使它们出现在人们视野中的时间倍增，并在骇人的暗夜中照亮它们最为人熟悉的部分。机动化不仅使城市蔓延，也创造了我们用视觉感知周遭的新条件：相比坐在一辆时速30或60英里的汽车里经过一座建筑所看到的东西，步行到这座建筑前所看到的东西大不相同。

几个世纪以来，人工照明技术并不成熟，特别是室外照明。在中世纪的欧洲，一些主要道路在天黑得早的冬天是有照明的：在13世纪与15世纪的伦敦，路边房屋的主人必须在其房子外面悬挂油灯；16世纪早期的巴黎，市民需在窗后点一些临时的灯来为道路照亮视野；而在同一时期的罗马，新修通的朱利亚大街（Via Giulia）是靠火把偶尔照明的。世界上其他城市的情况也大体如此。房屋内部的情况要好一些，因为大部分正式空间，不管是上流社会的宴会厅还是剧场，会在各处布置灯火来照明，包括油灯和固定在烛台或吊灯上的蜡烛。

19世纪初，煤气的使用给人工照明带来了极大改善。18世纪头十年，伦敦成为世界上第一座在街道上使用煤气路灯的城市。但不到20年时间，全世界大大小小的城市都效仿了这种做法。那些每当夜幕降临就失去光彩的林荫大道重新光彩照人起来。

不出所料，剧场很快就采用了这项新技术。人工照明创造了它自身的迷人氛围，并能很好地补益这类场所中盛大场面的风采。起初产生过一些问题，因为剧场通风不良，煤气燃烧消耗了过多的氧气并释放出有毒物质。然而，煤气质量和照明设备的接连改进使燃气照明开始广泛应用。最著名的采用煤气灯照明的建筑大概是巴黎歌剧院，一座19世纪后半叶标志性的公共建筑。为了确保它在城市版图中的突出地位，设计采用了竞标的方式，最终由查尔斯·加尼叶（Charles Garnier）于1861年拔得头筹，甚至在这次设计竞标公布之前，城市的一大片区域就为此进行了重新规划。如今我们可能会将注意力放在它新巴洛克风格的装饰或其大楼梯上，但真正能保证前厅的欢乐气氛与舞台上壮观场面的却是为照明而设的40公里长的管道和960个煤气喷嘴。

煤气的鼎盛并没有持续太久。19世纪末，用电照明的努力取得了市场化的成果。电灯相较于煤气灯的优势立即变得明显：无废气，低热量，易于控制与操作。它在室内空间的应用很快就标准化了。30年内，它使其他任何形式的人工照明方式黯然失色，无论是室外还是室内；市政人员像一个世纪以前的仆人们点燃贵族府邸的蜡烛那样一盏盏点燃街灯的场景一去不返了。

起初，这种夜晚灯火如昼的效果将传统建筑在城市景象中的特殊地位变成了全天候的。然而，很快它开始创造一种充满魔力的世界来与砖石景观争奇斗艳，而世界的出现与消失全凭一个按钮来控制。发光的招牌和广告开始将城市中心的娱乐区、商业区与住宅区、纪念性区域分开来；在后者这些区域中，狭义的建筑概念仍居主导地位。

纽约的公共交通，公元 1917 年

19 世纪 80 年代，大型手绘招牌和广告在主要城市中非常常见；四、五层建筑的整面侧墙经常会变成巨大的广告牌。而电的使用让这种惯常做法达到了新的高度。早在 20 世纪 20 年代，固定在屋顶上的灯光招牌就会比一些建筑的正立面还大，比如在纽约百老汇，整个建筑正立面都被招牌覆盖了。

东京的公共交通，公元 2007 年

这些瞬息万变的图像和招牌是由成千上万的白炽灯泡（后来是霓虹灯）组成的，内容是与商品和营销相关的字母、信息与形象。这一亮一灭的瞬间真正体现了现代大都会的本质：一切人和事都会稍纵即逝。20 世纪 80 年代末，对时代广场施行分区管制就是都市视觉文化在这方面的反映：建筑正立面的最好部分必须覆盖发光的招牌。

交通的机动化根本地改变了人们感知建成环境的条件。在 19 世纪 30、40 年代，铁路交通抓住了公众想象力并获得了大量的私人投资，虽然回报仅仅是在行车时间上准了些许。路网的发展引人注目，欧洲的面貌在几十年内就发生了变化。

城市自身内部的机动化交通尚无必要。哪怕是当时最大的城市，其规模都可以让人们在合理的时间内徒步穿行；然而与其相应的是极高的人口密度和公共卫生隐患。即使是在伦敦这样市政服务较好的城市，工业化都已经使公共卫生条件发生了严重的恶化；在 19 世纪后半叶，公共卫生立法（Public Health Legislation）通过之后，这一状态逐步得到改观。任何想快捷而舒适地到达目的地的人，只要他负担得起维护费用，都会乘坐马车——自己的或者是短期租用的。

将火车与马车结合成一种混合动力交通工具的想法，激发了有轨马车的发明。1832 年，城市公共交通服务系统首次在纽约投入使用，30 年后，它的运载量已经达到日均 10 万人次。在公共用地，比如街道中铺设轨道，引起了一系列法律和政治上的问题，不过新的方法出现后很快得到了解决。

但仍存在一个问题：缺乏足够的空间。传统的紧凑型城市中，狭窄的道路上总是挤满了人和牲畜。伦敦在 1666 年大火后铺装了街道，当时它的人口与 19 世纪中期的 250 万相差甚远，那么，情况会怎样呢？终于，一种看上去十分荒谬、但是极具前景的革命性想法出现了，它至今仍被认为是伟大的创意：把交通置于地下。铁道无法穿过地上长期繁忙的街道，但在地下可以。1860年，伦敦主要线路上三座站点的连接工程率先开工。1863年，这条线路的第一部分——大都会线（Metropolitan Line）的帕丁顿（Paddington）至法灵顿（Farrington）段——投入使用。区域线（District line）与环线（Circle lines）相继动工；1884年，环线地铁建成。车厢由蒸汽机车（用焦炭替代煤作燃料以减少煤烟）牵引，有效的通风使得乘坐条件尚可接受。1890年，电气化的引进使地铁可以修筑在地下更深处，到20世纪初，这种技术被全面应用：不再产生那些讨厌的煤烟；隧道可以在地下进行挖掘，比起"明挖回填"（cut and cover），这种方法在建设期间对地面交通的阻塞明显减少。

巴黎地铁的建设始于1898年。起点和终点设在19世纪中叶城墙的城门处——如今的环城大道（Boulevard Peripherique）便是沿着这道城墙的轨迹铺设的——很快，为老城区服务的密集型地铁路网形成了。

纽约的地铁1990年才开始建设，此时，纽约已经有了高架铁路大型网络。同伦敦一样，这些地铁线路一部分是用来让偏远地区具有可达性：地铁公司收购大量未开发的土地，再以高出很多的价格出售，以此来为高昂的地铁建设提供资金——香港直到今天都在使用这一办法。

短暂地逃离城市，湮没进另一个不同的世界，这个不同的世界明显缺乏视觉上能引起兴奋的事物，只是为了从一个地点迅速到达另一地点。这种行为本身就是追求效率的实证主义思想的重大胜利，虽然地下世界的神秘特质也能触动某些人群难以理解的心绪。

然而这种影响是非常巨大的。长远来看，地铁的普及使人们对城市环境的感知变得零散，更加无力从整体上理解这些巨型都市。城市不再是连续的（人们步行穿过时所感知的），而变成了散点的集合（人们进入一座地铁站与走出一座地铁站时所感知到的）：于是，以“第一人称”视角叙述的现代主义作品诞生了，它打破了传统城市肌理的连续性，并代之以大片的绿地和点缀其中的规模空前的单体建筑。

汽车，20 世纪的另外一项重要发明，同样改变了城市带给人们的体验。美国西海岸是这种新城市文化的发祥地。1920 年，洛杉矶每 3.6 位居民就拥有一部汽车；而到了 1940 年，这一比例上升到了每 1.4 人保有一辆。“二战”以后，在西方世界的所有国家，私人汽车已经成为普通人日常生活不可或缺的一部分。汽车的使用与郊区化密不可分——最初，这些位于郊区的城市居民区在功能上仍依赖于中心城区，而若干年后，郊区化产生了它自身的发展动力。如今，郊区已经逐步发展成真正的城市，但相较传统，它们更广阔也更分散，虽然全世界都在努力让人集聚在公共交通可达的地方，但汽车仍是必需品。

汽车也在削弱城市的连续性。它们让乘客在到达目的地之前一直处于与外界隔离的环境中，免受寒冷与风雨，除了经过挑选的音乐以外他们什么都听不到。与之相反，步行穿过传统拥挤的城区，费力但发人深省，这种从城市的一处缓慢地到达另一处的体验在汽车时代受到了巨大的冲击。

但从另一角度看，汽车又加强了城市的连续性：一种新型城市中的新型连续。这种城市的地面很大一部分是柏油路；街坊和建筑彼此之间都有段距离并分布在城市各处；即使高速驶过也能看得清的巨大招牌把传统的砖石建筑挡在后面；城市布局是以私家车的机动性为服务对象的，与人们以每小时数十英里的速度移动时的感知能力相适应。根据 L・赖特[1]的统计，建于 1910 年的折中主义建筑的正立面所包含的信息是一座典型的

[1] L. Wright，并不是著名的建筑师 F. L. Wright。——译者注

现代主义建筑的300倍。[2]然而，同样100米的道路，人步行通过大约需要70秒，而开车只需7秒；我们步行在一座19世纪的城市中与我们开车从当代城市的大街上驶过时，每秒所获得的信息量是差不多的。可当我们从汽车里出来时，问题就出现了……

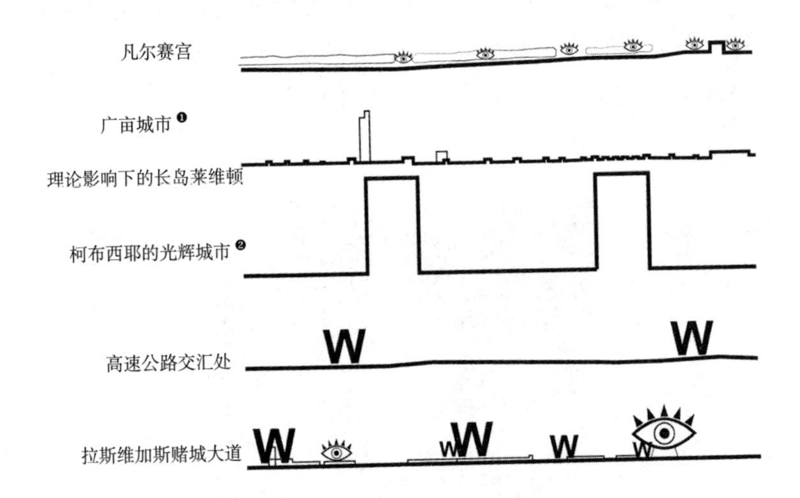

空间——尺度——速度——象征

对象（符号）与房屋（建筑物）之间的大小关系，根据罗伯特·文丘里、丹尼斯·布朗、史蒂文·艾泽努尔❸的理论绘制

❶ 广亩城市由美国著名建筑师F.L.赖特在20世纪30年代提出，是一种以汽车和电气发展为背景，带有反城市和郊区化倾向的城市规划思想。主张分散城市功能，用高速公路连接居住区，提倡低密度，每户居民拥有一英亩的土地自给自足。——译者注

❷ 光辉城市是柯布西耶现代主义城市规划设想，同名著作于1933年出版，是在大工业化时代背景下，反对反城市思潮，认为在现代技术条件下，完全可以既保持人口的高密度，又形成安静卫生的城市环境，提出高层建筑和立体交叉的设想。——译者注

❸ 罗伯特·文丘里、丹尼斯·布朗、史蒂文·艾泽努尔是《向拉斯维加斯学习》的作者。——译者注

高速的移动最终使真实的建筑通过其体量给人带来的感受丧失殆尽；建筑被迫去适应快速移动中的复杂的视觉要求。在20世纪50年代至70年代，个人的机动化程度达到了顶峰，节俭而醒目似乎是每座建筑的共同选择，这也符合乘车人简化的视觉需求。平淡的建筑带来的兴奋点是贫乏的，为弥补这一点，汽车乘客可以与大片的城市接触，而无须在无趣的局部环境中浪费时间，如超市停车场、加油站和六车道高速路口。几十年来，我们的城市被非常肤浅的建筑变得如迷宫般复杂。

纽约，公元1948年：汽车问世前的城市广告牌

拉斯维加斯，公元2006年：汽车问世后的城市广告牌

在改变人们对建筑环境的感知方式这方面，电力照明与机动化交通或许是建筑史上最明确的两个例子，它们比建成环境本身的改变具有更深远的意义，它们深刻地改变了我们的体验，并最终改变了我们的建造方式。某种程度上，建筑的变化是我们思想改变的必然结果——而我们思想的改变、思维方式的改变、观念与感受的改变可能会因发生在建筑领域之外的任何一种刺激、任何一种革新而发生。

注释

1 The City of New York: *Zoning Resolution, Special Purpose Districts, Chapter 1: Special Midtown District*, Section 81-732, Special Times Square signage requirements (02.02.2011).

2 Wright, L.: "How many bits". In: *Architectural Review,* April 1973, 251 ff.

参考文献

Augé, Marc: *Non-places, Introduction to an Anthropology of Supermodernity*. Verso 1995.

Bauman Zygmunt: *Liquid Love: On the Frailty of Human Bonds*. Polity 2003.

Jacobs, Jane: *Death and Life of Great American Cities*. Random House 1961.

Lynch, Kevin: *The Image of the City*. MIT Press 1960.

Pinol, Jan Luc: *Le monde des villes au XIX siècle*. Hachette1991.

Venturi, Robert/Scott-Brown, Denise/Izenour, Steven: *Learning from Las Vegas*. MIT Press 1972.

24

人类与环境

从维特鲁威到绿色建筑

古希腊作家普鲁塔克讲述了斯巴达国王列奥提西达斯（Leotychidas）访问柯林斯的经历。国王被引领至用餐和招待的房间。头上镶板装饰的天花引起他的注意，据说国王用冷嘲的语气询问，是否当地生长着方形的树。[1] 尽管拥有王位，但他仍认为，使用方形木材是对财富和奢侈享受的公开炫耀。

纵观历史，上流社会常常铺张地改造他们的环境以彰显权势，尤其是那些独裁政权；他们也会为了满足相当实际的需求而进行环境改造，这同样是权力的展示。建于 17 世纪 20 年代的大阪城天守阁，其防御墙由完美拼砌的巨大花岗石筑成，这意味着当时的建造者能够精准地操作比他们身体重千倍的材料，城墙将这种能力展示出来，使德川家族的统治地位有目共睹。在尼基塔·赫鲁晓夫访问美国的时候（第 7 章也有提到），总统艾森豪威尔向他展示了通向华盛顿市郊的高速公路——其实用性和受欢迎程度相当于路易十四世三个世纪前在凡尔赛建造的几何园林和人行步道。

从何时开始，人们的建造活动不再是摆脱自然束缚的工具而变成权力的首要象征？如今散落在地球表面的那些宏大的基础设施是权力肆无忌惮的示威，还是与此相反，仅仅是必需品呢？

事实上，如果没有它们，无论是现在还是过去，城市中大量的人都不可能生存并生活下去，而且法律上也不会允许任何这些技术的应用。第12章提到过，狄诺克拉底（Dinocrates）向亚历山大大帝建议，要在一座形似大帝的雕塑内部建造一个城市，但亚历山大回绝了，因为这个城市并不可持续。

在人类活动引起气候变化和全球变暖很久之前，呼吁与自然和谐相处的声音不绝于耳。现存最古老的有关建筑的论述中就已论及。维特鲁威反复强调斯多葛派哲学家的观点（后来由塞内卡进行总结），即建造活动是人类不可分割的一部分，并将其放在历史的视域下：

"由于发明了火，人类的交往便开始了，他们聚在一起共同生活。许多人来到了一个地方，超越了所有动物，得到了大自然的馈赠：他们不再俯卧前进，而是直立行走了。这样，他们便可以仰望壮丽的宇宙和星辰。出于同样的原因，他们能利用自己的双手和其他肢体，摆弄自己想要的东西。有些人用树叶制作覆盖物，另一些人则在挖掘洞穴。许多人模仿燕子窝，用泥巴和小树枝搭建避身之所。日复一日，他们观察别人的住所，又有了新的想法，创造出更好的住房。

由于模仿是人的天性，又易于教导，所以他们每天都在相互展示自己构造物的成功之处，以创新为荣，每天都在竞赛中锻炼聪明才智。随着时间的推移，他们取得了更大的成就。他们先竖起带叉的树干，其间用树枝编结起来，整个抹上泥。另一些人待泥块干了之后用它们来砌墙，并用木头联结加固。为了防雨防热，他们用芦苇和带叶树枝盖顶。后来证明这些覆盖物经受不住冬天的暴风雨，他们便用模制黏土块做屋檐，并在斜屋顶上设置水落口。

我们可以证明，这些事情已经由于上述原因而形成了惯例，因为甚至时至今日，外国人还在使用栎树枝和麦秆等材料来建房……

他们日复一日在实践着，使自己的双手在建房时完全熟练自如了。在机智创新的过程中，他们锻炼了自己的才干，习惯成自然地获得了精湛的技艺（arts），于是，渗透着他们精神的行业得以形成，那些献身于这一行业的人便自称为木匠。这些事情在开始时便确立起来，而且大自然不仅赋人类以所有动物的感觉，也以观念和计划武装起他们的心灵，令所有造物臣服于人类的力量。所有，人类从建造房屋开始一步步地前进，进而掌握了其他的技艺和学科，并使自己摆脱了畜生般的粗野生活，走向高雅的人文境界。

然后，他们磨砺自己的精神，审视在不同技艺与工艺中形成的最重要的观念，开始完成真正的宅邸，而不再是房屋了。他们打下基础，建起砖墙或石墙，用栎木和瓦片盖上屋顶。除此之外，他们还在研究与观察的基础上不断进步，从随意的与不确定的看法，走向了稳定的均衡原理。他们注意到，大自然所提供的资源是那么丰富，为建筑准备的材料是那样充裕，便悉心呵护培育它们，凭自己的技能使其更加丰富，以美的事物使生活更加雅致。”❶[2]

建设活动帮助人类迈出了第一步，不仅带给了人类安全和保护并可遮风挡雨，也锻炼了头脑、提升了能力。

经过认真构思并严谨建造的房子，可以称之为“建筑”，归根结底，它和人类文明的精华紧密相关，也是文明的一部分，但建筑不应无限制地建造——尤其是在今天。维特鲁威在建筑领域引入经济的概念，并将它作为建筑的基本原则之一[3]，他所

❶ ［古罗马］维特鲁威著，［美］I·D·罗兰译英，［美］T·N·豪评注/插图，陈平译中，《建筑十书》，北京：北京大学出版社，2012：76-77。——译者注

洞穴民居，格梅达山谷（Gomeda Vadisi），卡帕多西亚（Cappadocia）

用的术语为“配给”（*distributio*）。当可支配的所有财力都被仔细运用时，经济性就实现了——比如建筑材料（最好是当地的，无需从遥远的地方运输）和可用的土地。实现还需要考虑不同地点的地形和地区气候。此外，当房屋满足了合理的需要，并且使用者也感觉称心时（当然也要符合主人应有的社会标准），经济性才能实现。

正如维特鲁威指出的那样，负责任的环境管理包含两方面要素：需求的节制和实践中的诀窍。

适度确实是一个非常模糊的概念。一方面，舆论一致认为一些20世纪90年代到21世纪初，西班牙的一些野心过大的建筑工程太过浪费，今天戏称他们为“白象”（white elephants，源于印度的俚语，喻昂贵而无用的东西）；但是，我们却不能因为医院不环保就关闭它们，或者因为使用奴隶比使用洗衣机和真空吸尘器更加有利于环保就引入奴隶制。而另一方面，只要能够通过打开暖气或空调来改变温度，我们就不情愿在家中和工作常场所忍耐一丝冬季的寒冷或者夏季的炎热，这样做颇有争议。话虽如此,可无论什么情况,我们的反应似乎都是类似的:我们宁愿通过能源的消耗尽量让医院变得更加高效，让中央空调尽可能环保。

我们严重依赖科技的进步（它的影响是可以量化的，也因此能够被准确地评估)来减少我们对环境的影响,部分原因在于,相比改变人们的观念来说更加容易。我们周围能看到越来越多的风力发电机和光伏电站。我们的建筑变得越来越智能，建筑材料也越来越有助于节约能源。通过寻求和融入新技术，建筑开始为生态的可持续性积极地贡献力量;同时，它也给今后的任务提供了新的、更加环保的解决办法。但是，一座能够形成自身独特建筑形式，并经过精心设计的、真正的绿色建筑，尚未出现。

人类担负起环保责任的时代即将到来，可持续发展成为主流，建筑也正在努力参与其中——然而这是一项十分矛盾的任务，因为传统意义上，建筑活动正是为了我们人类的短期利益而改造自然的过程。

不可否认，如今的很多建筑显露出可持续的趋势——当然，建筑到底能参与到何种程度还有待进一步思考。从 20 世纪末开始，现代建筑业的能力被过分夸大，似乎人造物和自然创造物之间的鸿沟可以逐渐弥合。通常有着矩形开口的多层建筑中的直线、严格的水平面和垂直面，逐渐被曲线、扭曲的面和泛滥的美学标准所取代,最终体现的是“人的作品”和“自然的作品”之间的不同[1]，而不是建筑曾经所追求的合理性与经济性。

这样的潮流开始于 20 世纪 80 年代。它以一场哲学运动的成果——解构主义，为理论基础。解构主义试图证明并打破的，

---

❶ 详见第 14 章。——译者注

是西方近几个世纪以来发展起来的、无害的形式思维的刻板与僵化。解构主义建筑突破了纯粹的几何体，打破了构图的严谨以及建筑学的原理体系。取而代之的是像草图一样杂乱无章的线条和不明确的空间层次。

横滨国际客运码头，横滨市，FOA 建筑事务所，公元 2000 年

随后人们利用参数化设计，在严密的数学逻辑下推导生成建筑形态，尽管很多看起来并不那么严谨，但它们避免了传统"创作者"那些或多或少有些武断的决定——尽管就像学院派建筑的装饰元素那样，电脑程序有时可能也要借助些个人的选择。弯曲和扭转在各个方向生成，难以理解却容易识别——当代建筑不仅讲述着我们的挣扎、我们企图在周遭单调的构筑物中鹤

立鸡群的心态，也揭示着所谓人类对大自然（尽管所剩无几）的优势纯属子虚乌有。

盖·布朗利博物馆，巴黎，让·努维尔和帕特里克·布兰克，公元 2004 年

建于 20 世纪 90 年代中期的横滨港国际客运中心码头（Osanbashi Port Terminal in Yokohama）是新时代最有创意的建筑作品之一。项目要求完全的分流——离港和抵达游轮的乘客、行李、员工和游客。设计者 FOA 建筑师事务所（Foreign Office Architecture）根据项目要求展开设计，平缓的坡道将乘客从入口引导至检票层。游客——通常是居住在附近的人——不会真正意识到他们已缓缓上升到铺装了甲板的屋顶，震撼人心的海港绝无仅有的景象呈现眼前，而在他们脚下的码头层，船只繁忙地驶入驶出。地面、墙面和屋顶是连续的，这是对巴洛克美学中墙面延伸为曲面屋顶的一种激进阐释；因此，建筑结构好像从地里长出来的，而非建立在人类头脑和双手所构建的清晰原理之上。

人们很早就将植物和土壤用作建筑的保温隔热材料了。巴比伦的空中花园就是最早的种植屋面；如果不算长满草的乡村农舍的话，绿色幕墙倒是新奇的事物。这些事物在我们的城市中越来越常见；尽管他们看上去很“自然”，但他们其实运用了先进的技术和专业的知识。盖·布朗利博物馆（Quai Branly）是位于巴黎的一座展示非洲、亚洲、大洋洲和美洲文化的博物馆，2005 年由让·努维尔（Jean Nouvel）设计完成。作品采用由帕特里克·布兰克（Patrick Blanc）设计的大型垂直绿化，充分证明了当代建筑中的绿色趋势。

垃圾处理厂，广岛市，谷口吉生，公元 2005 年

大约在盖·布朗利博物馆同期，广岛决定修建一座垃圾处理厂。它的设计委托给建筑师谷口吉生，纽约现代艺术博物馆（MoMA）新馆的设计者。他实现了一个大胆的想法：相比其他垃圾处理厂，该建筑最大的特色在于，鼓励广岛的居民在散步时前来参观内部的展示区，并且穿过工厂能到达专门为商业活动开辟的一片海滨。这让我们意识到应用最先进的技术可以不让我们生活的环境变得糟糕，同时，也让人们接受了一般情况下不太留意的事情——我们如何处理自己产生的垃圾。8000 年

前的恰塔尔休于，将垃圾扔到住房之间的空隙里[1]；中世纪的城镇是抛向窗外（这在当时非常普遍，虽然会对这样做的人进行惩罚）；19 世纪初期的泰晤士河和塞纳河容纳了主要的城市垃圾；20 世纪则排向天空。过去的人尽可对垃圾眼不见心不烦，而现在不可能再有那样奢侈的选择了。

历史上，建筑体现了人与自然环境之间复杂关系的多种方面。有时建筑生动地体现了我们改造自然的力量，而有时它试图让我们注意到改造自然的过程让我们失去的东西——两者最好的例子就是法国的几何园林和英国的自然风景园。相对我们现在的观念，后者明显在视觉上更令人愉悦，是经过巧妙处理的自然景象，尽管它仅采纳了真实自然的些许特征而已。

新的理念开始形成，如纽约史坦顿岛（Staten Island）旧垃圾堆积场的例子所展示的那样。当 2001 年这个垃圾场达到它的承载极限时，市政府决定把它变成大公园。这并不是完全原创的想法：在日本，把垃圾倾倒场改为高尔夫球场是很常见的做法。新公园名为弗莱士河公园（the Fresh Kills Park），它的设计采用了 20 世纪晚期发展起来的理念——模糊了自然和人造物之间的界限，即使那些英国自然风景园也未曾达到这样的程度。公园最终的样貌无法预期，那些经过仔细挑选的植物随着时间推移，产生了不可控制的动态平衡景观。它带给我们这样的思考：国际社会必须重新考量人类“创造”的定义，并且再次限定它的范围。用专制的态度企图完全征服自然环境是一种自大的行为，严重威胁到人类以及其他物种的未来。掌控周遭事物的形象也出于同样的立场，因为其结果都是根据我们一时的喜好改变我们的环境，而不是尊重自然的规律。

---

[1] 详见第 4 章。——译者注

弗莱士河公园，纽约市，公元 2001 年

垂直森林高层住宅，米兰，斯特法诺 · 博埃里，公元 2014 年，图片授权：20 Washington Paul，维基媒体基金会

但是，公园具有建筑无法比拟的优势——无论是经过仔细修剪的还是野生的树和灌木丛都能产生氧气；而是否存在过从始至终零排放的建筑，仍然值得怀疑。从这方面来讲，斯特法诺·博埃里（Stefano Boeri）设计的“垂直森林”（“vertical forest”）高层住宅创造出了新的外形和形式，带给居民绿色的生活条件和可衡量的环境效益，可谓建筑史上的新篇章。

横滨港国际客运中心码头、巴黎的盖·布朗利博物馆，或是广岛的垃圾处理厂，都让我们反思人造物和环境的关系：就算它们会大幅提高能源效率以符合未来的标准，但总生态消耗（包括建造消耗）一点也不小。如何评价这些建筑那些量化的和可衡量的特性，与它们的形式匹配不匹配，对自然尊重不尊重，取决于我们看待问题的角度，取决于我们更注重什么方面——更注重实际数据，还是相反更注重建筑外形的力量，那种力量让我们对自己和我们的世界进行思考，唤起我们的觉悟和想象力，并鼓励从生态角度坚持一种更加负责的态度。建筑的特性和其形态是否匹配，也反映了建筑是否诚实，这也从侧面勾画出建筑的多面性，对其评估是如此的复杂，以至于怀疑不会减弱其光彩，至少暂时不会。

注释

1 Plutarch: *Lyc*. 13.

2 Vitruvius: *De Architectura* II.1.2-8. Transl. M. H. Morgan.

3 Vitruvius: *De Architectura* I.2.8.

参考文献

Betsky, Aaron/Adigard, Erik: *Architecture Must Burn: A Manifesto for an Architecture Beyond Building*. Thames & Hudson 2000.

Blanc, Patrick: *The Vertical Garden: From Nature to the City*. Norton 2012.

Burgel, Guy: "La ville contemporaine: de la Seconde Guerre mondiale à nos jours." In: J. L. Pinol (ed.): *Histoire de l'Europe Urbaine, II*. Éditions du Seuil 2003.

Giddens, Anthony: *The Politics of Climate Change*. Polity 2009.

Sandercock, Leonie: "Practicing Utopia: Sustaining Cities." In: *DISP*, 148, 2002, 4ff.

Siebel, Walter: "Wesen und Zukunft der europäischen Stadt." In: *DISP*, 141, 2000, 28ff.

图片来源

p.7 Musée de Terra Amata/Ville de Nice
p.8 CNRS
p.10 Pavel Dvorský
p.13 IG EPKA, Greek Ministry of Culture
p.20 Klaus Schmidt–DAInst.
p.21 DAInst.
p.22 Oriental institute, University of Chicago
p.23 Pennsylvania Museum & British Museum
p.28 kairoinfo4u
p.30 Neithsabes/JMCC1
p.31 Lexie
p.33 Markh
p.34 E. Naville
p.36 Archer10
p.39 University of Pennsylvania
p.42 University of Pennsylvania
p.43 Çatalhöyük Research Project
p.45 Çatalhöyük Research Project
p.47 University of Pennsylvania
p.53 S-F-E Cameron
p.54 K. R. Lepsius
p.56 S-F-E Cameron
p.57 Encyclopedia Britannica
p.58 Kurohito
p.62 Swiss School of Archaeology in Greece
p.65 M. Korres
p.67 Sokratis Mavrommatis
p.68 Sokratis Mavrommatis
p.70 Tasos Tanoulas, YSMA
p.75 Jastrow
p.78 P. Clenet
p.79 AlMare
p.80 C. Gardner
p.81 F. Obfusco
p.86 AlfvanBeem
p.88 Dehio&Bezold/Cmglee/ *Meyers Konversation-slexikon*
p.90 G. B. Piranesi
p.92 Lübke&Semrau, Paul Neff Verlag
p.93 rachaelvoorhees
p.97 Lozère
p.98 GeoEye
p.101 Valerio Tuveri
p.102 José Esteves da Silva
p.104 Harish Kumar
p.108 PDArt
p.112 Phillip Capper
p.113 Mossot
p.115 Zyance
p.116 Villard de Honnecourt
p.119 G. Cossu, GFDL
p.120 Gema de la Fuente/D. Clayton, WorldofBeauty
p.122 T. Espallargas
p.124 Y. Picq, http://veton.picq.fr
p.126 M. Kreuschitz
p.132 emap
p.133 inkelv1122
p.134 Unknown artist
p.135 Marc Lawrence
p.137 Chinese Academy of Cultural Heritage
p.138 Chinese Academy of Cultural Heritage

p.143 D. Jarvis

p.147 National Museum of Anthropology in Mexico City/W. Sauber/Joyborg

p.149 Bobak Ha' Eri

p.151 ↑ S. Burchell

p.151 ↓ detritus

p.156 alessio capaccioli

p.157 Mani Varadarajan

p.159 Palazzo ducale, Urbino

p.161 Lübke & Semrau, Paul Neff Verlag

p.163 fbanos 71

p.167 Fujita Art Museum

p.171 Tedmoseby

p.175 ↑ hiro

p.175 ↓ Hamachidori

p.181 Motoviaggatore

p.183 N. Rigazzi

p.184 D. Mazzini

p.186 H. Rosbach

p.187 Nicolas de Poilly

p.188 Patche99z

p.192 Marc Lawrence

p.193 Snowyowls

p.196 Winona Chong

p.197 Fuzheado

p.198 B. Feldman, greatwallforum.com

p.202 Unknown photographer

p.205 en:wp

p.206 Unknown artist

p.209 Ganjnameh II

p.210 poco a poco

p.215 Matthäus Merian

p.219 S. Dervieux

p.221 Bayerische Schlösserverwaltung

p.222 Carlos Alonso

p.224 C. H.-Chr. Lohmann

p.227 Étienne-Louis Boullée

p.230 Will Suvak

p.233 J.N.L. Durand

p.234 Magnus Map of New York City and Brooklyn

p.239 Sanborn-Perris Map Co. Ltd/Fpo

p.241 Chicago Architectural Photographing Company

p.243 A. D. White Architectural Photographs, Cornell University Library

p.245 Lewis Hine/Durova

p.247 Stracer 357

p.248 Thanasis Manis

p.253 Dreizung

p.254 ↑ Doris Anthony

p.254 ↓ Dr. Volkmar Rudolf

p.256 Fritz Geller-Grimm

p.257 Panayiotis Tournikiotis

p.258 MrEnglish

p.260 ↑ Ad Meskens

p.260 ↓ Riodamascus

p.265 Jim Trodel

p.267 ↑ The Brown Brothers, *The New York Times*

p.267 ↓ OiMax

p.271 Authors' drawing

p.272 ↑ Nationaal Archief, Willem van de Poll

p.272 ↓ Mikerussell

p.277 Ji-Elle

p.279 Scott Norsworthy/ quashlo

p.280 Lauren Manning

p.281 liez watabe

p.283 ↑ Mario Burger, www.burger-internationalinc. com

p.283 ↓ 20 Washington Paul, Wikimedia

译后记

《源源本本看建筑》非常不同于其他一些建筑史论的著作。因为那些鸿篇巨制往往以时间为线索，深入发掘围绕某一观点的史实，像一道环环相扣的严谨的证明题，其研究对象也大多限于某一地理区域内，所做的比较研究也终是为追求研究体系的完善，于是，读者不自觉地就正襟危坐地拜读；而这本书，虽然大体也是以时间顺序排列，但每篇文章可以独立成篇，随便翻至某一页，轻松地，跟随作者娓娓道来的话语进入到他搭建的某一个时空场景中。

读者如果想要寻求建筑个案和细节方面具体的描述，可能会不够过瘾——也许会期待从书里看到那些古老建筑背后散落的史实或逸闻，并将它在头脑中预设成一本遗珠拾粹的著作。可是，这并不是作者关注的——当抱着猎奇的向往看完某篇文章的前面几个段落后，读者可能会感慨："这些史实，拉拉杂杂，有政治、有经济、有社会、有宗教、有风俗、有偶因、有必然……但建筑在哪里……"。

相反，如果从一种大历史的角度来看，本书确实是极为吸引人的——每章副标题虽然是一座建筑，但它更关注于广阔背景的阐述，以及人类行为和建筑发展之间的关系。同时也试图建构一种贯穿几大洲的世界建筑观——读它会有类似时空穿越的体验——刚刚还行走在通向中世纪锡耶纳广场的某条逼仄阴冷的街道上体会哥特式梦想，而旁边的一扇门转眼间便将思绪带到中国长城脚下两千多年前的浩渺烟波中。

如果看完一整篇，稍稍思忖文章最后所表达的观点，任随自己的思绪渐渐飘远，就好似躺在作者身边一起仰望夜晚的星空——眼睛随着作者的手臂望入辽阔星空的深处，在他的指点下，几颗联系似乎并不紧密的星星连起来了。当读完整本书，夜空不再是繁星点点，而是幻化成了由一个个星座组成的丰富的盛大图景。合上书，思绪却未曾间断，似乎正在不自觉地延续着每一章建筑背后的故事。

这种感受可能正是一位不但学识渊博，而且思考深邃的作者才能营造出来的阅读体验。他不以传授更多的专业知识为目的，而是将自己独立思考的轨迹草蛇灰线地呈现出来，进而引导你去建立属于自己的思想架构。借用作者在第 23 篇“没有建筑师的建筑”中所说的，“某种程度上，建筑的变化是我们思想改变的必然结果”。如果你认为这句话有道理，希望这本书能成为激起你思维波澜的一块小石头。

本书译者的分工是：杨菁负责第 1 ~ 9 章、第 14 章、第 16 章的翻译；仲丹丹负责第 10 ~ 13 章、第 15 章、第 17 ~ 24 章的翻译；冯胜村（第 1 ~ 8 章）、张艺凡（第 9 ~ 16 章）和许宁婧（第 17 ~ 24 章）参与了初稿的翻译工作；杨菁负责全书的校对和注释。

在翻译过程中遇到的一些困惑，得到了以下同仁的帮助，在此对他们表示由衷感谢：天津大学王蔚，西南交通大学张宇，罗马第一大学郭满，同济大学张洁，南阳理工学院王巍，天津大学李竞扬，莱比锡大学周笑影。

译者

2019 年 1 月于天津

著作权合同登记图字：01-2015-8316号

图书在版编目（CIP）数据

源源本本看建筑 /（希）帕夫洛斯·莱法斯著；杨菁，仲丹丹译.—北京：中国建筑工业出版社，2018.11
书名原文：Architecture：A Historical Perspective
ISBN 978-7-112-22860-7

Ⅰ.①源… Ⅱ.①帕…②杨…③仲 Ⅲ.①建筑艺术—艺术评论—世界 Ⅳ.①TU-861

中国版本图书馆CIP数据核字（2018）第242778号

Architecture: A Historical Perspective by Pavlos Lefas.

责任编辑：段 宁 李 鸽
责任校对：李美娜

源源本本看建筑
[希腊]帕夫洛斯·莱法斯 著
杨 菁 仲丹丹 译
*
中国建筑工业出版社出版、发行（北京海淀三里河路9号）
各地新华书店、建筑书店经销
北京点击世代文化传媒有限公司制版
北京中科印刷有限公司印刷
*
开本：880×1230毫米 1/32 印张：9⅛ 字数：227千字
2019年4月第一版 2019年4月第一次印刷
定价：38.00元
ISBN 978-7-112-22860-7
（32968）

第二部分 麦类病虫害防治

一、病害防治

1. 麦类全蚀病

【发生规律】 全蚀病菌的寄主范围很广，对350余种禾本科植物有致病性，其变种间致病性有明显差异。在我国，小麦变种是主要的全蚀病病原菌，可寄生小麦、大麦、玉米、高粱、水(旱)稻、粟、糜子、黑麦、燕麦等作物以及多种农田禾本科杂草。小麦、大麦高度感病，燕麦多数品种高度抗病，黑麦多数品种中度抗病。

全蚀病菌主要以菌丝体随病残体在土壤中越夏(冬麦区)或越冬(春麦区)，侵染下一季麦类作物。未腐熟的农家肥混有的带菌病残体，种子间夹杂的带菌病残体，都可以传病。全蚀病菌在小麦的整个生育期都可以侵染，但以苗期侵染为主。病原菌多由种子根、不定根、根颈等部位侵入，也可由接触土壤的胚芽鞘、外胚叶、茎基部等处侵入。

农田生态条件是决定发病程度的主要因素。小麦或大麦连作，土壤中积累的病原菌数量增多，此后数年发病逐年加重。轮作可能减轻发病，也可能加重发病，因前茬作物种类而异。前茬为燕麦、棉花、水稻、烟草、马铃薯、多种蔬菜作物的，能减轻发病。前茬为苜蓿、三叶草、大豆、花生、玉米等作物的则加重发病。但有的地方前茬为花生、豆类，反而减轻发病。麦田深翻，将带病残茬翻埋于耕层底部，减少了耕层菌源，发病减轻。

全蚀病的发生与土壤肥力和麦株营养状态有密切关系。合理施肥有补偿植物发病后养分吸收的减少，刺激植物生根，增强植物

抗病性和调节土壤微生物区系等多方面作用。

有机质和速效磷含量高的土壤，全蚀病发病减轻。土壤速效磷含量达 0.06％，全氮含量 0.07％，有机质含量 1％以上时，全蚀病发展缓慢；速效磷含量低于 0.01％时发病重。严重缺氮的土壤，施用氮肥后能减轻全蚀病。施用氮肥过量，可能加重发病或无明显影响，因其他因素的配合而异。氮肥种类不同，对发病的影响也不相同，施用铵态氮能减轻小麦发病，施用硝态氮则加重发病。土壤中严重缺磷或氮磷比例失调，通常是全蚀病加重的重要原因之一。施用磷肥，可促进小麦根系发育，减轻发病，减少白穗，保产作用显著。氮磷钾三要素的配合也很重要，适量施氮有利于发挥磷的作用，而缺氮则会降低磷的防病保产作用，磷、钾肥配合施用，减轻发病的作用明显，但缺磷时施钾肥，反而会加重全蚀病发生。

营养要素的作用还受土壤性质、栽培措施、环境条件、植株发育状况、发病程度以及各营养要素之间的相互作用诸方面的影响和制约，在不同场合需具体分析，不能一概而论。

土壤湿度高、透气性好，有利于病菌生长和侵染。砂土保水保肥能力差，全蚀病重。但粘重土壤在含水量高时，会因硝化作用加剧而导致氮的损失较多，也有利于发病。降低土壤含水量，减少氮素损失，可减轻发病。土壤偏碱性适于发病，田间施用生石灰后病情往往加重。

小麦全蚀病菌菌丝体在 3℃～33℃范围内都能生长，而以 20℃～25℃最适。侵染最适地温 12℃～18℃，但低至 6℃～8℃仍能发生侵染。土壤含水量高，表层土壤有充足的水分，有利于病原菌发育和侵染。灌溉失当，田间积水的发病重。

春、夏降雨多有利于全蚀病发生。冬季较温暖、春季多湿发病重，冬季寒冷、春季干旱发病轻。春季气温低，麦苗弱，生育期延迟，后期遇干热风，全蚀病的危害会加重。

有些发病地块在多年连作小麦以后，全蚀病反而逐年减轻，这一特殊现象称为全蚀病的“自然衰退”。山东省小麦、玉米两季作地

区曾发生全蚀病的这种自然衰退。麦田由始见白穗起，发病逐年加重，一般经4～5年，病害上升阶段结束，达到危害高峰，白穗率达70%～95%，减产30%～40%或更高，并延续2～3年。此后出现全蚀病衰退现象，病情逐年减轻。病害下降阶段需经1～3年，依土壤肥力而异。然后进入控制危害阶段，田间很少出现或不出现白穗，小麦恢复到正常产量。发生全蚀病衰退的原因，是连作田土壤中积累了大量对全蚀病菌有强烈抑制作用的微生物。培肥地力，增施有机肥、磷肥、氮肥，可促进全蚀病的衰退。

【防治方法】 全蚀病无病区应严密防止传入；初发病区要采取扑灭措施，挖除病株，深翻倒土，改种非寄主作物；普遍发病区以农业措施为基础，有重点地施用药剂，实行综合防治。

(1)严防传入　我国部分省份已将小麦全蚀病列为补充农业植物检疫对象，不从发病区调种，对调运的麦种实行检疫。

(2)早期扑灭　新发病区田间零星发病，有明显发病中心。在麦收前用撒生石灰的办法或其他标记方法划出发病中心的范围，收获时将划定区域的麦茬留高，与无病区域明显区分。麦收后，将划定区域根茬连同根系挖出并烧毁，发病中心的土壤也要挖出，移走深埋。不得用病土垫圈、沤肥。病田改种非寄主作物。

(3)栽培防治　轮作是普遍发病区防治全蚀病最有效的措施，轮作方式应因地制宜。稻麦两熟轮作、棉麦两熟轮作以及小麦与烟草、瓜、菜、马铃薯、胡麻、甜菜等非禾本科作物轮作，效果都好。有人认为，全蚀病发生衰退的麦田和即将发生衰退的麦田，要保持小麦连作。

当前还没有抗全蚀病的小麦、大麦品种，在普遍发病区可推广种植耐病、轻度感病、抗寒耐旱、抗倒伏的丰产品种。

土壤表层病残体的残存量多，发病重。小麦收获后宜深耕细耙，深耕要与增施有机肥结合，以培肥地力，增厚熟土层。

冬小麦适期晚播是防治全蚀病的措施之一。适期晚播能使种子萌发后处于较低温度下，种子根遭全蚀菌侵染的概率降低。

要合理施肥，增施有机肥和磷肥，保持氮、磷、钾营养元素的平衡，能明显控病增产。若土壤肥力高，有机质含量高，则氮肥施用量不宜超过磷肥用量；若土壤贫瘠，有机质含量低，磷肥施用量不宜超过氮肥；土壤肥力中等，应氮磷并重。磷肥用做基肥和种肥效果最好，追施速效磷肥宜在麦苗返青拔节期进行。

（4）药剂防治　种子处理，可用种子重量0.3%（0.2%～0.4%）的15%三唑酮（粉锈宁）可湿性粉剂或15%三唑醇（百坦）拌种剂干拌种子，还可用20%三唑酮乳油50毫升或15%三唑酮可湿性粉剂75～150克，对水2～3升，喷拌麦种50千克，晾干后播种。另外，也可用25%丙环唑（敌力脱）乳油120～160毫升，拌100千克种子。应用以上杀菌剂以及其他三唑类杀菌剂拌种，在土壤墒情较差时会推迟和抑制出苗，因此，为提高拌种的安全性，除了严格控制用药量外，还可保墒、造墒播种，也可加大播种量10%。

病田在小麦秋苗期（3～4叶期）和返青拔节期可各喷一次三唑酮，15%三唑酮可湿性粉剂每667米^2（1亩，下同）用65～100克，25%三唑酮可湿性粉剂用40～60克，20%三唑酮乳油用50～70毫升，皆对水50升喷雾。对重病田施药时，可取下喷雾器喷片，顺垄用细小药液流浇灌小麦根部。必要时在抽穗前再喷一次药。

2. 麦类纹枯病

【发生规律】　纹枯病菌以散落在土壤中的菌核和病残体中的菌丝体越夏或越冬，成为危害下一季麦类的初侵染菌源。带有菌核或病残体的土壤与未腐熟的农家肥都可以传病。病原菌可以直接穿透叶鞘表皮而侵入幼苗，也可以由根部的伤口侵入。在整个生育期，病害发展经历几个连续的阶段，不断由植株基部向上部发展，由少数病株向周围健株扩展。准确掌握发病动态，有助于及时采取合理的防治措施。以江苏省冬小麦为例，据多年多点调查研究，发现纹枯病周年发病经历下述5个阶段：

(1)冬前发病阶段　种子发芽后即可被病原菌侵染，接触土壤的叶鞘是主要被侵染部位，因而多在病株近地面处表现症状。冬前病株率在早播田可达到10%～30%，严重田块更达50%以上。冬前病株以后多产生白穗。

(2)越冬阶段　病株带菌越冬，内层叶鞘(第二至四层)带菌率逐层增加，最外层叶鞘的带菌率随叶鞘枯死而下降。

(3)病害横向扩展阶段　早春麦苗返青后，由2月中下旬至4月上旬，随着气温上升，越冬病原菌开始由病株向周围扩展，侵染健株，病株率增高。小麦分蘖末期至拔节期新病株大量出现。

(4)病株严重度增长阶段　4月中旬以后，随着麦株基部节间伸长和病原菌向内部蔓延，侵染茎秆，发病叶鞘的位次与病斑高度上升，病害向植株上位发展，病节数与病茎数激增，茎秆上和节腔里的病斑也迅速扩大。病害的上位发展造成发病严重度增高，小分蘖死亡。严重度增长高峰出现在麦株拔节后期至孕穗期。

(5)枯白穗显症期　5月上中旬以后，病斑高度、病叶鞘位次和发病茎数趋于稳定。此时病株因茎节输导组织受到损害，若遇雨后骤晴天气，可能迅速失水枯死，短期内田间出现大量枯孕穗与枯白穗。另外，病株茎秆受损，也易于倒伏。

发病高峰期以后，病株上产生小菌核，菌核可落入土壤中越夏。

纹枯病的流行受到一系列农田生态因素的影响。大面积栽培高度感病的品种是纹枯病大发生的基本条件。20世纪70年代以后，纹枯病趋于严重，就是因为各地主栽品种高度感病的缘故。

小麦的各个生育期都可被病原菌侵染，但在早期最易感病，随着株龄增长，感病性降低。抽穗期特别是乳熟期以后，病菌侵染减少，病斑缩小，发病局限于麦株表层。

耕作和栽培措施对纹枯病的发生有重要影响。连作年限长，土壤中菌核多，则发病重。有人对麦稻两熟田详细调查后，发现间隔1年换茬的田块，平均每公顷有61.5万～94.5万粒菌核；间隔2

年换茬的，平均每公顷有菌核123万～127.5万粒；而间隔4年换茬的，平均每公顷菌核数高达273万～540万粒。

免耕法和少耕法是麦田新耕作技术，近年推广面积有所扩大。免耕田和少耕田杂草多，纹枯病严重。但若实施化学除草，控制杂草发生，合理密植和施肥，则免耕田和少耕田纹枯病的发生与常规耕作麦田无明显差异。

播种期与播种量是影响纹枯病发生的重要因素。早播田冬前侵染多，病情严重。播量过大，植株密度高，麦田郁闭，通风透光差，湿度高，发病重。撒播比条播发病重。

重施氮肥，而未与磷肥、钾肥与有机肥配合使用时，植株旺而不壮，组织柔嫩，抗病能力低。麦株生长过旺，还使麦田郁闭，湿度增高，与多草田和密植田一样，发病都很重。地下水位高，低洼多湿的田块，以及偏酸性砂壤土都适于发病。

气象因素对纹枯病发生也有重要作用。病原菌菌丝生长温度，最低为2.5℃，最适为22℃，最高为30℃～33℃。菌核形成温度最低为7℃～10℃，最适为22℃，最高为30℃～33℃。冬小麦苗期气温和降水量高于常年，侵染增多。越冬期温度较高，降水较多，有利于病原菌越冬存活。冬季麦苗受冻，可造成大量茎腐死苗。春季气温回升快，降水偏多，有利于病害扩展，病情和损失加重。3～5月份的降水量和降水日数往往是决定流行程度的主导因素。

【防治方法】 防治纹枯病应以栽培措施为基础，以药剂防治为重点，选用抗、耐病品种，实行综合防治。

(1)*加强栽培管理* 病区避免麦类连作，实行合理轮作，减少田间菌源。适当迟播，减少冬前侵染。适当降低播种量，避免麦株密度过大，及时防除麦田杂草，改善田间通风透光条件，降低湿度。要施足基肥，平衡施肥，避免偏施氮肥。不采取大水漫灌，防止田间积水。

(2)*使用轻病、耐病品种* 使用抗病品种是防治纹枯病最理想的办法，但选育抗病品种的难度较大。当前，在缺乏抗病品种的情

况下，应尽量选用发病较轻的高产良种或耐病品种。

(3)搞好药剂防治　小麦纹枯病的药剂防治以种子处理为重点，对早春重病田继续喷药防治。

种子处理可用种子重量 0.03%的三唑酮(有效成分)或三唑醇(有效成分)干拌种，或用种子重量 0.01%的烯唑醇(有效成分)拌种。纹霉净是包含三唑酮、多菌灵、利克菌和井冈霉素等药剂的复配剂。用 33%纹霉净可湿性粉剂拌种时，用药量为麦种重量的 0.2%。

三唑类杀菌剂拌种后延迟出苗 1～1.5 天。在土壤含水量较低的田块，或拌药不匀，用药量偏高，拌种质量较差时，还可能降低出苗率，影响幼苗生长，植株较矮，茎根比值减小。可采用以下 3 种办法克服三唑类杀菌剂的不良作用。

第一，三唑类杀菌剂添加适量赤霉素拌种。赤霉素可以促进或恢复麦苗地上部生长，抵消三唑类对苗长的抑制作用。在低湿条件下，赤霉素的作用更明显。用三唑酮拌种时，每千克种子可添加1～5 毫克 85%赤霉素晶粉。

第二，减量三唑酮与其他药剂混用。将三唑酮的拌种药量(有效成分)由种子重量的 0.03%减低为 0.02%，并与井冈霉素、多菌灵或利克菌混用。减量三唑酮与多菌灵混用效果最好。

第三，采用纹霉净、麦病宁等复配杀菌剂拌种。

在药剂拌种的基础上，春季进行地上部喷药，可进一步压低病情，有效减少枯白穗率，提高保产效果。

春季喷药的有效药剂有井冈霉素、三唑酮等。井冈霉素价格较低，防效显著。5%井冈霉素水剂每公顷麦田用药 1 500～2 250 毫升，常规喷雾时一般对水 1 500～2 250 升，低量喷雾时对水 225～375 升。25%三唑酮可湿性粉剂每公顷用药 300～375 克。此外，也可喷施 12.5%烯唑醇可湿性粉剂或 50%利克菌可湿性粉剂。

喷药适期应根据当地发病动态、药剂种类、防治效果、保产效果等通过试验确定。江苏省常规春季喷药适期在 3 月上旬，病株率

达10%～20%时，重病田应在第一次喷药后10天左右喷第二次。春季多雨，常因雨延误了喷药适期。用三唑类药剂处理种子后，压低了冬前和春季病茎数，从而拓宽了春季喷药的适期。已经采用药剂拌种的麦田，可在3月初至4月初接力喷药，以3月中旬喷药效果为最好。

3. 麦类镰刀菌根腐和基腐病

【发生规律】 病原菌在土壤和病残体中越季，成为主要初侵染菌源。种子也可带菌传病。黄色镰孢还产生厚垣孢子，可在土壤和病残体中长期存活。病原菌可在植株各生育阶段侵染，苗期是主要侵染时期。病原菌多由根颈部伤口和根、茎的幼嫩部分侵入。在我国浙江省，病原菌多在12月份侵入冬小麦幼苗基部幼嫩组织，菌丝体潜伏越冬，不扩展，不表现症状。春季3～4月份，随着气温上升，病原菌迅速扩展，引起植株根系和茎基部腐烂。

旱地或受到干旱胁迫的小麦发病严重。长期连作，土壤带菌量高，病残体多的田块发病较重，病残体少或已翻埋腐烂的田块较轻，砂性土壤发病较重。

冬小麦发生重于春小麦。秋季地温较高，而土壤湿度低时更适于冬小麦发病。病株水分输导系统受到破坏，即使后期降雨，病株也不能恢复。没有经受水分胁迫的植株虽然也可能发病，但病害不至于扩张到茎部。

【防治方法】

(1)栽培措施　避免麦类作物连作，与非寄主作物轮作2年以上。麦类与油菜等十字花科作物轮作，病情明显降低。冬麦宜适期晚播，适当降低播种量。发病田应彻底清除病残体，合理施肥，促进根系发育，但不要过量施用氮肥。

(2)药剂防治　种子进行药剂处理，可用多菌灵或苯来特拌种，敌萎丹(哑醚唑)也有效。

4. 麦类胞囊线虫病

【发生规律】 燕麦胞囊线虫为定居型内寄生线虫。在病田土壤中越季的胞囊是主要的初侵染虫源。在适宜条件下，胞囊中的卵孵化为1龄幼虫，蜕皮后成为2龄幼虫，脱出而进入土壤。2龄幼虫由根尖侵入，尔后移动到中柱，将口针插入维管束，吸取营养物质。虫体定居在薄壁组织中，经两次蜕皮，发育成为成虫。雌成虫柠檬形，雄成虫线形。交配后，雌成虫孕卵，体躯急剧膨大，可将根部皮层胀裂而显露出来。以后颜色变深成为胞囊，内部含有大量卵粒。卵在胞囊中可存活数年。胞囊可借流水、气流传播，也可随土壤通过被污染的生产工具传播。

在北方冬麦区和长江中下游麦区危害冬小麦，每年只发生1代。在湖北等地，小麦播种后雨日多，11～12月份日平均气温9℃以上，有利于线虫卵的孵化。播种后25～35天，2龄幼虫侵入麦根。翌年2～3月份若气温回升快，雨水充足，线虫继续孵化和侵入。病原线虫完成一代需5个多月。侵入100～120天后，线虫在根内发育成3龄幼虫，120～130天后出现4龄幼虫，130～150天后根外可见白色雌成虫，150～190天后出现褐色胞囊。

在河北、河南一带，完成一代需3～4个月。在冬小麦秋苗期仅有少量2龄线虫侵入，翌春2月下旬至3月上旬方大量侵入。4月上旬线虫在根内发育成为3龄幼虫，4月下旬成为4龄幼虫，5月上中旬小麦根表可见白色雌成虫，5月底至6月初胞囊发育成熟。

较低的温度可刺激幼虫孵化，而25℃以上的高温则抑制幼虫孵化。孵化适温在华北为5℃～10℃，在长江中下游为10℃～15℃。

禾谷类作物连作田发病重，轻质砂性土壤比粘重的土壤发病重。病原线虫的胞囊多分布在5～30厘米的耕层中，砂土和砂壤土疏松，透气性好，线虫密度高。

【防治方法】 防治胞囊线虫应采取以使用抗虫品种为主的综

合措施。

(1)农业措施　鉴选和使用抗虫品种;防止线虫远距离传入无病地区;病田隔年种植麦类或其他禾本科作物,可与豆科作物、绿肥作物等轮作;增施水肥,使根系生长健壮,增强植株耐受力。

(2)药剂防治　应用杀线虫剂棉隆熏蒸土壤效果好,但成本高。用颗粒剂沟施或种衣剂拌种、闷种,有控制早期侵染的效果。例如:可用15%涕灭威颗粒剂,每667 米^2 施用37.5～100 克(有效成分);或10%克线磷颗粒剂,每667 米^2 施用100～300 克(有效成分);或3%万强颗粒剂,每667 米^2 施用100～200 克(有效成分)。

另外,还可用24%万强水剂600 倍液,在小麦返青期进行叶面喷雾。

5. 麦类离蠕孢综合症

【发生规律】 病原菌随种子和土壤中遗留的病残体越冬或越夏。越季菌态包括潜伏在种子内部和病残体中的菌丝体,以及附着在种子和病残体表面的分生孢子。该菌越季分生孢子厚壁,抗逆性强,可在土壤中长期存活。土壤带菌和种子带菌虽然都是苗期发病的主要初侵染来源,但在各地的相对重要性不同。在黑龙江春麦区,土壤中带病残体多,侵染幼苗的概率高,时间长,危害性大于带菌种子。在陕西关中灌区,种子带菌率高,是秋苗发病的重要菌源,而秋播时土壤带菌量较低。越冬后病残体新产生的分生孢子、越冬分生孢子和幼苗病部产生的分生孢子,是叶部发病的侵染菌源。病株地上部产生的分生孢子经风雨传播,引起多次再侵染。此外,麦田禾本科杂草的病残体和病株也提供侵染菌源。

离蠕孢综合症的流行程度取决于品种抗性、气象条件和栽培管理等多种因素。大面积栽培感病品种是流行的前提,而气象条件往往是流行的主导因素。该病有苗腐和成株叶枯两个重要发病时期。地温高于15℃,有利于苗腐发生,土壤过干或过湿,都不利于

幼苗生长，发病均重。土壤干旱地区，根腐往往加重。叶部侵染适温为 20℃～25℃，需保持相对湿度 100%或有水滴，至少 4 小时。在黑龙江春麦区，小麦扬花期旬平均温度 18℃以上，平均相对湿度 80%以上，病情增长快；旬平均温度低于 18℃，相对湿度 70%左右，病情增长慢。7 月份若降雨多，温度高，则大发生。

多种栽培因素也影响发病。连作麦田、病残体遗留较多的麦田和杂草丛生的麦田，菌源多，发病重。在西北、东北春麦区，生长季节短，麦收后地温下降快，病残体不易腐烂分解，苗期根腐发生较多。在冬麦地区，夏收后高温多雨，病残体易于腐烂分解，危害性相对较低。冬麦播种过早，春麦播种过迟，下种深，密度高，都有利于苗期发病。

麦株遭受冻害或干旱、涝害后，麦株生活力降低，发病重。水肥管理失当，麦株缺肥，生长衰弱，发病也重。地下害虫多的田块，根部伤口多，有利于病原菌侵入，根腐重。

品种之间发病程度有明显区别，但缺乏高度抗病的生产品种，有耐病、轻病品种。适应性强、抗逆性好的品种生长健壮，发病后损失相对较小。

【防治方法】 由于缺乏高抗生产品种，防治离蠕孢综合症可采用农业防治与药剂防治相结合的综合措施。

(1)农业防治　病田与豆类、马铃薯、油菜、亚麻、蔬菜或其他非禾本科作物实行 3～4 年轮作；采用多种减少田间菌源的措施，麦收后及时翻耕灭茬，促进病残体腐烂，秸秆还田后要翻耕，埋入地下，促进腐烂，并及时清除田间禾本科杂草；选用耐病、轻病、适应性和抗逆性好的品种，使用饱满健康的种子；适期播种，浅播，控制密度，施足底肥，促进出苗，培育壮苗，搞好防冻、防旱，防治地下害虫，加强田间管理，科学灌水，降湿防渍，病田适当补充速效肥，以增强抗病性，促进生长和减少损失。

(2) 药剂防治　药剂拌种可用 25%三唑醇干拌种剂、50%扑海因可湿性粉剂、50%福美双可湿性粉剂、50%代森锰锌可湿性粉

剂、50%退菌特可湿性粉剂或卫福 75%合剂等，用药量一般为种子重的 0.2%～0.3%。

另外，可用 3%敌萎丹种衣剂进行种子包衣，每 100 千克种子用药 200 毫升(含有效成分 6 克)。处理时用塑料袋或桶盛好要处理的种子，将敌萎丹用水稀释(一般 100 千克种子用水 1～1.6 升)，充分混匀后倒入种子上，快速搅拌或摇晃，直至药液均匀分布到每粒种子上(根据颜色判断)。

成株期喷雾防治可用 25%敌力脱乳油，25%三唑酮可湿性粉剂，50%代森锰锌可湿性粉剂或 50%福美双可湿性粉剂等，可兼治其他叶枯病。每 667 米² 用 25%敌力脱乳油 33～40 毫升，其余药剂用 100 克。在抽穗期前后喷药防病保产作用最好。黄淮冬麦区一般在孕穗至抽穗期喷一次药即可，东北春麦区北部在扬花期喷第一次药，必要时还可在乳熟期喷第二次药。

6. 麦类白粉病

【发生规律】 白粉病菌是专性寄生菌，只能在活植株上生存繁殖，脱离活植株后很快死亡。白粉病菌在植物体表蔓延繁殖，生成一种特殊的器官即吸器，进入叶肉细胞，吸取营养和水分。根据侵染的品种不同，白粉病菌可划分为多个不同的小种。

白粉病菌的分生孢子随气流远距离传播，通常在不同的地方越夏或越冬，通过菌源交流而完成病害循环。以小麦白粉病菌为例，其周年发生过程包括以下几个阶段：

(1)越夏　白粉病菌分生孢子寿命不过数天，闭囊壳在高温高湿条件下也很快腐烂消亡。平原麦区冬小麦成熟和收获后，白粉病菌相继死亡，不能越夏。小麦白粉病菌主要在夏季最热的一旬旬平均温度低于 24℃的地方，侵染自生麦苗或夏播小麦而越夏。在旬平均温度 24℃～26℃的地区，则在荫蔽处或以菌丝潜伏在叶片内越夏。主要越夏菌源基地，均在平原麦区周围海拔较高的丘陵和山区。在新疆、内蒙古等地夏季干燥凉爽的地方，病菌的闭囊壳也可

能越夏。

(2)秋苗发病和越冬　小麦白粉病菌越夏后，侵染当地或周围地区冬小麦秋苗，引起秋苗发病。冬小麦播种越早，距越夏地区越近，秋苗发病就越重。距越夏区远的平原麦区，秋苗发病较晚、较轻。有的地方在一般年份秋苗不发病。冬季气温降低，病菌停止侵染，以菌丝在小麦茎基部叶鞘上越冬。冬季温度较高，雨雪较多，有利于病菌越冬。在北方冬麦区，平原地带越冬条件较好，病菌越冬成活率高，山区则较低；但山区秋苗发病率高，越冬菌量远多于平原。在冬季温暖的地方，白粉病菌则继续侵染和繁殖。

(3)春季流行　翌年春季随温度回升，病菌恢复活力，产生孢子，侵染周围叶片，继而向上部叶片发展，引起白粉病的春季流行。在秋苗发病较重的地区，由当地越冬菌源引起春季流行，发病早而重；在秋苗发病较少的地方，菌源为邻近较早发病地区传来的分生孢子，发病晚而轻，常年不会大流行。

大面积种植感病品种是造成白粉病流行的前提条件，在品种、栽培条件比较稳定的条件下，发病轻重取决于气象条件。在黄淮海和江淮小麦主产区，若秋冬季和早春气温偏高，雨水偏多，有利于秋苗发病、病菌越冬和早春病情发展，病害流行加重。反之，若秋冬季和早春气温偏低，干旱少雨，病害发生较轻。另外，小麦生长中后期高温干旱，则抑制后期病害发展，缩短流行时间，减轻发病程度。

冬前气温主要影响病原菌繁殖和菌源基数的积累。冬前气温偏高，不仅有利于病原菌繁殖，而且有利于冬小麦冬前生长，推迟越冬，加长了病菌冬前发展时间，增加了菌源基数。暖冬可使小麦带绿越冬，对病原菌越冬也有利。春季气温回升快，发病早，反之则迟。温度高，病害潜育期缩短，病情增长快。但春季高温可抑制病原菌繁育，减轻发病。

降水是决定发病程度的最重要因素。北方麦区常年少雨，长江流域及以南麦区，有些年份阴雨绵绵，降水过多，这些都不利于白粉病发生。若黄淮流域及北方麦区冬季雨雪充沛，有利于白粉病菌

越冬，春秋季雨水偏多，特别是大气相对湿度高，有利于分生孢子萌发和侵染；但在长江流域常年雨水较多的地区，若在春季发病关键时期连续降雨，将使分生孢子吸水过多而破裂，也使孢子粘结不易分散传播，不利于流行。

【防治方法】 各地的农业生态条件不同，白粉病发生情况相差很大，具体了解当地白粉病的流行特点，才能制订合理的防治策略，采取有效防治措施。

(1)种植抗病品种　我国长期大面积推广的小麦品种90%左右的抗源具有*Pm8*基因，但*Pm8*基因目前在绝大部分地区已基本或完全丧失抗病性，需换用含有其他抗病基因的品种。白粉病菌具有许多生理小种，各地小种组成与优势小种类群不同，对选用的抗病品种，一定要预先确认能抵抗当地的白粉菌小种。

(2)栽培防治　越夏区早播田秋苗发病重，播量大、密度高、氮肥用量大及灌溉条件好的麦田发病也重。秋苗发病地区要推广精量、半精量播种技术，减少无效分蘖，降低群体密度，合理施用化肥，搞好氮磷钾配方施肥和科学灌溉。

(3)药剂防治　在河北、山东、河南、甘肃、陕西、山西等省北方小麦白粉病菌越夏、越冬区和常年易发区，秋播时利用三唑酮拌种，持效期达80～90天以上，可以降低秋苗发病率，推迟发病时间，减少引起春季流行的菌源数量。

西南和长江中下游麦区在3月下旬或4月上旬前后，黄河流域在4月中旬前后，当病情达到防治指标时，结合小麦长势、天气状况等采取药防措施，喷施三唑酮一次，每667米^{2}用药量8～10克(有效成分)，可兼治锈病、纹枯病等病害。

多年使用三唑酮防治白粉病的地方，白粉病菌已经对三唑酮产生了较高的抗药性。为了防止或延缓抗药性的产生，应轮换使用其他类型药剂。烯唑醇、粉唑醇、腈菌唑等用药量少，防效高，持效期长，可作为三唑酮的替代品种或轮换品种。长江流域常年白粉病发生较重，又是赤霉病重发生区，可替换使用粉唑醇、腈菌唑和烯

唑醇等新农药品种，或选用抗菌灵、锈霉灵和纹霉净等混配制剂，兼治赤霉病。

7. 麦类霜霉病

【发生规律】 病原菌主要以卵孢子随病残体在土壤中越季。病株各部位都可以产生大量卵孢子，卵孢子在病残体中可存活多年。病残体解体后，卵孢子进入土壤。卵孢子在水中或水分饱和的土壤中萌发，产生孢子囊。孢子囊释放出游动孢子，游动孢子萌发后侵入幼苗。病原菌侵入后在植株体内系统发展，相继进入叶片、叶鞘和穗部，表现各种症状。此外，种子也能带菌传病。带有卵孢子的流水、土壤等与植株接触，也能传病。

病原菌的卵孢子在10℃～26℃范围内都可萌发，孢子囊形成的温度范围为6℃～31℃，适温为10℃～25℃。适当的温度和淹水条件有利于霜霉病发生，在10℃～25℃之间都可发病，发病适温为15℃～20℃。霜霉病多发生在田间的低湿处以及灌溉渠、水道附近。苗期大水漫灌，灌后积水，发病加重。病田连作或稻麦轮作以及杂草多，都有利于菌源积累。

【防治方法】 防治霜霉病应以加强栽培管理为主。首先应平整土地，精耕细作，完善排灌系统；其次要提高播种质量，避免土壤过湿，增强土壤通气性，促进出苗。提倡合理排灌，实行沟灌，避免大水漫灌或灌后田间积水。要清除田间杂草，及时拔除病株。重病田应与非寄主作物轮作。

8. 麦类赤霉病

【发生规律】 在长江中下游和长江以南稻麦复种地区，病原菌主要在稻桩内以菌丝越冬，翌年春季在稻桩上形成子囊壳，释放子囊孢子侵染小麦和大麦。稻桩带菌率的高低、子囊孢子数量及其成熟和释放的时期都与赤霉病穗腐发生程度有关。早春气温回升早，雨水多，稻桩长期处于水湿状态，子囊壳形成早而多，初侵染菌

量大。若早春雨水少，稻桩经常处于干燥状态，子囊壳少，孢子成熟慢，即使稻桩带菌率较高，菌源量也较低，发病轻。

在黄河中下游冬小麦－夏玉米复种地区，田间残留的带菌玉米秸秆是主要初侵染菌源。春季气温适宜、降水较多、湿度较高时，玉米残秆上大量产生子囊壳，通常在小麦扬花前达到子囊壳形成高峰，5月上中旬子囊孢子大量释放，此时正值小麦扬花盛期，发病加重。早春干旱，子囊壳形成和孢子释放高峰期推迟，错过了小麦易感期，发病就轻。

在旱作地区，赤霉病菌能以厚垣孢子或菌丝片断在土壤中长时间存活，侵染后茬玉米或麦类作物根部，分别引起玉米茎腐病（青枯病）和麦类茎基腐病。玉米茎腐病的大发生，又为下一茬麦类穗腐提供了大量初侵染菌源。

在东北春麦区，赤霉病菌主要在土表的小麦残体和杂草残体上越冬，越冬菌源量多少与小麦收割期的雨湿条件相关，若多雨高湿，植物残体带菌率就高。

麦类作物病穗种子内部潜伏赤霉病菌，播种后引起苗枯，但与后期穗腐无直接关系。

小麦、大麦混栽地区，大麦发病较早，病穗产生的分生孢子也可能成为小麦穗腐的初侵染菌源。

赤霉病发生程度与品种抗病性、菌源数量、气象条件与栽培措施等因素有关。大面积栽培感病品种是赤霉病流行的前提，麦株抽穗扬花期是易感时期。易感时期的气象条件通常是影响流行程度的关键因素。降水日数多，降水量大，大气相对湿度高，发病重。在长江中下游，小麦赤霉病流行程度与4月下旬至5月上中旬的降水日数和相对湿度成正相关，特别是5月上中旬（小麦开花至灌浆初期）的降水日数是流行的决定因素。在黄河中下游，5月份降水情况是决定冬小麦赤霉病发生程度的关键因素。在东北春麦区北部，发病程度与7月份的大气相对湿度、降水日数和降水量成正相关。

麦田地势低洼、排水不良、土质粘重、经常渍水则发病较重，而地势高燥、土质疏松、排水通畅则发病较轻。凡是能降低田间湿度和提高麦株抗病性的栽培措施，都可以减轻发病。

【防治方法】

(1)种植耐病、抗病品种　我国有一批优良抗源材料，例如苏麦 3 号、望水白、宁 7840 等，已经广泛用于抗病育种。但当前可用的综合性状好的抗病品种甚少，在常发流行地区应优先选用。若无抗病品种可用，应尽量选用耐病、轻病品种。

(2)栽培防病　改进灌溉技术，排灌结合，防止田间积水，消除渍害，降低地下水位和田间湿度。按需施肥，防止氮肥追施过晚。南方稻田应深耕灭茬，北方小麦—玉米复种地区应种植抗茎腐病的玉米杂交种，玉米收获后清除或翻埋残秆，减少田间菌源。

(3)药剂防治　在病情预测预报的指导下，及时喷药防治。适用药剂和用药量为：每 667 $米^2$ 用 80%多菌灵微粉剂 50 克，或 70%甲基硫菌灵(甲基托布津)可湿性粉剂 50～70 克，或 33%纹霉净可湿性粉剂 100～130 克。喷药适期为齐穗期至花后 5 天。北方麦区适期一次喷药即可。南方麦区也以盛花期前后所喷第一次药最重要，在流行年份，对高感病品种或生育期不整齐的田块，可喷 2～3 次药。每 667 $米^2$ 常量喷雾用水量为 50 升，低量喷雾用水量为 10 升或略多。

9. 麦类麦角病

【发生规律】　收获时落于土壤中的菌核和脱粒时混杂在种子间的菌核，都是重要初侵染菌源。菌核在土壤中可存活 1 年。在干燥条件下，混杂在种子间的菌核寿命可长达 15 年。

菌核在土壤中经一段时间的休眠后，在春季或初夏萌发，产生许多肉眼可见的红褐色子座。随春播麦种进入土壤的菌核，当年春季不萌发，至翌年春季才萌发。

病原菌的每个菌核可萌发产生 1～60 个子座。子座有柄，长

5～25毫米，顶部扁球形，直径1～2毫米，内生多数子囊壳，成熟后释放出大量子囊孢子。病原菌子囊孢子发生期大致与麦株开花期相吻合。

子囊孢子随气流或雨水飞溅而传播，着落在寄主植物花器上，萌发后产生侵染菌丝，从胚珠基部侵入，然后在子房壁细胞间隙和胚珠细胞内扩展。几天后在子房表面长出菌丝体、子实层和含有大量分生孢子的蜜露状粘液。

分生孢子由昆虫、雨滴飞溅或植株间接触而传播，引起再侵染。有40余种昆虫取食蜜露，虫体可为分生孢子所污染，这些昆虫再接触健康小花时，就传播了分生孢子。寄主花器在授粉前一段较短的时间内感病。花期较长的植物，可在长达2周的时间内不断发生新的侵染。

天气较冷凉，高湿，花期延长，麦角病发生较重。开颖授粉的品种和雄性不育系发病率较高。

【防治方法】 麦角病易于防治。可采取以下措施：①清选种子，汰除菌核。②病田与玉米、豆类、高粱等非寄主作物轮作一年，或休闲一年。③病田深耕，将菌核翻埋于下层土壤，距地表至少4厘米以上。④早期清除田间、地边的禾本科杂草，减少潜在菌源。

10. 麦类黄矮病

【发生规律】 大麦黄矮病毒粒体为等轴对称的正20面体，寄主范围很广，多达150多种单子叶植物，除了麦类作物外，还侵染粟(谷子)、糜子、玉米、高粱、水稻以及多种禾本科杂草。该病毒由蚜虫以巡回型持久性方式传播，不能通过汁液摩擦接种。传毒蚜虫主要有禾谷缢管蚜、麦二叉蚜、麦长管蚜、麦无网蚜和玉米蚜等。其中以麦二叉蚜最为重要。传毒持久力可维持12～21天，不能终生传毒，也不能通过卵或胎生若蚜传至后代。

在我国，大麦黄矮病毒主要有4个株系，其主要的蚜传介体不同。GAV株系主要传毒蚜虫为麦二叉蚜和麦长管蚜，GPV株系为

麦二叉蚜和禾缢管蚜，PAV 株系为禾缢管蚜、麦长管蚜和麦二叉蚜，RMV 株系为玉米蚜。20 世纪 80 年代以来，大麦黄矮病毒 GAV 株系的比例不断上升，分布范围不断扩大，几乎遍布我国南北各主要麦区。GPV 株系主要发生在陕西关中、甘肃陇东等麦区，有减少趋势。PAV 株系多发生在高水肥条件冬麦区，特别是南方麦区，发生量相对稳定。

各地黄矮病流行规律有所差异。在冬麦区，传毒蚜虫在当地自生麦苗、夏玉米或禾本科杂草上越夏，秋季又迁回麦田，危害秋苗并传毒，直至越冬。麦蚜以若虫、成虫或卵在麦苗和杂草基部或根际越冬。翌年春季又继续危害和传毒。秋、春两季是黄矮病传播侵染的主要时期，春季更是主要流行时期。

冬、春麦混种区是我国麦类黄矮病的常发流行区。冬麦是毒源寄主和蚜虫越冬处所。蚜虫春季由冬麦田向春麦与青稞田迁飞并传毒，同时继续在冬麦田危害。夏季在春麦、糜子、高粱等作物上越夏，秋季又迁回冬麦田为害并传毒。冬季以卵在冬麦根际越冬。

在春麦区，蚜虫很难就地越冬。每年带毒蚜虫随气流由冬麦区远距离迁飞到春麦区，为害并传毒，因而冬麦区黄矮病的大发生，往往引起春麦区黄矮病的流行。

影响黄矮病流行的因素很多，涉及气象条件、介体蚜虫数量与带毒率、品种抗病性、耕作制度与栽培等方法等，气象条件往往是主导因素。气温和降水量主要影响蚜虫数量消长。冬麦区 7 月份气温偏低有利于蚜虫越夏，秋季小麦出土前后降水少，气温偏高，有利于病毒侵染秋苗和发病。冬季气温偏高则适于蚜虫越冬，提高越冬率。秋苗发病率和蚜虫越冬数量与春季黄矮病流行传毒直接有关。春季 3～4 月份降水少，气温回升快且偏高，黄矮病可能大发生。3 月下旬麦田中麦二叉蚜虫口密度和病情可作为当年黄矮病是否大流行的参考指标。

春麦区黄矮病的流行程度取决于冬麦区病情和当地气象条件。冬麦区发病重，迁入带毒蚜虫多，春季气温回升快，温度高，干

旱少雨时，发病重。

耕作制度与栽培技术也影响黄矮病的发生。有的春麦区部分改种冬麦后，成为冬、春麦混作区，冬麦成为春麦的虫源和毒源，常发生黄矮病。玉米、高粱等作物与小麦间作套种，危害秋苗的虫源、毒源增多，秋苗发病率增高。冬麦适期晚播可减轻秋苗发病，春季加强麦田肥水管理，可减轻病毒造成的损失。改善灌溉条件，增加高产水浇地，抑制了性喜干燥的麦二叉蚜，而麦二叉蚜的减少，又使所传播的病毒主流株系发生减轻。

【防治方法】 防治黄矮病以农业防治为基础，药剂防治为辅助，开发抗病品种为重点，实行综合防治。

(1)农业防治　优化耕作制度和作物布局，减少虫源，切断介体蚜虫的传播。在进行春麦改冬麦以及进行间作套种时，要考虑对黄矮病发生的影响，慎重规划。要合理调整小麦播种期，冬麦适当迟播，春麦适当早播。清除田间杂草，减少毒源寄主，扩大水浇地的面积，创造不利于蚜虫滋生的农田环境。加强肥水管理，增强麦类的抗病性。

(2)选育和使用抗病、耐病品种　在大麦、黑麦以及近缘野生物种中存在较丰富的抗病基因，我国已将中间偃麦草的抗黄矮病基因导入了小麦中，育成了一批抗源，并进而育成了抗黄矮病的小麦品种，例如临抗 1 号、张春 19 和张春 20 等。另有一些小麦品种具有明显的耐病性或慢病性，发病较晚、较轻，产量损失较小，如延安 19、复壮 30、蚂蚱麦、大荔三月黄等。在生产上，要尽量选用抗病、耐病、轻病品种。

(3)药剂防治　详见麦蚜防治部分。

11. 小麦普通根腐病

由根腐离蠕孢［*Bipolaris sorokiniana* (*Sacc. ex Sorok*) *Shoem.*］侵染引起，详见本书麦类离蠕孢综合症防治部分。

12. 小麦锈病

【发生规律】 小麦锈菌不能脱离活的寄主植物而存活。在自然条件下，它们只产生夏孢子和冬孢子。但冬孢子对其传种接代已经不起作用。三种锈菌都只能以夏孢子通过不断侵染小麦的方式完成周年循环。小麦条锈病菌和秆锈病菌还可以侵染大麦、黑麦和一些种类的禾本科草。

条锈病菌较喜冷凉，秆锈病菌适温较高，叶锈病菌对温度要求则较宽。例如，夏孢子萌发和侵入的适温，条锈病菌为7℃～10℃，叶锈病菌为15℃～25℃，秆锈病菌为18℃～22℃，但都需要叶片上有水膜。

三种锈菌群体内部都有多个毒性(致病性)不同的类群。这些类群的形态和生物学特性彼此相同，但毒性不同，能够侵染致病的小麦品种不同，这些毒性不同的类群称为“小种”。每种锈菌都有数十个不同的小种，在锈菌群体内占大多数的小种，称为“优势小种”。小种种类及其所占比率经常变动。如果出现了新的优势小种，便能感染对原来优势小种抗病的品种，使一批原来抗病的品种“丧失”抗病性，成为感病品种，这往往造成锈病大发生。

小麦锈病是气传病害，锈菌的夏孢子可以随风传播，最远可传播到几百公里乃至上千公里以远。小麦锈菌只能在活的小麦植株上生活，脱离小麦植株后或者在小麦残体上存活时间都不长。在一个地方，小麦收获前夏孢子就已经随气流传播到远方，另觅小麦侵染和危害。小麦收获后，锈菌也随之死亡。当地下一季小麦出苗后，又接受远方随风传来的锈菌夏孢子，发生锈病。因此，小麦锈病的周年循环实际上是在相距较远的不同地区完成的，典型的周年循环可分为越夏、侵染秋苗、越冬和春季流行4个阶段。

(1)小麦条锈病的周年循环

①越夏阶段 小麦条锈病菌不耐高温，在凉爽地区的小麦上越夏。凡夏季最热一旬的旬平均气温在20℃以下，又有小麦生长

的地区，就会发生条锈病，条锈菌得以越夏。小麦条锈菌的主要越夏基地在我国西部，包括甘肃省的陇南、陇东地区，青海省东部，四川省西北部以及云南省的高山、高原地区。越夏寄主为晚熟春小麦、冬小麦或春小麦的自生麦苗。

②侵染秋苗阶段　越夏后，条锈病菌夏孢子随风传播到冬小麦栽培区，降落在秋播小麦幼苗上，若遇到适宜的温度和湿度条件，就侵染发病。一般秋播后1个月左右，麦苗就开始发病。距越夏地区越近，播期越早，麦苗发病就越早、越重。越夏菌源先在早播冬麦区侵染危害，产生大量夏孢子，再进一步向其他冬麦区传播。

③越冬阶段　冬季气温降低到1℃～2℃后，条锈菌便不再繁殖和侵染，以菌丝体潜伏在麦苗病叶中越冬。在1月份平均气温低于－6℃～－7℃的地区，如华北的德州、石家庄、介休一线以北，条锈菌不能越冬，在此线以南地区可以正常越冬。在更南一些的地方，如江汉平原、四川盆地及河南信阳与陕西汉中、安康等地，冬季比较温暖，湿度高，露日多，条锈病菌还可以继续繁殖和侵染，发病麦苗持续增多，这些地方是条锈病菌的“冬繁区”，至翌年春季可以提供大量菌源，侵染邻接地区的小麦。

④春季流行阶段　春季旬平均气温上升到2℃～3℃后，越冬病叶上的菌丝开始复苏显病，缓慢发育，产生夏孢子，侵染新生叶片，出现新病叶，进而继续侵染周围叶片，田间出现多个由几片到几十片病叶组成的发病中心。随着气温和湿度条件变得更加适宜，病叶数迅速增多，大致在小麦抽穗前后全田普遍发病。此后病叶上的孢子堆数目猛增，导致严重发病。

有些地方，如华北平原北部，条锈病菌不能越冬，春季发病较晚，需待外地的夏孢子随风大量传来后，田间才出现病叶。大致在小麦生育的中、后期，几乎大面积同时发病，病情直线上升，但病叶分布均匀，发病多限于旗叶和旗下一叶。

春季是条锈病的主要危害时期，在大面积种植感病品种的前提下，条锈病菌越冬菌量大，春季温度回升早，降水多、降水量大，

发病就重。若春季持续干旱，条锈病的发生就受到抑制。

(2)小麦叶锈病的周年循环　小麦叶锈病菌在华北、西北、西南、中南等地自生麦苗和晚熟小麦上侵染越夏。秋季就近侵染秋苗，并向邻近地区传播。叶锈病菌的越冬方式和越冬条件与条锈病菌相似。在冬季气温较低的地方，以菌丝体在未被冻死的麦叶中潜伏越冬；在冬季较温暖的地方，仍可继续繁殖危害。春季叶锈病的发展较条锈病缓慢。

(3)小麦秆锈病的周年循环　小麦秆锈病菌主要在西北、西南许多冷凉地方的自生麦苗或晚熟小麦上越夏，主要越冬基地则在东南沿海地区和云南等地。春季夏孢子由越冬基地逐步北移，直至东北、西北和内蒙古春麦区，春、夏季主要在北方春麦区流行危害。空中孢子和地面发病始见期比常年早，小麦抽穗前后气温比常年高，降水多，湿度大，秆锈病就可能流行。

【防治方法】　防治小麦锈病应采取以使用抗病品种为主、栽培防治和药剂防治为辅的综合措施。重点治理条锈病和秆锈病的主要越夏区，减少越夏菌源，对于彻底控制我国锈病流行具有全局性的重要意义。

(1)种植抗病品种　选育和使用抗病品种是防病保产的基本措施。小麦对锈病有多种类型的抗病性，现在广泛应用的类型是“低反应型抗病性”。具有这种抗病性的品种，被锈菌侵染后，叶片上出现较低级别的反应型，发病轻微，抗病效能高。但是，这种抗病性只对一定的锈菌小种有效(抗病品种是针对一定的小种选育的)，如果小种变了，抗病品种便可能不再有效，变为感病品种了。因而，农业研究单位要不间断地研究小种的种类及其分布，育种家根据小种变动选用抗源，不断选育新的抗病品种，替换原有的品种。农户要及时淘汰已经丧失抗病性的品种，采用新的抗病品种。要学会辨认锈病反应型，以确认抗病品种的真实性并及早发现品种抗病性的变化。

此外，生产上应用的还有少数慢锈品种和耐锈品种。前者病情

发展较缓慢，后者生理补偿作用较强，因而减产都较轻。当前要研究开发其他类型的小麦抗病资源，选育和使用持久性抗病品种。

在全国各麦区，特别是锈菌主要越夏区和越冬区，种植具有不同抗病基因的小麦品种，达到品种合理布局，防止品种的大面积单一化种植，对于切断锈菌的周年循环、减少菌源数量、减缓新小种的产生与发展有重要作用，可以延长抗锈品种使用年限，防止锈病大范围严重流行。

近年，小麦条锈菌和叶锈菌的小种区系发生了很大变化，多数抗病品种已经沦为感病品种，因此在购进和种植新品种时，特别要仔细了解该品种是否抵抗锈病菌新小种。

(2)栽培防治　越夏地区，特别是越夏越冬的关键地带(例如陇南海拔1 600～1 800米的关键地带)要彻底铲除自生麦苗。冬小麦适期晚播可以减少冬前菌源数量，减轻春季发病程度，对白粉病、麦蚜、黄矮病等都有一定的控制作用。在陇东以及陇南山区，习惯小麦早播，若播期较常年推迟10～15天(干旱抢墒播种年份除外)，可显著减轻发病。

施用腐熟农家肥，增施磷肥、钾肥，做到氮、磷、钾肥的合理搭配，增强小麦长势。施用速效氮肥不宜过多、过迟，避免麦株贪青晚熟，以减轻发病。麦田合理灌水，大雨后或田间积水时，及时开沟排水，降低田间湿度。发病重的田块需适当灌水，维持病株水分平衡，减少产量损失。

(3)药剂防治　只用于种植感病品种的地区或抗病品种的抗病性已经"丧失"的地区。大面积种植抗病品种的地区不需要再行药剂防治。种植耐锈、避锈或慢锈品种的地区，若锈病发生早，天气条件有利于锈病发展，仍需用药剂防治，不能掉以轻心。

当前，主要使用三唑类内吸杀菌剂，常用品种为三唑酮。该药剂兼具保护与治疗作用，内吸传导性强，持效期长，用药量低，防病保产效果高，安全低毒，是比较理想的防锈病药剂品种，还可兼治小麦白粉病、黑粉病、全蚀病、纹枯病和雪霉叶枯病等。常用剂型有

15%三唑酮可湿性粉剂、25%三唑酮可湿性粉剂、20%三唑酮乳油等,可用于拌种与叶面喷雾。

大面积连片种植小麦时,采用三唑酮拌种,可极显著地压低条锈菌冬前菌源,翌年春季因菌量不足而不会流行,或者显著推迟锈病暴发期。拌种工效高,不用水,适用于春季条锈病以当地菌源为主的常发区,特别是春季以当地菌源为主的常发山区。三唑酮拌种控制成株期条锈病的流行,部分靠麦株内药剂的直接作用,部分靠在菌源上压前控后的间接作用。拌种用药量为种子重量的0.03%(以有效成分计),要混拌均匀。三唑类杀菌剂拌种后延迟出苗,在土壤含水量较低的田块,还可能降低出苗率。

三唑酮叶面喷雾防治条锈病的适宜用药量依小麦品种而异,对高度感病品种,每667米^{2}用9~12克(有效成分,下同),中度感病品种用7~9克,慢锈品种用4~6克。大面积连片防治时,可采用上述用药量范围中的低限(如高感品种用9克),零星地块施药应采用上述用药量范围中的高限(如高感品种用12克)。春季施药适期为病叶率5%~10%时,正值小麦旗叶伸长至抽穗期,但还要结合当地实际情况灵活掌握。在春季流行以当地菌源为主的地区,大面积连片防治时,可适当提早防治时期(但不可提前到麦株第二节明显以前),以尽早压低菌源量,提高防治效果。在后期受外来菌源影响较大的地区,或者零星地块,可适当推迟施药期,以有效保护旗叶。一般在适期喷施一次,便可控制整个成株期条锈病的危害。在条锈病菌既可越夏又可越冬的地区,在小麦拔出1~2个节时喷第一次药,在旗叶伸长至抽穗期再喷一次药,以保护旗叶。防治小麦叶锈病,在小麦抽穗期前后,病叶率10%左右时喷药,大面积防治可提前到病叶率5%时,每667米^{2}用药量10~20克。喷施一次,便可控制或基本控制整个成株期叶锈病的危害。

其他三唑类杀菌剂,包括烯唑醇、三唑醇、粉唑醇、丙环唑、腈菌唑等,也可用于防治小麦锈病。烯唑醇内吸传导性强,持效期长,用药量很低,只有三唑酮用量的1/2~1/3。

13. 小麦雪霉叶枯病

【发生规律】 病原菌随带菌种子、土壤和病残体越冬或越夏，侵染下一季小麦。带菌种子还可将病害传播到无病区。在已发病地区，病残体和病田土壤是主要初侵染源。病原菌在地面或耕层土壤内的病残体中可存活150～210天。病田0～20厘米耕层土壤中都带菌，而以5厘米深耕层土壤中病菌密度为最高。

病原菌再侵染频繁，菌量积累迅速，其周年流行过程常有明显的阶段性。陕西省关中地区小麦雪霉叶枯病流行即有秋苗发病、叶鞘病位上移和上位叶片发病等3个连续的阶段，抽穗扬花以后进入危害盛期。侵染植株上位叶片的病菌，来自较低的发病部位。在四川省雅安市，有苗期和抽穗后两个发病高峰。青海省春麦发病盛期则为灌浆至乳熟期。

多雨高湿、温度适中有利于雪霉叶枯病流行。11℃～20℃适于病原菌侵入和病斑数增多，25℃～30℃有利于侵染菌丝扩展和病斑增大。20℃且相对湿度高于93%时，病原菌才能侵染。陕西关中地区春季日平均温度高于15℃，有连续降雨时开始发病。4月下旬至5月中旬降水量高于75毫米时发病重，低于40毫米时发病轻。阴湿山区和平原灌区发病重。

病原菌除危害小麦外，还能侵染大麦、黑麦、燕麦等作物和多种禾本科杂草。麦类连作，播种密度大，春灌过量，灌水次数多，以及生育后期大水漫灌等，都有利于发病。土质粘重，地下水位高，内涝高湿田块，以及追施氮肥过多、过晚的田块，草害、虫害严重的田块，叶枯病发生都较严重。

【防治方法】 在发病地区以药剂防治和农业防治为主，尽量选用轻病、耐病品种。无病区应使用健康种子，防止病害传入。在赤霉病和雪霉病混合发生的地区，以防治赤霉病为主，兼治雪霉病。

(1)药剂防治　有效药剂有80%多菌灵微粉剂(每667米^{2}用

量 50 克)，25%多菌灵可湿性粉剂(每 667 米^2 用量 200 克)，70%甲基硫菌灵可湿性粉剂(每 667 米^2 用量 50～75 克)，25%三唑酮可湿性粉剂(每 667 米^2 用量 40 克)等。用手动或机动喷雾器，进行常量或低量喷雾，效果都好。药剂防治重点是低湿、高肥、密植田块，以保护上位叶片为主。重发、易发田齐穗期喷第一次药，7～10 天后喷第二次药。一般田块在旗叶发病率达 1%后喷第一次药，以后根据天气或发病情况确定是否喷第二次药。历年秋苗发病重的地区，还应在冬前和翌年春季麦苗返青后喷药。

(2)农业防治　由无病田留种，合理密植，适时、适量播种。种植分蘖性强的矮秆品种时，特别要控制播种量。增施基肥，氮、磷肥搭配，施足种肥，控制追肥。切忌过量、过晚施用速效氮肥。冬灌要饱和，不再春灌，早春耙耱保墒。干旱年份若需春灌，也应避免连续灌溉和大水漫灌。

14. 小麦黄斑叶枯病

【发生规律】 病原菌在田间病残体上越冬或越夏，成为下一季幼苗发病的主要初侵染源。田间杂草和病株产生的种子也可带菌传病。

病原菌在病残体上产生子囊壳，释放子囊孢子，随风雨分散，侵染小麦。病残体上和病斑上还产生分生孢子，也随风雨传播。在一个生长季节中，可发生多次再侵染，使病情不断加重。适于病原菌孢子萌发和侵染的温度范围较宽，但叶面需保持湿润 12 小时以上。叶面保持湿润的时间越长，发病也越重。

小麦黄斑叶枯病菌还可寄生大麦、黑麦、燕麦以及冰草、雀麦等 50 余种禾本科草。但大麦和燕麦抗病，被侵染后仅形成微小黑点型病斑。

【防治方法】 防治黄斑叶枯病需采用栽培防治与药物相结合的措施。病田实行小麦与豆类、谷子、荞麦、油菜、亚麻、向日葵、马铃薯、甜菜以及其他非寄主作物轮作。小麦品种间抗病性有所不

同，应鉴选和使用抗病、耐病品种。麦收后及时翻埋病残体，减少初侵染菌源。加强田间管理，清除杂草，合理施肥灌水，控制好田间湿度。药剂防治可用代森锰锌或敌力脱。代森锰锌在小麦旗叶展开后喷第一次药，7～10 天后喷第二次药。敌力脱在旗叶抽出后喷施一次即可。

15. 小麦链格孢叶枯病

【发生规律】 病原菌可随带菌种子和病残体做远距离传播。田间发病的初侵染菌源来自带菌种子和土壤中的病残体。病斑上产生分生孢子，经风雨传播进行再侵染。

病原菌生长温度为 5℃～35℃，最适温度为 20℃～24℃；分生孢子萌发的温度范围为 5℃～35℃，最适温度为 15℃～27℃，并需 100%的相对湿度条件。病原菌侵染叶片的适宜温度为 20℃～25℃，并要求叶面连续保持水湿 10 小时以上。高温多雨是链格孢叶枯病大发生的必要条件。

【防治方法】 要采用无病种子，防止病原菌随带菌种子传播扩散。种子处理可用温汤浸种(50℃～54℃热水浸种 10 分钟)或药剂拌种。品种间抗病性有差异，需鉴选使用抗病、耐病品种。搞好田间卫生，清除病残体。合理施肥，控制灌水和田间湿度。药剂防治参考麦类离蠕孢综合症防治部分。

16. 小麦壳针孢叶枯病

【发生规律】 冬麦栽培地区，病原菌在残茬、病残体或自生麦苗上越夏，侵染秋苗，冬季在病株上越冬，翌年春季病株产生大量分生孢子，随风雨传播，引起再侵染。在春麦地区，病原菌在麦茬、病残体中越冬，翌年春季产生分生孢子，侵染幼苗，在有利的天气条件下，可持续发生再侵染，病叶片由基部向上部不断发展，使病情加重。另外，种子也可以带菌传病。

病原菌孢子萌发和侵染的温度范围为 5℃～35℃，最适温度

为15℃～25℃，在15℃～20℃时毒力最强。多雨、高湿、温度较低时适于病害流行。干旱地区或干旱年份发病轻微。

【防治方法】 种植抗病品种；清除田间病残体，深翻土地，促进病残体腐烂分解，铲除自生麦苗，减少初侵染菌源；加强栽培管理，施用充分腐熟的农家肥，按需追肥灌水，增强植株抗病性，控制好田间湿度。必要时喷药防治，用药品种和方法参见小麦壳多孢叶枯和颖枯病防治部分。

17. 小麦壳多孢叶枯和颖枯病

【发生规律】 田间病残体和带菌种子是主要初侵染来源。分生孢子随风雨扩散传播，有多次再侵染。高温高湿有利于病害的发生和蔓延。叶部侵染的温度范围为5℃～35℃，最适温度为15℃～27℃，同时叶片需保持水湿6小时以上，孢子才能萌发和侵入。在黑龙江省北部，7～8月份多雨，昼夜温差大，叶面易于结露，发病严重。土壤瘠薄，植株生长弱，发病重。植株缺磷、钾、镁等营养要素，抗病性降低。穗部侵染随着成熟度的增长而减少，至蜡熟期完全不被侵染。

【防治方法】 小麦品种间抗病性有差异，应选用抗病、耐病品种；使用无病种子，清除田间病残体，深翻土地，促进病残体腐烂分解，减少初侵染菌源；加强栽培管理，施用充分腐熟的农家肥，增施磷、钾肥，增强植株抗病性，合理灌溉，控制好田间湿度；常发病地区及时喷药防治。有效药剂有代森锰锌、三唑酮、敌力脱、烯唑醇等。在黑龙江省春麦区用三唑酮或敌力脱防治，在扬花期喷第一次药，在乳熟期喷第二次药，一般发生年份可以只喷一次药。

18. 小麦褐色叶枯病

【发生规律】 病原菌主要随小麦病残体越冬或越夏，成为下一季的初侵染菌源。小麦种子也带菌传病。冬小麦秋苗可被侵染，但冬前多不显症，病原菌潜伏越冬，翌年春季4月中旬田间大量出

现病斑，晚播冬麦则延迟到4月下旬或5月上旬。5月中旬病株基部病叶出现分生孢子器。分生孢子成熟后由分生孢子器孔口逸出，随风雨传播，发生再侵染。5月下旬至6月上旬中上部叶片出现病斑，6月下旬至7月上旬中上部叶片形成分生孢子器。6月下旬以后病情迅速增长，引起病叶枯死，并进而侵染穗部。

春小麦于4月末5月初播种，5月下旬出现病斑。一般情况下，初侵染于小麦分蘖拔节期间显症，再侵染于孕穗至乳熟期间陆续显症。在新疆尼勒克、特克斯县6月下旬出现第一批分生孢子器，7月下旬至8月上旬出现第二批分生孢子器，昭苏县则迟至8月份病叶上才形成分生孢子器。

小麦生长期间，降水量高可导致病害大发生，低温可推迟或减轻病害发生，但若在小麦生长后期温度偏高，降水又多，也可因病减产。小麦重茬、晚播、密植等也是重要发病诱因。重病田收获的小麦，种子带菌率较高，播后发病早而重。偏施氮肥，灌水失当，田间湿度高，发病重。发生倒伏的田块发病尤重。

【防治方法】 小麦褐色叶枯病是一种新病害，尚需进一步研究。当前可采用以下防治措施：

(1)使用无病种子　无病留种，病田收获的小麦不作种用。无病区不从病区调种、引种，以防病原菌随种子传入。

(2)栽培防治　病田应实行轮作；适期播种，降低播量；要精细灌溉，避免田间积水，防止湿度过高；实行配方施肥，避免氮素过量，防止植株倒伏。

(3)药剂防治　结合防治其他种类的叶枯病，田间喷施三唑酮、甲基托布津、退菌特、代森锌等药剂，但仅有一定效果，今后需进一步筛选有效药剂。

(4)使用耐病、轻病品种　当前缺乏免疫和高抗品种，但栽培品种间发病程度和损失程度有明显差异，应尽量利用耐病、轻病品种。

19. 小麦和大麦卷曲病

【发生规律】 病原菌主要在病残体中越冬，翌年春季越冬病原菌产生分生孢子，随风雨传播，侵染叶片，产生叶斑。种子也可以带菌传病。小麦粒线虫也可以传病，造成苗期系统侵染，出现植株扭曲畸形。在甘肃省河西地区，该病常与粒线虫病并发。

【防治方法】 病田与非禾本科作物轮作。换用无病种子。对小麦粒线虫的防治，参见小麦粒线虫防治部分。

20. 小麦黑颖病

【发生规律】 初侵染来源主要是带菌种子和田间病残体。病原细菌通过麦株的伤口和气孔侵入。感病的大麦、黑麦以及一些禾本科杂草，可能也有传染小麦的作用，需作具体分析。病株产生细菌溢脓，病原细菌由风雨和蚜虫传播，不断引起再侵染。

生长期间多雨，高湿，结露多，发病重。暴风雨后往往发病剧增。小麦品种间抗病性差异明显，种植感病品种是黑颖病流行的重要因素。栽培条件对病害严重程度也有较大的影响，冬小麦往往比春小麦病重。冬小麦早播、播种量大、氮肥施用多而集中时，发病趋重。

【防治方法】 选育和种植抗病品种、繁育和使用无病种子是最经济有效的防治方法。此外，还要搞好田间卫生，深翻灭茬和清除病残体。必要时，用对细菌有效的药剂处理种子或在发病初期喷药防治。

21. 小麦秆黑粉病

【发生规律】 病原菌通过带菌土壤、粪肥和种子而传播。病株孢子堆破裂后，一些冬孢子降落到土壤中，小麦收获后，大量冬孢子随病残体和根茬而遗留在田间，被翻入土壤。病原菌的冬孢子在干燥土壤中可存活多年，是主要侵染菌源。用病株残体沤肥或作饲

料，使病菌冬孢子得以混进粪肥，带菌粪肥施于麦田，也能传病。另外，小麦种子表面可被病原菌污染，在湿润地区，带菌种子也是重要侵染菌源。

病原菌的冬孢子有较长的休眠期，在土壤中可存活 3 年，在种子上可存活 4 年。但在 30℃～34℃高温下光照处理 36 小时，冬孢子的休眠就可被打破而萌发。用土壤浸液或植物浸液处理，能促进冬孢子萌发。秋季冬小麦种子萌发后，冬孢子也萌发，产生双核侵染菌丝，侵入胚芽鞘，并进而蔓延到幼苗生长点附近，随植株的生长，发生系统侵染，翌年春季陆续表现症状。芽鞘长 1～2 厘米时，最适于病原菌入侵。芽鞘长度超过 4 厘米，病原菌难以入侵。

适于病原菌侵入和侵染的地温范围较宽，为 9℃～26℃(20℃左右最适)。另有试验表明，土壤含水量对发病影响也很大，在土壤较干时，适于病原菌侵入的温度为 10℃～20℃，土壤相对湿度为 40%时，适宜侵入的温度为 11℃～15℃，而土壤相对湿度提高到 60%时，适宜侵入的土壤温度仅在 10℃左右。可见土壤较干时，病原菌易于侵染。

病原菌在土壤中可长期存活，故连作麦田发病重。田间积水，土壤湿度高，可降低冬孢子成活率，因而内涝麦田和稻茬麦田发病轻。土壤干旱、整地保墒不良、土壤贫瘠、土质粘重、施肥不足等因素都可导致麦苗出土延迟，从而有利于病原菌侵染，发病重。促进小麦迅速出苗的栽培措施都能减轻发病。

小麦秆黑粉病菌能侵染小麦和 18 个属的禾本科草。该菌有明显的致病性分化现象，由发病小麦分离到的病原菌，大多数只能侵染小麦。小麦品种间抗病性有明显差异，有高抗和抗病品种，但病原菌也有不同的致病类型。

【防治方法】 ①栽培抗病品种。②在以土壤传病为主的地区，与非寄主植物进行 1～2 年的轮作，水旱轮作效果更好。③做好整地、保墒工作，适期播种，避免晚播、深播，施用净肥。④换用不带菌的无病种子，或进行种子药剂处理。在以土壤传病为主的地

区，还需用药剂进行土壤处理。种子与土壤药剂处理方法参见小麦普通腥黑穗病防治部分。

22. 小麦矮腥黑穗病

【发生规律】 小麦矮腥黑穗病是难以防治的土传病害，疫区土壤带菌是主要侵染菌源。分散的病菌冬孢子在病田土壤中可存活1～3年，菌瘿中的冬孢子可存活3～10年。冬孢子在水田中只能存活5个月。冬孢子经过牲畜的消化道后仍可萌发。

小麦矮腥黑粉菌可附着在种子表面或以菌瘿混杂在种子间远距离传播。也可以随着被孢子污染的包装材料、运载工具等远距离传播。疫区的孢子可随风雨、河水和灌溉水传播到较远的无病区。病麦加工后的麸皮、下脚料、洗麦水等，若不慎随粪肥施入田间或流入田间，都可污染土壤。

土壤表层的冬孢子，在冬小麦播种后陆续萌发和侵染麦苗，是幼苗侵入、系统侵染类型的黑粉菌。病原菌由麦苗幼嫩的分蘖侵入，在细胞间隙蔓延，约经50天到达生长点，随着寄主生长发育，菌丝进入穗原始体，进而侵入花器。到寄主抽穗期，病菌由缓慢发展的营养生长期进入快速发展的繁殖期，破坏子房，形成冬孢子堆（菌瘿）。

发生矮腥病菌侵入小麦幼苗的时期很长，可延续3～4个月。在积雪下土表温度－2℃～2℃范围内，冬孢子能持续萌发和侵入，温度不利时延缓或暂停萌发。已萌发的冬孢子遭遇干燥条件，仍可保持侵染能力达30天。在土壤表面和接近土表的冬孢子比深埋于土内的容易萌发和侵入。在足够长的时期内，保持3℃～8℃的低温，有利于矮腥黑粉菌在寄主体内扩展，在15℃～20℃的较高温度下，扩展受到抑制。

若有长期稳定的积雪，可保持地面适宜的温湿度，有利于矮腥黑穗病的发生。有些学者认为，冬季小麦分蘖期有30～60天的积雪覆盖，适于矮腥黑穗病发生，甚至是矮腥黑穗病发生的必要条

件。

对疫区的调查表明，在大面积种植感病品种的前提下，土壤中积累有足够的菌源，冬季日平均温度0℃～10℃的日数达40天以上，稳定积雪70天以上，积雪厚度10厘米以上，适于矮腥黑穗病的发生。低温和积雪天数增多，积雪厚度增大，发病变重。在结冰土壤中、冰水中或土壤含水量过高时，矮腥黑粉菌孢子不萌发。稳定积雪期前后的温湿度情况与病害发生也有密切关系。凡土壤未结冰前稳定积雪厚，保持雪下土壤不结冰时间长，开春积雪融化后田间水分适中，气温保持0℃～10℃时间长，发病就重。反之，冬前气候不稳定，降雪与融雪交替进行，土壤含水量高，稳定积雪前土壤已结冰，孢子处于冰冻土壤中，开春气温上升快，孢子侵染机会少，则发病轻。在欧洲、美洲病区均以海拔较高的山区发病重，这可能是因为山区积雪时间长，积雪层厚，雪下温湿度和光照适于病菌侵染的缘故。

寄主易受侵染的生育期与病菌孢子萌发、侵入时间必须相吻合，因而早播的病重，播种越迟发病越轻，春小麦不发病。轮作倒茬，减少土壤带菌量，适当深播，均能减轻发病。

【防治方法】

(1)实施检疫　我国已将该病列为全国农业植物检疫对象和进境植物检疫一类危险性有害生物。进境小麦种子和原粮必须进行检疫，疫麦需行药剂熏蒸或其他除害处理。禁止种植带菌小麦种子。

(2)药剂防治　病区用40%五氯硝基苯粉剂，以种子重量0.5%的药量拌种，并在播种沟内施药处理，防效较高。单用1%的药量拌种，效果也好。另外，还可用50%涕必灵可湿性粉剂拌种。

(3)栽培防治　病地需轮作倒茬或改种春小麦。冬小麦应适期晚播、深播。

(4)种植抗病品种　小麦品种间抗病性有明显差异，病区应开展抗病性鉴定，选用抗病或轻病品种。

23. 小麦普通腥黑穗病

【发生规律】 带菌种子、土壤和粪肥是主要侵染来源。腥黑粉菌以冬孢子附着在种子表面，或以菌瘿混杂在种子间远距离传播。收获时病株菌瘿和冬孢子落在土壤中，污染土壤，侵染下一季小麦。在低温干燥地区，土壤带菌是最重要的侵染菌源。用带菌麦麸、碎麦秸、面粉厂下脚料作饲料，所携带的冬孢子经过牲畜消化道后，仍保持萌发能力，造成粪肥带菌。用带菌的麦株残体和场土沤肥，若未充分腐熟，施于麦田后，所携带的冬孢子也引起发病。冬孢子萌发所产生的侵染菌丝，侵入幼芽的胚芽鞘，在病株体内系统侵染。

小麦发病程度受菌量、土壤温湿度、栽培条件和品种抗病性等因素影响。地温 5℃～15℃，土壤相对湿度 10%～24%范围内适于病原菌侵染；而以地温 5℃～10℃，土壤相对湿度 13%为最适。酸性土壤不利于病原菌侵染，粘性土壤和腐殖质含量高的土壤有利于病原菌侵染。冬麦晚播，春麦早播，以及播种深、覆土厚时，种子萌发与幼苗出土迟缓，病原菌侵染概率增高，发病重。

除小麦外，病原菌还侵染黑麦和冰草属、翦股颖属、黑麦草属、羊茅属、雀麦属、早熟禾属以及其他属禾本科草。小麦品种间抗病性差异显著。

【防治方法】 防治小麦普通腥黑穗病，首先要选育和使用优良抗病品种，病区要繁育和使用无病种子。在粪肥传病地区，不用病麦秸秆和场土作垫草和沤肥，不用带菌的下脚料和麸皮作饲料，不用面粉厂的洗麦水灌田。病田要实行轮作，适期播种，适当浅播。

有效防治药剂很多。历史上在种子传病地区曾推广药剂拌种，即用 75%五氯硝基苯，以种子重量 0.2%的用药量拌种。在以土壤和粪肥传播为主的地区，还用五氯硝基苯或六氯代苯处理土壤。后来采用内吸杀菌剂处理种子，可兼治种子和土壤带菌。可供选用的药剂有 25%三唑酮可湿性粉剂，15%三唑醇拌种剂，50%萎锈灵

可湿性粉剂,50%多菌灵可湿性粉剂,50%甲基硫菌灵可湿性粉剂,40%拌种双可湿性粉剂等。上述三唑类药剂和拌种双可能影响种子萌发,用药量控制在种子重量的0.1%～0.2%,其他药剂用量为种子重量的0.2%～0.3%。另外,用3%敌萎丹悬浮种衣剂防治小麦腥黑穗病,每100千克种子用67～100毫升(有效成分2～3克)。

24. 小麦散黑穗病

【发生规律】 以病原菌的厚壁休眠菌丝潜伏在带菌种子的胚内越季,可随种子远距离传播。种子萌发后,菌丝开始活动,紧随生长点进行系统扩展。幼穗形成后,菌丝进入穗组织,产生冬孢子堆,破坏子房和颖片。病穗散出的冬孢子随风飘落到健穗花器上,萌发后经结合产生双核侵染菌丝,直接穿透子房壁而侵入,潜伏于胚部细胞间隙,以后又变为厚壁休眠菌丝。

小麦扬花期大气相对湿度高、温度适宜(16℃～22℃)时,花器侵染增多,翌年发病重。

【防治方法】 使用无病种子或进行种子处理。种子处理可采用以下方法。

(1)*药剂处理* 药剂拌种可选用15%三唑醇干拌种剂,25%三唑酮可湿性粉剂,12.5%烯唑醇可湿性粉剂,50%萎锈灵可湿性粉剂等,用药量为种子重量的0.1%～0.3%。三唑类药剂对种子发芽出苗有不良影响,土壤干旱时应选用较低用药量。

3%敌萎丹悬浮种衣剂,成膜性能好,不脱落,干燥快,可用于防治小麦散黑穗病,每100千克小麦种子用3%敌萎丹200～400毫升(有效成分6～12克)。农户拌种:用塑料袋或桶盛好要处理的种子,将敌萎丹用水稀释(100千克种子的用药量稀释到1～1.6升),充分混匀后倒入种子上,快速搅拌或摇晃,直至药液均匀分布在每粒种子上。

(2)*温汤浸种和石灰水浸种* 都是防治散黑穗病的经典方法。

温汤浸种应先将种子用冷水预浸，然后再移至 52℃～55℃的温水中，浸 1～2 分钟，使种子温度达到 50℃，再移至 55℃水中浸 5 分钟。另法，也可将麦种在 44℃～46℃温水中恒温浸种 3 小时。

用 1%石灰水浸种，所需时间随水温不同而改变。水温 10℃～15℃时需浸种 7 天，15℃～20℃时需 4～5 天，25℃时需 2～3 天，30℃时需 1.5～2 天，35℃时需 1 天。石灰水浸种有生理杀菌作用，浸种时种子无氧呼吸，产生乙醇或乙醛，杀死种子内潜伏的菌丝体。

25. 小麦黑霉病

【发生规律】 病原菌皆为弱寄生菌，在植株老熟或衰弱时发生较多。例如，枯熟的麦穗、延迟收获的麦穗或小麦成熟期遇雨时，多发生黑霉病。全蚀病、纹枯病、赤霉病等病害造成的“白穗”，往往密生黑霉。衰老的叶片、蚜虫密集的叶片发病也重。淫雨高湿的天气有利于黑霉病发生。

【防治方法】 不需要采取特定的防治措施。搞好健身栽培，及时防治主要病虫害，适期收获，就可以减少黑霉病的发生。

26. 小麦灰霉病

【发生规律】 病原菌寄主广泛，田间菌源很多。苗期低温多雨，环境高湿，日照少，叶片发病早而重。在小麦灌浆成熟期，阴雨连绵，降雾多，光照不足，田间高湿时，穗部发病较多。天气干燥时，病情停止发展或发展缓慢。密植田、麦株生长不良的麦田发病较重。小麦品种间抗病性有差异。

【防治方法】 在常发地区，应加强水肥管理，实行健身栽培。特别要合理排灌，田间要及时排渍降湿。有大发生危险时，可喷药保护。

27. 小麦黑胚病

【发生规律】 病原菌的分生孢子在小麦乳熟后期开始侵染籽粒和种胚，随着种子成熟，黑胚率增高。在乳熟期至蜡熟期降水多，常诱发黑胚病大发生。田间空气相对湿度高达90%以上、易结露时发病也重。偏施氮肥的高水肥地块发病重于旱地，雨后收获的种子重于雨前收获的。小麦品种间发病程度有明显差异。春性强的品种发生较重，颖壳口松的品种多发。

【防治方法】 栽培轻病的品种，加强田间管理，实施健身栽培，种子药剂拌种，在灌浆至成熟期田间喷药保护。详见麦类离蠕孢综合症防治部分。

28. 小麦粒线虫病

【发生规律】 病原线虫主要以混杂在麦种间的虫瘿传播。播种后，虫瘿吸水变软，幼虫钻出虫瘿，进入土壤活动。在小麦芽鞘展开期间，幼虫从芽鞘间隙进入，以后在叶鞘与茎秆间外寄生，刺激叶组织产生各种畸形症状。偶尔可侵入叶片内寄生，此时叶片上出现虫瘿。小麦穗分化以后，幼虫进入花器内部，在子房内营内寄生生活，形成虫瘿。瘿内幼虫发育成为雌成虫和雄成虫，两者交配，产卵，孵化出1龄幼虫，以后又很快蜕皮为2龄幼虫，进入休眠，此时虫瘿干缩，变黑褐色。

在干燥条件下，虫瘿内的线虫可存活1～2年，有的甚至可以存活20年以上。但虫瘿一旦落入土壤，在潮湿条件下，幼虫开始活动，若遇不到麦苗，就很快死亡。虫瘿通过马、鸡的消化道后，线虫死亡，但通过猪的肠胃后，部分线虫仍存活。因而土壤和粪肥虽然有传病的可能，但远不如种子重要。

麦播后，地温12℃～16℃，降水较多时有利于线虫侵染而发病较重。冬麦播种早，地温高，发芽出苗快，被侵染的时间缩短，发病较轻；若播种晚，则发病加重。

【防治方法】 发病地区必须建立无病留种地，使用不带虫瘿的洁净种子，或从无病地区调种。无病地区不从病区引种，防治线虫随种子传播扩散。历史上曾在病区推广使用汰除种子间虫瘿的方法，收效很好。主要方法有机械汰选和液体漂选。前者利用麦粒与虫瘿大小的差异，机械淘汰种子中的虫瘿；后者利用麦粒与虫瘿的相对密度（比重）差异，采用20%食盐水，或26%硫酸铵液，或30%～40%的胶泥水，漂选出虫瘿，再用清水洗净种子，晾干后播种。汰选出的虫瘿需集中烧毁。

29. 小麦蓝矮病

【发生规律】 蓝矮病植原体由条沙叶蝉（*Psammotettix striatus*）以持久性方式专化性传播。叶蝉一旦获得该病原物，将终生传带，但不能经卵传给子代。种子和病株汁液都不能传病。

条沙叶蝉每年发生3～4代。秋季，条沙叶蝉从秋作物和杂草迁飞到小麦秋苗上取食和传病。冬季，叶蝉以卵在麦苗或杂草植株基部越冬。翌年春季孵化后继续为害和传病。小麦收获前，叶蝉陆续迁出，夏季在秋作物、自生麦苗或杂草上滋生。

条沙叶蝉性喜干旱，因而山地干旱麦田发病比平川灌溉麦田重，阳坡背风麦田发病比阴坡重。早春气温回升快、秋季低温降临迟，有利于条沙叶蝉滋生活动。降水量也影响虫口数量，8月份降暴雨可大量杀伤条沙叶蝉的成虫与若虫。

【防治方法】 加强田间管理，铲除田间、地边的杂草和自生麦苗，减少条沙叶蝉发生。冬麦适期晚播，种植抗病品种如渭麦721、清麦3号和鲁麦14等。采用药剂拌种和田间喷药等方法防治条沙叶蝉。

30. 小麦丛矮病

【发生规律】 灰飞虱（*Laodelphax striatella*）为主要传毒介体。灰飞虱吸食病株汁液而获毒后，可终生传毒，但病毒不能经卵

传染。种子、土壤和病株汁液都不能传毒。

冬麦区灰飞虱多在麦苗早春返青期和秋苗期传毒。秋季，灰飞虱由越夏寄主大量迁入麦田，秋苗期为传毒和发病高峰。冬季，灰飞虱若虫在麦苗和杂草上以及根际土缝中越冬。春季，随气温回升，晚秋被侵染的植株陆续显症，越冬代灰飞虱也恢复活动，继续危害传毒，出现春季发病高峰。夏季，灰飞虱在秋作物、自生麦苗和马唐、狗尾草等禾本科杂草上越夏。

寄主作物间作套种，管理粗放，杂草丛生，有利于灰飞虱繁殖和越夏，田间虫口多，发病严重。夏、秋季多雨，难以整地除草，保留大量虫口，使秋苗发病增多。在玉米等秋作物行间套种小麦，灰飞虱数量多，小麦出苗后就近被取食和传毒，发病重。邻近谷子、糜子的麦田发病重。精细除草的麦田，灰飞虱多是由附近杂草迁入的，多集中于田块周边，田头地边发病较重。早播麦田出苗后正值灰飞虱集中迁入为害期，且温度较高，有利于病毒增殖，冬前发病重，翌年春季发病也重。夏秋多雨、冬暖春寒的年份发病较重。因为夏秋多雨有利于杂草滋生和灰飞虱越夏与繁殖，冬暖适于灰飞虱越冬，倒春寒不利于麦苗生长发育。川地杂草多，湿度高，有利于灰飞虱栖息繁殖，发病重于山地。

【防治方法】 应采取以农业措施为主、药剂防虫为辅的综合防治策略。

(1)农业防治　铲除田间地边杂草，冬麦避免早播，不在秋作物田中套种小麦。小麦返青期，病田要早施肥，早灌水，增强小麦抗病性。种植抗病、耐病品种。

(2)药剂防治　早播田，套种田，小块零星种植的麦田，秋季发病重的麦田和达到防治指标的麦田为药剂防治重点。小麦出苗达20%时喷第一次药，隔6～7天喷第二次。套种田在播种后出苗前全面喷药一次，隔6～7天再喷一次。用药种类与施药方法参照灰飞虱防治部分。对邻近虫源的麦田进行边行喷药，可起到保护带的作用。

31. 小麦土传病毒病害

【发生规律】 土传小麦花叶病毒主要寄生小麦、大麦、黑麦，以及一些禾本科草与藜属植物，有株系分化。小麦梭条斑花叶病毒仅侵染小麦。小麦黄花叶病毒还侵染大麦和黑麦等。

土传小麦花叶病毒在自然条件下仅由禾谷多粘菌传毒，但病株汁液摩擦接种也能致病。禾谷多粘菌是一种专性寄生菌，寄生在麦类作物与禾草根部表皮细胞内。携带病毒的禾谷多粘菌休眠孢子囊，随病株残根在土壤中越冬或越夏。带毒休眠孢子囊可随流水、农机具和土壤耕作而传播，也可随夹杂在种子间的病残体传播。

在小麦出苗阶段，休眠孢子囊萌发产生游动孢子，侵入根部表皮，将病毒传染给小麦。该菌在根部形成变形体，可再产生游动孢子，进行再侵染。在小麦近成熟时，多粘菌继续有性繁殖，先后形成结合子、变形体与休眠孢子囊。

土传小麦花叶病适宜在低温高湿条件下发生，发病的温度范围为5℃～15℃，适温为8℃～12℃，高于15℃或低于5℃不发病。春季低温多雨时发病重。麦田重茬连作，低洼高湿，土壤偏沙，播种偏早，都加重发病。小麦品种间抗病性有明显差异，种植感病品种是造成病害流行的重要条件。

小麦梭条斑花叶病与小麦黄花叶病的发生规律和发病条件，与上述土传小麦花叶病一致。

【防治方法】

(1)选育和种植抗病品种　小麦品种资源中有丰富的抗病材料，可用于育种或直接种植。根据各地鉴选结果，对小麦梭条斑花叶病抗病的有济南13、宁丰小麦、秦麦1号、小偃6号等。抵抗小麦黄花叶病毒的有繁6、小偃5号、矮粒多、偃师9号、陕农7859、陕西4372、西育8号、8165、8086、西凤、宁丰小麦、济南13、苏8926、宁麦7号、宁麦9号、宁麦10号等。

（2）栽培防治　清除田间病残体，病田与非禾本科作物轮作3～5年，冬麦适期晚播，降低土壤湿度。在发病初期及时追施速效氮肥与磷肥，促进植株生长，以减少损失。

（3）药剂防治　小面积发病时，可用溴甲烷、二溴乙烷、福尔马林或五氯硝基苯等处理土壤。

32. 大麦锈病

【发生规律】　三种锈病都以夏孢子世代在大麦植株上侵染危害，完成周年侵染循环。夏季在高寒地区晚熟冬麦或晚熟春麦上越夏，夏孢子随气流远传，侵染冬麦秋苗，以潜伏菌丝越冬，春季继续危害，并发生多次再侵染。在春季降水较多的年份，造成大流行。大麦锈病的流行规律与小麦锈病相似，可参见小麦锈病部分。

【防治方法】　采取以使用抗病品种为主、栽培防治和药剂防治为辅的综合防治措施。详见小麦锈病防治部分。

33. 大麦网斑病

【发生规律】　田间遗留的病株残体和带菌种子是主要初侵染来源。病残体除含有菌丝体外，还形成子囊壳。病原菌以菌丝体潜伏在种皮内或以分生孢子附着在种子表面传播。在幼苗期，越季病残体产生分生孢子和子囊孢子，随风雨分散，降落在幼苗上，引起初侵染。种子传带的病原菌，可直接侵染幼芽、幼苗。初侵染病株又产生分生孢子，借风雨传播，进行再侵染。

温度10℃～15℃，高湿时苗期发病重。温度20℃，相对湿度100%时适于孢子产生和再侵染成株。低温、多雨、高湿、寡照有利于病害发生。冬大麦晚播发病重。

【防治方法】

（1）农业防治　选用抗病品种，使用无病种子；及时翻埋病残体，铲除自生麦苗，重病田避免连作；冬麦要适时早播；平衡施用氮肥与磷肥，避免过量施用氮肥；合理灌溉，地下水位高的麦田要开

沟排渍,降低田间湿度。

(2)药剂防治　使用杀菌剂处理种子,或在发病始期田间喷药。种子处理方法可参见大麦条纹病部分。田间喷药可选用50%多菌灵可湿性粉剂(每667米^{2}用药100克),或60%多菌灵盐酸盐可湿性粉剂(防霉宝,每667米^{2}用药60克),或70%代森锰锌可湿性粉剂(每667米^{2}用药143克),或25%丙环唑乳油(每667米^{2}用药33～40毫升),或25%三唑酮可湿性粉剂(每667米^{2}用药30克)。

34. 大麦条纹病

【发生规律】 大麦种子带菌传病,病原菌的休眠菌丝潜伏在种子内外,可以长期存活。播种后,随着大麦种子发芽生长,病原菌的休眠菌丝也萌发,长出芽管侵入幼芽。以后病原菌的菌丝体随植株生长而系统侵染,相继进入各叶位的叶片,叶片内的菌丝沿着叶脉扩展蔓延,形成长条形病斑。以后病原菌又进入穗部,病穗不能抽出或变畸形。到发病后期,病部产生大量分生孢子,随风雨传播,降落到正在扬花的健穗上,随即萌发为菌丝,侵入麦粒的种皮内,或进入到内颖与种子之间。对有颖大麦,病原菌多潜伏在颖片与种皮之间;对裸大麦,潜伏菌丝多在种皮内和胚乳内。

残留在病残体中的病原菌,经过一段时间后,多丧失生活力,不能侵染下一季大麦。

播种时地温低,土壤湿度高,种子发芽慢,幼苗出土迟,生长发育不良,有利于条纹病菌侵染。地温12℃～16℃最适于发病。春大麦早播或冬大麦晚播,生长前期地温较低,发病重。土壤干旱,麦苗出土慢,发病较多。播种发芽率高、发芽势强的健康种子,可加快发芽和出苗,缩短病原菌的侵染时间,降低侵染概率,减少发病。

大麦生长期间多雨高湿,温度低,发病加重。若环境条件有利于植株生长,部分叶片和麦穗可以避开病菌侵染。偏施氮肥,植株柔嫩,发病也重。大麦抽穗开花期雨多露重,有利于病菌分生孢子

的产生、传播和侵入，种子带菌率增高。

【防治方法】

(1)农业防治　种植抗病品种，不用病田收获的种子，建立大麦无病留种田，繁育无病种子。搞好播前选种，选用颗粒饱满、发芽率高、发芽势强的种子。播前晒种1～2天，以提高发芽率和增强发芽势。要适期播种，以避免出苗期间遭遇低温，施足基肥，培育壮苗。抽穗前要及早拔除病株。

(2)种子处理　采用温汤浸种、石灰水浸种或药剂处理等方法。温汤浸种用53℃～54℃的温水浸种5分钟，或用52℃的温水浸种10分钟。浸后立即将麦种摊开冷却，晾干后播种。冷水温汤浸种先用冷水预浸麦种4～5小时，然后移入53℃～54℃温水中浸5分钟，浸后将麦种摊开冷却。

1%石灰水浸种，即在伏天里用50千克石灰水浸种子30千克，24小时后，取出摊开晾干，贮藏备用。另外，用5%硫酸亚铁水溶液浸种6小时，也有一定效果。

药剂拌种可用25%三唑酮可湿性粉剂80～120克，拌麦种100千克。或用2%立克秀拌种剂100克，拌麦种100千克。

34%大麦清可湿性粉剂120～150克，加水8升，调匀后喷拌100千克大麦种子，堆闷4小时后播种。若不能及时播种，要晾干存放，过几天后再播种。该药是三唑酮与福美双的混剂。

多菌灵浸种，每50升水中加入50%多菌灵可湿性粉剂100～150克，浸种30千克，24小时后捞出晾干后播种。

(3)田间喷药　常发病麦田可在发病初期喷布杀菌剂。常用药剂有多菌灵、代森锰锌、丙环唑等。大麦抽穗后喷药，可降低种子带菌率。

35. 大麦云纹病

【发生规律】　病菌以分生孢子和菌丝体在大麦病残体上越冬或越夏。下一季大麦出苗后，分生孢子随风雨传播，侵染幼苗，在整

个生育期可多次再侵染。病株种子也带菌传病。

孢子萌发适温为10℃～20℃，25℃以上发芽率明显降低。气温18℃，大气相对湿度92%时，分生孢子在6小时内即可侵入寄主。气温20℃时潜育期为11天。

低温、高湿的天气有利于病害发生。田间高湿，过量施用氮肥，播种密度过大，植株徒长柔弱时，发病重。田间遗留病残体多或施用含有病残体的未腐熟农家肥时，初侵染菌源多，发病率高。

【防治方法】 ①收获后深翻土地，促进病残体分解，减少初侵染菌源。②选用抗病品种，合理密植，平衡施肥，促进麦株健壮生长；合理排灌，及时中耕，降低田间湿度。③用50%多菌灵可湿性粉剂拌种，用药量为种子重量的0.3%。④发病初期喷施杀菌剂，可供选用的药剂有15%三唑酮可湿性粉剂1 000倍液，或70%甲基硫菌灵可湿性粉剂1 000倍液，或50%多菌灵可湿性粉剂800倍液，或70%代森锰锌可湿性粉剂500倍液等。

36. 大麦茎点霉叶斑病

【发生规律】 对其发生规律还不完全明了。病原菌可能主要在大麦病残体中越冬，翌年春季产生分生孢子，借风雨传播而侵染。在阴湿地带的晚熟大麦上发生较多。

【防治方法】 茎点霉叶斑病为次要病害，不需采取特定防治措施，可在防治其他病害时予以兼治。

37. 大麦根腐叶枯病

大麦根腐叶枯病又称为大麦根腐病，指由根腐离蠕孢引起的病害，详见麦类离蠕孢综合症防治部分。

38. 大麦坚黑穗病

【发生规律】 大麦坚黑穗病菌从大麦幼芽侵入，进行系统侵染。该菌主要由带菌种子传播，在对大麦脱粒作业时，冬孢子散落

而污染健康种子。冬孢子在田间也可以通过病穗与健穗之间的摩擦，而粘附在健康种子上。冬孢子可附着在裸大麦种子表面，或有颖大麦的颖壳表面。粘附在颖壳表面的冬孢子，在适宜的湿度条件下，萌发而产生侵染菌丝，进入颖壳与种皮之间，形成潜伏菌丝体。带菌种子被播下后，在发芽过程中，冬孢子同时也萌发，产生双核侵染菌丝，已有的潜伏菌丝则重新活动，都可由大麦的胚芽鞘侵入，进入生长点附近，以后随麦苗生长而在大麦体内系统扩展，最后进入花器，形成菌瘿，出现病穗。

冬孢子萌发适温为20℃，最低5℃～6℃，最高35℃，在52℃温水中15分钟后致死。冬孢子在水滴中或相对湿度95%～100%的环境中，易于萌发。

病原菌只能在胚芽鞘出土前侵入，因此播种过深、整地不良、土壤干旱、迟播等延迟麦苗出土的因素都会加重发病。地温10℃～25℃，湿度适中，酸性土壤，发病较重。

【防治方法】

(1)加强栽培管理　使用健康种子或抗病品种；平整土地，冬麦适期早播、浅播，以利于迅速出苗；抽穗后及时拔除病株，减少病原菌对种子的污染。

(2)药剂拌种　每100千克种子用2%立克秀拌种剂100克，或25%三唑酮可湿性粉剂80～120克，或15%三唑酮可湿性粉剂120～200克，或10%三唑醇可湿性粉剂75～150克，或50%多菌灵可湿性粉剂200～300克，或50%甲基硫菌灵可湿性粉剂200克，或40%拌种双可湿性粉剂100～200克，或34%大麦清可湿性粉剂120～150克。用三唑类药剂和拌种双拌种，可能会产生药害，应严格控制用药量，最好对所处理的品种先做试验，以确定适宜用药量。

39. 大麦散黑穗病

【发生规律】　病原菌的休眠菌丝体潜伏在带菌种子的胚内，

种子萌发后，菌丝开始活动，逐渐转移至生长点附近。幼穗形成后，菌丝进入穗组织，形成菌瘿。抽穗后不久，菌瘿破裂，冬孢子随风分散，飘落到健株花器上，萌发后形成侵染菌丝，侵入子房和胚，种子成熟后，以菌丝体潜伏在种胚内。

冬孢子萌发适温为16℃～22℃，需有较高的相对湿度。

【防治方法】 参见小麦散黑穗病防治部分。大麦种子耐热性不如小麦，若进行温汤浸种，热水温度不宜高于52℃。

40. 大麦黄花叶病

【发生规律】 由禾谷多粘菌传毒。携带病毒的禾谷多粘菌休眠孢子囊，随病株残根在土壤中越冬或越夏。带毒休眠孢子囊可随流水、农机具和土壤耕作而传播，也可随夹杂在种子间的病残体传播。大麦黄花叶病的侵染循环和发病条件与小麦黄花叶病相同，详见小麦土传病毒病害部分。

大麦品种间抗病性有明显差异，早熟3号高度感病，而小将大麦、紫尺八大麦、早尺八大麦等品种抗病。

【防治方法】 采用种植抗病品种、轮作、加强栽培管理等措施防治，参见小麦土传病毒病害防治部分。

41. 大麦条纹花叶病

【发生规律】 大麦条纹花叶病毒主要由种子带毒传病。有些品种种子带毒率高达96%～100%。此外，花粉也带毒，但对于自花授粉作物，花粉传毒的实际作用不大。在田间，还通过病叶与健叶之间的摩擦而由病叶汁液传毒。

【防治方法】 繁育和使用不带病毒的健康种子，选育和栽培抗病品种。

42. 黑麦锈病

【发生规律】 黑麦秆锈病菌和叶锈病菌都以夏孢子在生活植

株上辗转危害,异地越夏、越冬。夏孢子可随气流远距离传播。降水量多、叶面潮湿、施氮肥过多有利于发病。详见小麦锈病部分。

【防治方法】 采取以选育和种植抗病品种为主的综合防治措施。两种病菌都有多个生理小种,需在了解小种类群的前提下,选用抗病品种。栽培防治方法和药剂防治方法参考小麦锈病防治部分。

43. 燕麦和黑麦炭疽病

【发生规律】 病原菌以分生孢子盘、菌丝体在燕麦和黑麦病残体上或杂草寄主上越夏或越冬,然后产生分生孢子侵入幼苗。分生孢子借风雨传播,可引起多次再侵染,使发病部位逐渐上移。另外,种子也可以带菌传病。

麦类作物连作及土壤瘠薄、缺磷、pH 值高时,发病增多。田间管理不良、杂草多、天气多雨高湿时病重。

【防治方法】 炭疽病通常发生不重,不需采取特定防治措施,可在防治其他病害时予以兼治。重病田块可与非禾本科作物进行 2 年以上轮作,同时清除田间病残体和杂草,加强田间管理,增施肥料,特别要增施充分腐熟的农家肥和磷肥。

44. 燕麦锈病

【发生规律】 燕麦冠锈病菌和秆锈病菌在自然界中都有转主寄主,即相继在两种不同植物上发育而完成整个生活史。冠锈病菌的转主寄主是鼠李属植物。其冬孢子越冬后,萌发产生担孢子,侵染鼠李属植物,在鼠李属植物的叶面产生性子器和性孢子,在叶背产生锈孢子器和锈孢子。锈孢子侵染燕麦,在燕麦上产生夏孢子堆,夏孢子继续侵染燕麦,直至季节之末,又产生冬孢子堆和冬孢子越冬。秆锈病菌的转主寄主是小檗属植物。

在我国,两种锈菌的转主寄主在侵染循环中的作用,尚待澄清。实际上,燕麦冠锈病菌与秆锈病菌的流行规律分别与小麦叶锈

病菌或小麦秆锈病菌相似，都是以夏孢子在燕麦上辗转危害，完成周年循环。在贵州、云南等地，全年以夏孢子阶段进行重复侵染。锈菌还可以在冷凉山区晚熟燕麦上越夏。在北方燕麦产区，初侵染菌源是来自外地的远程传播的夏孢子。生长季节适温多雨，发病加重。

【防治方法】 主要防治措施是选育和栽培抗病品种，两种锈菌都有多个生理小种，需选用能够抵抗当地小种的抗病品种。还可通过调整播期，使大田锈病盛发期处在燕麦的生育后期，以减少损失。在锈病始发期和始盛期及时喷洒三唑酮等药剂，也有较好的防治效果，参见小麦锈病防治部分。

45. 燕麦德氏霉叶斑病

【发生规律】 病菌以分生孢子或菌丝在燕麦病残体上或病种子上越冬。翌年春季产生分生孢子，从燕麦幼苗的幼嫩组织侵入，发病后又产生分生孢子，进行多次重复侵染。苗期地温低而湿度高时易发病，生长期间天气多雨高湿发病重。

【防治方法】 使用无病种子，清除田间病残体。发病重的地区或田块，于发病初期开始喷施杀菌剂防治 1～2 次，具体参见大麦云纹病防治部分。

46. 燕麦壳多孢叶枯病

【发生规律】 病原菌主要以菌丝体和分生孢子器在田间燕麦病残体中越冬，含有未腐熟燕麦病残体的农家肥也是传染源。春季，在越冬病残体上产生分生孢子侵染幼苗，还可能形成有性态子囊壳。分生孢子和子囊孢子主要随风雨传播，也可被昆虫、农机具等携带传播。在燕麦的一个生长季中，发生多次再侵染，发病部位从基部叶片逐渐上移。多雨高湿的天气适于发病。

【防治方法】 选用抗病或轻病品种，深耕灭茬，清除田间病残体，施用腐熟的农家肥，重病田停种燕麦 1～2 年。

47. 燕麦坚黑穗病和散黑穗病

【发生规律】

(1)坚黑穗病　病原菌以冬孢子附着在种子上或落入土壤中或混杂在粪肥中越季。冬孢子抗逆性强,可在土壤中存活 2～5 年。燕麦种子萌发时,冬孢子也同时发芽,产生担子和担孢子。不同性别的担孢子萌发后结合,产生双核侵染菌丝,侵入燕麦幼芽。以后在病株体内系统扩展,开花时进入花器中,破坏子房,产生大量冬孢子。

坚黑穗病原菌发育适温为 15℃～28℃,最低为 4℃～5℃,最高为 31℃～34℃。土壤为中性至微酸性最有利于病原菌侵染。侵染适温随土壤湿度而不同。土壤含水量为 15%时,侵染适温为 15℃,土壤含水量为 20%～25%时,侵染适温为 20℃,土壤含水量再增高,侵染适温可提高到 25℃。一切可延长种子发芽和出苗的因素,都可能使病菌的侵染率提高。坚黑穗病菌有不同的生理小种,燕麦品种间抗病性差异明显。

(2)散黑穗病　在燕麦开花期,病株菌瘿破裂,冬孢子通过风雨传播,降落在健株穗子的颖壳上或进入张开的颖片与籽粒之间。部分孢子迅速萌发,菌丝侵入颖壳或种皮内,以菌丝体休眠。部分孢子不立即萌发,在种子上或种子与颖壳之间长期存留。

燕麦播种后,种子上或邻近土壤中的病原菌冬孢子与种子同步萌发,相继产生担子、担孢子和侵染菌丝,侵入胚芽鞘。胚芽鞘长度超过 2.5 厘米后,就度过了易感阶段。同时,已经进入颖壳和种皮的菌丝体,也开始活动。病菌侵入幼苗后,菌丝随生长点系统扩展,最后进入幼穗,形成菌瘿。

播种后温度为 18℃～26℃,土壤含水量低于 30%,幼苗生长缓慢,病菌侵入期拉长,发病增多。播种过深时,发病也加重。

【防治方法】

(1)农业防治　燕麦品种间抗病性有显著差异,应因地制宜栽

培抗病品种。要选用无病种子。秋播要适时早播，春播要适时晚播，提高播种质量，促进发芽出苗。抽穗后发现病株及时拔除，携至田外集中烧毁。

(2)药剂拌种　每100千克种子用2%立克秀100克，或25%三唑酮可湿性粉剂80～120克，或15%三唑酮可湿性粉剂120～200克，或10%三唑醇可湿性粉剂75～150克，或50%多菌灵可湿性粉剂200～300克，或50%甲基硫菌灵可湿性粉剂200克，或40%拌种双可湿性粉剂100～200克。用三唑类药剂和拌种双拌种，可能会产生药害，应严格控制用量，最好对所处理的品种先做试验，以确定适宜用药量。此外，也可用细硫黄粉拌种，用药量为种子重量的0.5%～1%。

48. 燕麦红叶病

由大麦黄矮病毒引起，又称为燕麦黄矮病。详见麦类黄矮病防治部分。

二、害虫防治

1. 禾谷缢管蚜

【发生规律】 1年发生10～20代。在北方寒冷地区，禾谷缢管蚜产卵于稠李、桃、李、榆叶梅等李属植物上越冬，翌春繁殖后迁飞到禾本科植物上，属异寄主全周期型昆虫。在温暖麦区则以无翅孤雌成蚜和若蚜在冬麦田或禾本科杂草上越冬。营不全周期生活，冬季天暖仍在麦苗上活动。夏秋季主要在玉米上为害。麦收后转移到黍子和自生麦苗上，在北方于秋后迁往草丛中越冬。在冬麦区或冬麦、春麦混种区，秋末小麦出土后，迁回麦田繁殖。禾谷缢管蚜在30℃左右发育最快，喜高湿，不耐干旱。

【防治方法】

(1)农业防治

①调整作物布局　在南方禾谷缢管蚜发生严重的地区，减少秋玉米的播种面积，切断其中间寄主作物链，使蚜源相应减少，可减轻禾谷缢管蚜的发生为害。在华北地区推行冬麦与油菜、绿肥间作，通过保护利用麦蚜天敌资源控制蚜害。在西北地区的禾谷缢管蚜和黄矮病发生流行区，缩减冬麦种植面积，扩种春小麦，通过削弱麦蚜和黄矮病的寄主作物链，使之不能递增而控制病虫害的发生。

②改变田间环境

其一，清除田间杂草与自生麦苗，减少麦蚜的适生地和越夏寄主。

其二，冬麦适期晚播与旱地麦田冬前冬后镇压，既可压低越冬虫源，又可保墒护根，有利小麦生长。

其三，干旱、瘠薄、稀植的麦田有利于禾谷缢管蚜发生，因此在黄矮病流行区，要着力提高栽培水平，改旱地为水地，深翻，增施氮

肥，合理密植，可较好地控制禾谷缢管蚜和黄矮病。

③选用抗耐品种　可因地制宜选用抗麦蚜混合种群或者抗黄矮病品种（系）。

(2)生物防治

其一，应用对天敌安全的选择性药剂，如抗蚜威、吡虫啉（一遍净）等，减少用药次数和数量，最大限度地保护和利用瓢虫、食蚜蝇、蚜茧蜂、蜘蛛、蚜霉菌等自然天敌。

其二，调整施药时间，避开天敌大量发生时施药。根据虫情，挑治重点田块和虫口密集田，尽量避免普治，减少对天敌的伤害。当天敌与麦蚜比在1∶120以下时，天敌控制麦蚜效果较好，不必施用化学药剂防治；当天敌与麦蚜比在1∶150以上而天敌呈明显上升趋势时，也可不用化学药剂防治。需用药物防治时，宜选用生物源农药，可选用0.2%苦参碱（克蚜素）水剂400倍液或杀蚜霉素（孢子含量200万个/毫升）250倍液。

(3)药剂防治

①防治策略　灭蚜和防病相结合，点片挑治和重点防治相结合。苗期或拔节期要特别注意防治虫源基地的蚜虫。

②防治指标　重病区防治指标可适当从严，一般掌握在小麦拔节期百株蚜量在10头以上、有蚜株率5%以上，拔节至孕穗期连续喷药2～3次。轻病区及轻病年份防治指标可适当放宽，尽可能以点片挑治为主，最大限度地保护和利用自然天敌。在小麦孕穗期，当有蚜株率达50%、百株平均蚜量200～250头或灌浆初期有蚜株率70%、百株平均蚜量500头、天敌与麦蚜比小于1∶120时，即应进行防治。

③药剂及用量

其一，在非黄矮病流行期，重点防治穗期麦蚜，必要时田间选择轮换喷洒如下药剂：2.5%扑虱蚜可湿性粉剂或10%吡虫啉可湿性粉剂2 500倍液，或2.5%高渗吡虫啉可湿性粉剂3 000倍液，或50%抗蚜威可湿性粉剂3 500～4 000倍液，或50%马拉硫磷乳

油1 000倍液，或90%快灵可溶性粉剂3 000～4 000倍液，或50%杀螟松乳油2 000倍液，或2.5%溴氰菊酯乳油(敌杀死)3 000倍液。也可选用40%辉丰1号乳油，每667米^{2}用30毫升，对水40升，防治效果达99%。

其二，干旱地区每667米^{2}可用40%乐果乳油50毫升，对水1～2升，拌细砂土15千克，或用80%敌敌畏乳油75毫升，拌土25千克，于小麦穗期清晨或傍晚撒施。为了保护天敌，最好选用对天敌杀伤力小的抗蚜威等农药。

其三，麦蚜、白粉病混发时，喷洒11%氧乐·酮乳油100毫升，对水50升，防治麦蚜效果与氧乐果相似，防治白粉病效果与三唑酮相当。

2. 麦二叉蚜

【发生规律】 1年发生20～30代，具体代数因地而异。冬、春麦混种区和早播冬麦田，秋苗出土后蚜虫即开始迁入繁殖，在小麦3叶期至分蘖期出现1个小高峰，进入11月上旬以卵在冬麦田残茬上越冬，翌年3月上中旬越冬卵孵化，在冬麦上繁殖几代后，有的以无翅胎生雌蚜继续繁殖，有的产生有翅胎生蚜在冬麦田繁殖扩展，4月中旬有些迁入到春麦田，5月上中旬大量繁殖，出现为害高峰期，并可引起黄矮病流行。麦二叉蚜在气温10℃～30℃范围内发育速度与温度呈正相关，7℃以下存活率低，22℃胎生繁殖快，30℃生长发育最快，42℃迅速死亡。该蚜虫在适宜条件下，繁殖力强，发育历期短，在小麦拔节、孕穗期虫口密度迅速上升，常在15～20天百株蚜量可达万头以上。

【防治方法】 参照禾谷缢管蚜防治方法。

3. 麦长管蚜

【发生规律】 1年发生20～30代，在多数地区以无翅孤雌成蚜和若蚜在麦株根际或四周土块缝隙中越冬，有的可在背风向阳

麦田的麦叶上继续生活。该虫在我国中部和南部属不全周期型，即全年进行孤雌生殖，不产生性蚜世代，夏季高温季节在山区或高海拔的阴凉地区麦类自生苗或禾本科杂草上生活。在麦田春、秋两季出现两个发生高峰，夏季和冬季蚜量少。秋季冬麦出苗后从夏寄主上迁入麦田进行短暂的繁殖，出现小发生高峰，为害不重。11月中下旬后，随气温下降开始越冬。春季麦苗返青后，气温高于6℃时开始繁殖；低于15℃繁殖率不高；高于16℃，小麦抽穗时转移至穗部，此时虫口数量迅速上升，直到灌浆和乳熟期蚜量达高峰；高于22℃，产生大量有翅蚜，迁飞到冷凉地区越夏。该蚜在北方春麦区或早播冬麦区常产生孤雌胎生世代和两性卵生世代，世代交替，多于9月份迁入冬麦田，10月上旬旬平均温度14℃～16℃进入发生盛期。该虫以卵越冬，9月底出现有性蚜，10月中旬开始产卵，11月中旬旬平均温度4℃时进入产卵盛期。翌年3月中旬进入越冬卵孵化盛期，历时1个月，先在冬小麦上为害，4月中旬开始迁移到春麦上。无论春麦还是冬麦，到了穗期，麦长管蚜即进入为害高峰期。6月中旬又产生有翅蚜，迁飞到冷凉地区越夏。麦长管蚜生长发育适宜温度为10℃～30℃，其中18℃～23℃最适，气温12℃～23℃时产仔量为48～50头，24℃时产仔量则下降。

【防治方法】 参照禾谷缢管蚜的防治方法。

4. 灰飞虱

【发生规律】 在陕西关中地区1年约发生5代。以成虫在麦田基部土缝内越冬，翌年春季3月上旬开始活动，在麦田繁殖1代后，5～6月份随小麦黄熟而迁到田边、渠岸杂草中或早播秋田内继续繁殖，并向玉米、高粱、谷子等作物田扩散，10月份冬小麦出苗后又迁到麦田，直至越冬。

灰飞虱的发生与气候条件有关。其耐低温的能力较强，对高温的适应性较差。生长发育的适宜温度为23℃～25℃，夏季高温对其极为不利。杂草丛生时有利于其取食，形成越冬虫口基数高，苗

期危害重。

【防治方法】

（1）农业防治

其一，铲除田内外杂草，春季在成虫羽化前适时耕翻，消灭越冬虫源。

其二，适期播种。温暖天气时灰飞虱表现活跃，传毒力强，小麦播种愈早感病愈重，应避免早播。适期播种可明显减轻麦苗发病数量和程度。

其三，加强田间管理。及时查苗补苗，疏密补稀；加强春季压麦、耙麦；小麦返青期追肥浇水及中耕管理，既可消灭杂草和灰飞虱，又可促进麦苗壮长早发，提高抗病能力。

（2）生物防治　保护天敌，如蜘蛛等。在蜘蛛与灰飞虱比例为1∶4时，可不用化学药剂防治。

（3）药剂防治　可选用福可多可湿性粉剂，每公顷用量150克，对水900升常规喷雾，控害时间达30天以上；或选用阿麦尔乳油1 000～1 500倍液，或5%锐劲特浓悬浮剂1 600倍液，或25%扑虱灵可湿性粉剂1 400倍液喷雾。

5. 条沙叶蝉

【发生规律】　在陕西关中地区1年发生4代。主要以卵在杂草及小麦枯死的叶片、叶鞘内越冬，在冬季温暖的年份或场所，也可以成虫越冬。越冬卵一般在3月下旬至4月下旬孵化，4月上中旬为孵化高峰期；小麦收割后，迁至秋收作物及杂草上繁殖为害，8月中旬前后为在秋收作物及杂草上的发生高峰期；秋播小麦出苗后又迁回麦田，10月中下旬为秋苗期成虫的发生高峰期，是传播小麦蓝矮病的关键时期，至11月中下旬，随气温降低，渐进入越冬阶段。越冬代与当年第一、二、三代成虫分别在4月下旬、6月中旬、8月上旬和9月下旬出现，高峰期分别在5月中旬、6月下旬、8月下旬至9月初和10月中旬，10月上旬后产越冬卵进入越冬状

态。全年除越冬代外，其余3代世代重叠明显。

成虫善跳能飞，可借风力短距离迁飞，喜欢温暖干燥环境，有较明显的趋光性，因此晚8时20分至9时10分是利用灯光诱捕成虫的高峰期。成虫趋光迁飞受自然温、湿度影响较大，以第二代比较明显，其他代较少。条沙叶蝉行两性生殖，偶尔出现单雌虫产无效卵的现象，不同世代产卵场所与产卵量有较大差异。

【防治方法】

(1)农业防治

其一，选用当地丰产抗病虫的良种。

其二，耕作改制，提倡与非禾本科作物轮作，轮作年限以2年以上为宜。

其三，增施腐熟农家肥料，配方施用速效化肥，提倡灌好"三水"，即苗水、返青拔节水、灌浆水，达到苗全、苗壮，提高抗病能力。

其四，麦收后及时灭茬，清除田园杂草。旱地深翻两遍后耙松，剔出田间根茬，消灭自生麦苗及毒源植物，切断小麦红矮病的侵染环节。冬麦施盖苗粪，耙松镇压，压埋带卵根茬，减少翌年春季的越冬虫口基数。

其五，压缩不适宜区的冬麦面积、冬春麦实行分区种植。减少条沙叶蝉的越冬场所及传毒机会。

其六，冬小麦适期晚播，可有效地减少条沙叶蝉产卵和越冬虫口基数。

(2)药剂防治

①播种期　用种子量的0.2%～0.3%的"3911"乳油或40%甲基异柳磷乳油，按每50千克种子对水2～3升拌种，堆闷5～6小时后播种。

②秋苗期　对条沙叶蝉虫口密度仍较高的地块进行挑治，每667米^{2}用40%氧化乐果5毫升，或20%杀灭菊酯或敌杀死10毫升，加枯病灵60毫升，对水50～60升喷雾。

③返青拔节期　3月下旬至4月中旬虫口密度较高时可施药

防治，药剂品种及剂量同秋苗期防治，最好结合防蚜同时进行。

6. 大青叶蝉

【发生规律】 在陕西关中地区1年发生3代，第一、二代在大田作物和蔬菜上为害，第三代成虫发生在9～11月份，作物收获后逐渐转移到大白菜等秋菜上为害，从10月中旬开始迁移到果树上产卵越冬。

刚羽化的成虫体色较淡，半日后变深。成虫活动频繁，一般在高温微风的中午最为活跃，稍受惊扰便斜行或横行，惊扰大则迅速起飞。在风雨骤寒的低温天气或每天早、晚露水大时静止潜伏。成虫趋光性很强，盛发期的傍晚灯下常可诱到大量成虫，夜间10～12时最多，0时后很少。

成虫喜栖息于潮湿背风处，多集中在生长茂密、嫩绿多汁的杂草及农作物上刺吸汁液，昼夜均可取食，常一边取食一边从尾端排泄透明的液滴——蜜露。每头成虫1分钟可排15～30滴，每天平均排蜜露0.75克，最多1.5克，最少0.11克，与取食植物汁液有关。

成虫取食30天后才交尾产卵。交尾、产卵均在白天进行，交尾时呈“一”字形，历时几十分钟。产卵时雌虫先用锯状产卵器刺破寄主植物表皮，形成月牙形产卵痕(在禾本科植物上为直线形)，再将卵成排产于表皮组织内，然后在卵痕表面覆盖一层白色分泌物，形成卵块。每头雌虫可产卵3～10块，计50余粒，在几天或几周内产完。成虫产卵对寄主种类、部位有一定选择性，夏季多产于禾本科、豆科作物及杂草的茎干、叶鞘上。

【防治方法】

(1)农业防治

其一，压低越冬虫源。铲除田边杂草，减少虫源。

其二，因地制宜改革耕作制度。避免混栽，减少桥梁田。

其三，选用抗虫品种。

其四，合理肥水管理和合理密植。

(2)物理防治　在成虫盛发期进行灯光诱杀。

(3)保护和利用自然天敌　大青叶蝉的天敌主要有7种。卵期天敌有小枕异绒螨、华姬猎蝽和双刺胸猎蝽；成虫期和若虫期天敌有亮腹黑褐蚊、罗恩尼斜结蚊。它们捕食蜕皮静止不动的若虫和新羽化的成虫。另外，麻雀和蟾蜍也捕食大青叶蝉成虫和若虫。

(4)药剂防治　参照灰飞虱的防治方法。

7. 黑尾叶蝉

【发生规律】　在陕西南部1年发生4～5代。以成虫或若虫越冬，是水稻的重要害虫。4～5月份发生在麦田，但数量少，危害轻微。在水稻田，8月上旬进入发生盛期，8月下旬至9月上旬达到顶峰，9月中旬后虫量渐少。自然情况下，夏季主要危害水稻，冬春季主要取食看麦娘等杂草。

【防治方法】

(1)农业防治　参照大青叶蝉的防治方法。

(2)生物防治　保护利用宽黾蝽防治黑尾叶蝉。

(3)药剂防治　常用药剂有50%马拉硫磷乳油、25%西维因可湿性粉剂、20%速灭威乳油、40%乐果乳油等，每667米^{2}用量均为100毫升(克)。采用速灭威+敌百虫、叶蝉散+马拉硫磷、仲丁威+敌百虫、仲丁威+马拉硫磷防治黑尾叶蝉，具有增效作用。

8. 白边大叶蝉

【发生规律】　1年发生4代，以卵越冬。各代成虫羽化期为：4月下旬至5月上旬，7月上旬，8月上旬，9月下旬。在广东终年可见成虫，无真正的休眠期，江苏、浙江以7～8月份发生最多。危害桑树时，产卵于桑叶中，每一卵穴有卵2～3粒，叶表稍许隆起，可以辨别。

【防治方法】　参照大青叶蝉、黑尾叶蝉防治方法。

9. 棕色鳃金龟

【发生规律】 在陕西2～3年完成1代，以2，3龄幼虫及成虫越冬。在渭北塬区，越冬成虫于4月上旬开始出土活动，4月中旬为成虫发生盛期，一直发生到5月上旬。4月下旬开始产卵，卵期平均29.4天，6月上旬为卵初孵期。幼虫历期平均362天，1，2龄分别为36.4天和34.4天，7月中旬至8月下旬达2～3龄，10月下旬下潜到35～97厘米深土层中越冬，以50厘米以下越冬幼虫量大。翌年4月份越冬幼虫上升到耕层，危害小麦等作物地下部分，至7月中旬幼虫老熟，下潜深土层做土室化蛹，8月中旬羽化成虫，当年不出土，越冬后于翌春出土活动。

成虫于傍晚活动，多于下午7时以后出土，出土后在低空飞翔，高度为0.3～2米，一次可飞数十米远，8时后逐渐入土潜藏。成虫在地表觅偶交配，雌虫交配后约经20天产卵，卵产于15～20厘米深土层内，单产，1雌产卵量为13～48粒，平均26.3粒。

雄虫基本不取食，雌虫偶可少量取食榆、槐、月季叶片。土壤含水量15％～20％最适于卵和幼虫生活，降至5％以下卵及幼虫均死亡，降至10％时勉强存活，但最终仍不免死亡，但高于30％时亦死亡。

幼虫为害期长，由4月上旬上升到耕层至10月下旬下潜越冬前，均在耕层活动，且食量大。

【防治方法】

(1)农业防治

①深翻土地　播种前深翻，通过机械杀伤和家禽、鸟雀取食降低虫口数量。夏季将休闲地深耕晒垡，通过曝晒及以上途径对蛴螬有显著杀伤作用。

②合理施肥，适时灌水　未经腐熟的农家肥吸引金龟甲成虫产卵，要杜绝施用未经堆沤腐熟的农家肥。春、夏季适时灌水可改变土壤的通气条件，迫使蛴螬上升到地表或下潜，甚至死亡，可减

轻危害。

③轮作倒茬　因为蛴螬喜欢取食禾谷类及块根、块茎类作物，而对棉花、芝麻、油菜等直根系作物危害较轻，各地可因地制宜地选用蛴螬嗜好和不嗜好的作物进行合理轮作，以减轻危害。

(2)物理防治　利用金龟子的趋光性，用黑光灯捕杀。诱光灯下要结合施用农药，防止造成局部危害。

(3)人工捕杀　利用金龟子成虫的假死性，在盛发期通过振动寄主躯干进行人工捕杀。

(4)生物防治　利用绿僵菌、白僵菌、乳状菌等消灭蛴螬。

(5)药剂防治

①种子处理　常用药剂为50%辛硫磷乳油等。用药量为种子量的0.1%～0.2%。先用种子量5%～10%的水将药剂稀释，再用喷雾器将药剂均匀喷洒在种子上，堆闷12～24小时，待种子将药液完全吸收后播种。

②土壤处理　常用农药有50%辛硫磷乳油、5%辛硫磷颗粒剂、3%米乐尔颗粒剂、5%地亚农颗粒剂、10%辛硫磷粉粒剂等。常用方法：一是播前将农药单独或与肥料混合均匀施于地面，然后随犁地翻入耕层中；二是颗粒剂农药与种子同时播种；三是条施、沟施或穴施农药等。

③成虫的药剂防治

喷粉：选用1.5%乐果粉、2.5%敌百虫粉等，每667米^{2}施1～2千克。

喷雾：在危害严重的作物上按常量喷洒乐果、灭扫利、敌杀死等触杀或胃毒农药。

涂抹：用内吸药剂涂抹树干。

10. 黑皱鳃金龟

【发生规律】　在陕西2年完成1代，以成虫或3龄幼虫及少数2龄幼虫越冬，咸阳地区南部塬区越冬成虫于翌年3月下旬气

温上升到10.4℃时零星出土,4月上中旬气温升到14℃时大量出土,发生期约50天。4月下旬开始产卵。每雌产卵量平均110粒左右,最多可达212粒。卵于5月下旬开始孵化,6月下旬达孵化盛期。5月上旬所产卵,卵期平均22.7天。大部分幼虫于8月份发育为3龄,待秋季小麦出苗后,为害至11月下旬下潜越冬,翌春3月上旬,当10厘米深地温上升到7℃以上时开始活动,地温上升至11℃时,绝大部分幼虫上升到地表为害。6月上旬开始化蛹。蛹期16~29天,6月下旬开始羽化。成虫当年出土,越冬后于翌春出土活动。

黑皱鳃金龟是陕北及渭北地区蛴螬类的优势种之一,发生重的地区占蛴螬类的30%~75%。

【防治方法】 参照棕色鳃金龟防治方法。

11. 铜绿丽金龟

【发生规律】 在我国多数地区1年发生1代,以大龄幼虫越冬。春季气温回升,上升危害小麦及春播作物。5月份开始化蛹,蛹期7~10天,5月中下旬出现成虫,成虫交尾产卵后约10天死亡。每头雌虫产卵50~60粒,卵期7~10天。成虫有假死性,趋光性强,昼伏夜出,日落后开始出土,先行交配,然后取食。成虫食性杂,食量大,常将叶片全部吃光,主要为害杨、柳、苹果、梨等多种林木、果树的叶片,是林果树的重要害虫。幼虫在土中可为害多种作物的种子和幼苗。8~9月份,1~2龄幼虫多在10厘米深土层中;10月下旬,3龄幼虫开始向土壤深处迁移,至12月下旬多数在51~75厘米深处,有的可深达96.5厘米;翌年春季,10厘米深处地温高于6℃时,幼虫开始向上活动。

【防治方法】 参照棕色鳃金龟防治方法。

12. 东北大黑鳃金龟

【发生规律】 在我国北方2年完成1代,以成虫和幼虫在土

下越冬。越冬成虫4月间开始出土，交尾后4～5天产卵。卵产于5～12厘米深的耕层土壤中，每雌产卵5～6次，可产卵20～30粒，最多70余粒。成虫交尾期长达2个月，卵期10～15天，幼虫孵化后危害大豆或花生幼果，10月份以后越冬。越冬幼虫翌年危害小麦和春播作物，可持续至6月份。老熟幼虫转入15厘米左右深处土中化蛹，蛹期20～22天，化蛹盛期在5～6月份。幼虫多发生于水浇地、低湿地等土壤较粘重的地带。

【防治方法】 参照棕色鳃金龟防治方法。

13. 暗黑鳃金龟

【发生规律】 1年发生1代，多以3龄老熟幼虫越冬，少数以成虫越冬。在地下的深度为15～40厘米，20～40厘米深处最多。以成虫越冬的，成为翌年5月份出土的早期成虫。以幼虫越冬的，一般春季不危害作物，于4月下旬至5月初化蛹，化蛹盛期在5月中旬。6月上旬为羽化初期，6月底为末期。6月初至8月中下旬为成虫发生期。成虫喜飞翔在较高的植物上，交尾后即飞往杨、柳、榆、桑等树上，取食中部叶片，有隔天出土活动习性。7月初田间始见卵，8月中旬为产卵末期。7月中旬卵开始孵化，下旬为孵化盛期，8月中下旬为幼虫为害盛期。成虫在天气闷热和雨后发生较多，食性杂，有群集习性和假死性，遇惊落地，3～4分钟后恢复活动。成虫羽化后，在土内潜伏15天左右才出土交尾，多昼伏夜出。成虫趋光性强，傍晚出土时飞行速度快，飞翔能力强。雌虫产卵前期14～26天，产卵量23～180粒，最多300余粒。产卵有不同深度，5～20厘米深处最多。幼虫食性杂，3龄后食量最大，还可转移为害，造成植株成片死亡。

【防治方法】 参照棕色鳃金龟防治方法。

14. 沟金针虫

【发生规律】 2～3年以上完成1代，以成虫和幼虫在土中越

冬，生活历期长，世代不整齐。越冬幼虫于8月上旬至9月上旬陆续化蛹，蛹期16～20天。9月初成虫羽化，当年不出土，在地下越冬。翌年3～4月份开始活动，以4月上旬为最盛。成虫寿命约220天。4月中旬至6月初产卵，卵期35天，6月份幼虫全部孵出。成虫白天潜伏在土块下或杂草中，傍晚活动交尾。有假死性，无趋光性。雌虫行动迟钝，不能飞翔，雄虫活跃，能短距离飞翔。雌虫交配后，将卵产在土下3～7厘米深处，卵散产，每雌产卵200余粒，卵粒小，常粘有土粒，不易发现。幼虫食害麦苗时，先从分蘖节的上部钻入茎内，然后咬食组织，被害处呈乱麻状。被害的麦苗先从主叶枯萎，逐渐全株枯死。低龄幼虫和成虫危害轻，主要是老龄幼虫造成的危害。一般以春苗受害重，秋播小麦影响小。

【防治方法】

(1)农业防治　结合农田基本建设，有计划地开垦荒地，以消除地下害虫滋生繁殖的场所，精耕细作，合理轮作，可压低虫口密度，减轻危害。适时灌水，合理施肥，适当调整播期，及时除草等，可以减轻地下害虫的危害。

(2)物理防治　利用沟金针虫对黑光灯的趋性，与防治其他害虫同时诱杀。

(3)药剂防治　主要包括药剂拌种、药剂土壤处理、撒毒饵、浇毒水等。参照棕色鳃金龟防治方法。

15. 细胸金针虫

【发生规律】　在我国北方2年完成1代。第一年以幼虫越冬，第二年以老熟幼虫、蛹或成虫在地下10～75厘米深处越冬。越冬后于翌年4月初开始出土，4月中旬为出土高峰期。4月中旬成虫开始交尾，盛期在4月中下旬。4月下旬开始产卵，卵产在土下3～7厘米深处，每雌可产卵100粒左右，4月底至5月上旬为产卵高峰期。5月中旬卵开始孵化，5月下旬为孵化高峰期，成虫寿命200天左右。2年1代的幼虫，有10个龄期，历期475天，第二年6月

下旬化蛹，高峰期在8月上中旬，7月上旬开始羽化，8月下旬至9月上旬为羽化高峰期。成虫羽化即在原地越冬。成虫对糖、酒混合液有强烈趋性，并对枯枝烂叶及麦秸有一定趋性。成虫还具有假死性和弹跳能力，飞翔力差，趋光性弱，用灯光很难诱到。初孵幼虫活泼，受惊后不停翻卷或迅速爬行，有互相残杀习性；低龄幼虫抗逆力差，死亡率高；高龄幼虫生命力强，幼虫期多为10龄，少数8～9龄。幼虫较耐低温，故春季为害早而秋季越冬迟，性喜钻蛀植株和转株为害。

【防治方法】 参照沟金针虫防治方法。

16. 褐纹金针虫

【发生规律】 一般3年完成1个世代。当年孵化的幼虫发育至3～4龄越冬，第二年以5～7龄幼虫越冬，第三年6～7龄幼虫7～8月份在20～30厘米深处化蛹，蛹期平均17天左右，羽化后在土内即行越冬。成虫活动适温为20℃～27℃。发生期如雨水连绵，对其发生有利。成虫夜息日出，白天活动，下午活动最盛。卵多产在麦根附近10厘米深处。成虫寿命250～300天。5～6月份为产卵盛期，卵期为16天左右。幼虫春秋两季为害。10月下旬开始越冬。

【防治方法】 参照沟金针虫防治方法。

17. 华北蝼蛄

【发生规律】 华北蝼蛄生活历期较长，在我国北方大部分地区需3年完成1代，以成虫及若虫在地下150厘米深处越冬。翌年春季地温回升至8℃时上升活动，在地表常留有10厘米左右长的隧道。4～5月份进入为害盛期，危害返青的冬小麦及春播作物。6月中旬以后天气炎热时潜入地下越夏产卵，每头雌虫可产卵80～800余粒，卵期10～25天，8月上旬至9月中旬危害秋菜和冬麦，其后以8～9龄若虫越冬，第二年以12～13龄若虫越冬，第三年若

虫羽化后以成虫越冬，越冬成虫第四年5月份产卵。华北蝼蛄喜潮湿土壤，含水量22%～27%时最适其生存，因此在平原区的轻盐碱地带和沿河、沿海及湖边等低湿地区最易发生。砂壤土及腐殖质多的地方发生也重。

【防治方法】 应根据其季节性消长的特点和在土壤中的活动规律，抓住有利时机，采取相应的防治措施。

(1)生态防治　蝼蛄一生都生活在土壤中，通过改变蝼蛄土壤生态环境条件可减轻其危害。例如，采取深翻土地、适时中耕、清除杂草、平整土地、不施未腐熟的农家肥等措施，破坏蝼蛄滋生繁殖场所。

(2)灯光诱杀　利用蝼蛄趋光性强的习性，在无风的夜晚用黑光灯、日光灯、堆火等各种灯火诱杀成虫。

(3)农业防治　挖洞毁卵灭虫。春季在蝼蛄开始上升活动而未迁移时，根据地面新的隧道或隆起堆，寻找虫洞，沿洞深挖，便可找到蝼蛄。夏季在蝼蛄产卵盛期，结合中耕，发现卵洞口时，向下挖10～20厘米深找到卵室，可挖出蝼蛄和卵粒。

(4)药剂防治

①药剂拌种　参照棕色鳃金龟防治方法。

②土壤处理　参照棕色鳃金龟防治方法。

③毒饵诱杀　用90%晶体敌百虫1千克，拌入炒香的50千克麦麸中，加水做成毒饵，捏成小团，散放在洞口。注意不要与苗接触。浇水时应将毒饵取出，以防产生药害。在田间可将毒饵散放在株间或垄沟内。

④药液灌虫洞　用50%辛硫磷乳油1 500倍液灌虫洞。

18. 东方蝼蛄

【发生规律】 在我国北方地区2年发生1代，在南方1年发生1代，以成虫或若虫在地下越冬。翌年清明节后上升到地表活动，在洞口处顶起一堆虚土。5月上旬至6月中旬是东方蝼蛄最活

跃的时期，也是第一次为害高峰。6月下旬至8月下旬，天气炎热，转入地下活动。6～7月份为产卵盛期。9月份气温下降，再次上升到地表，形成第二次为害高峰。10月中旬以后，陆续钻入深层土中越冬。蝼蛄昼伏夜出，以夜间9～11时活动为最盛，特别在气温高、湿度大而闷热的夜晚，大量出土活动。早春或晚秋因气候凉爽，仅在表土层活动，不到地面上，但在炎热的中午常潜至深土层。蝼蛄具趋光性，并对香甜物质如半熟的谷子、炒香的豆饼、麦麸以及马粪等具有强烈趋性。成、若虫均喜松软潮湿的壤土或砂壤土，20厘米表土层含水量20%以上最适宜，低于15%时活动强度减弱。当气温为12.5℃～19.8℃，20厘米土温为15.2℃～19.9℃时，对蝼蛄最适宜，温度过高或过低时，都会潜入深层土中。

【防治方法】 防治方法同华北蝼蛄。

19. 黄地老虎

【发生规律】 黄地老虎在各地发生世代不同。辽宁、内蒙古、新疆、河北北部1年发生2代，河北大部、北京、天津及甘肃河西地带1年发生3代，华北沿海及黄淮地区1年发生4代。幼虫春秋两季为害，春季最重。第一代主要危害春播作物，幼虫在华北秋季危害白菜、萝卜、冬小麦及过冬绿肥。各地多以幼虫（少量以蛹）在寄主作物田、休闲田及田埂、沟渠地下3厘米左右深处化蛹，蛹期20～30天，4～5月份为各地成虫盛发期。成虫昼伏夜出，取食花蜜及发酵物。对黑光灯趋性很强。卵散产在作物或杂草根茬上。雌虫平均日产卵105粒，最多150多粒，一生最多可产卵1 200多粒。

【防治方法】 参照小地老虎的防治方法。

20. 小地老虎

【发生规律】 小地老虎无滞育现象，只要条件适宜，可连续繁殖，年发生世代数和发生期因地区、气候条件而异，在我国从北到南1年发生1～7代。小地老虎是一种迁飞性害虫，我国北方地区

小地老虎越冬代成虫均由南方迁入。由于南方越冬面积大，生态环境不同，春季羽化进度不一，因此造成北方越冬代成虫的发蛾期长、蛾峰多、蛾量大的特点。

陕南、关中1年发生3～4代，陕北1年发生2～3代，越冬代成虫出现期陕南稍早于关中，关中又早于陕北。陕南最早于2月下旬初始见成虫，一般3月上旬出现；关中最早于2月底始见，一般3月上旬出现；陕北最早3月上旬末始见，一般3月中旬出现。越冬代成虫出现期在不同地区差别不大。关中地区越冬代成虫3～4月份产卵于蓟、旋花等杂草及作物枯枝或土块上。第一代幼虫于4～5月份危害豌豆、油菜、棉苗、杂草等。严重时造成棉苗缺苗断垄。陕南地区第一代幼虫危害苕子、玉米等，陕北地区第一代幼虫危害春小麦、高粱、马铃薯等。各地均为第一代发生量大，危害重。

成虫昼伏夜出，白天多栖息于草丛、土缝等隐蔽处，傍晚7时至凌晨5时取食、交配和产卵等。在春季，傍晚气温达8℃时即开始活动，温度越高，活动的虫量和范围越大；夜晚有大风时不活动。具强趋光性和趋化性，尤其对波长为3 500埃(Å)的光趋性更强；对发酵物产生的酸甜气味和萎蔫的杨树枝有较强趋性，喜食花蜜和蚜露。成虫羽化后1～2天开始交配，多数在3～5天内进行，一般交配1～2次，少数3～4次。交配后第二天即产卵，产在土块及地面缝隙内的占60%～70%，产在土面的枯草茎或须根、草秆上的占20%，产在杂草和作物幼苗叶片背面的占5%～10%。卵散产或数粒产在一起。每雌产卵量1 000余粒，多的可达2 000粒，少的仅数十粒，分数次产完。在成虫发生高峰出现后4～6天，田间相应出现2～3次产卵高峰，产卵历期2～10天，多数5～6天。雌蛾寿命为20～25天，雄蛾寿命10～15天。

小地老虎在缺乏食物或种群密度过大时，个体间常自相残杀。对泡桐叶有一定的趋性，但幼虫取食后对生长发育不利。幼虫老熟后，常选择比较干燥的土壤筑土室化蛹。

【防治方法】

(1)农业防治

①清除杂草　杂草是小地老虎产卵场所及幼虫的食料，在作物幼苗出土前或幼虫1～2龄时，及时铲除田埂、路旁的杂草，防止杂草上的幼虫转移到作物幼苗上。

②翻耕晒土　可杀死大量幼虫和蛹。

③人工捕杀幼虫　在清晨刨开断苗附近的表土捕杀幼虫，连续捕捉几次，可收到满意的效果。

(2)物理防治

①诱杀成虫　在发蛾盛期用性诱剂、黑光灯或糖醋液诱杀成虫。糖醋液配制比例为红糖6份，醋3份，白酒1份，水10份，再加适量杀虫农药即成。

②泡桐叶诱杀成虫　将刚从泡桐树上摘下的老树叶用水浸湿，于傍晚均匀放于麦地地面上，每667米^{2}放置60～80片，翌日清晨检查，捕杀叶上诱到的成虫，连续3～5天。

(3)生物防治　保护利用蜘蛛、细菌、真菌、病原线虫、病毒、微孢子虫等主要捕食和寄生性昆虫、微生物控制小地老虎危害。

(4)药剂防治

①撒毒土　用25%的敌百虫粉，按每千克农药拌细土40～50千克的比例配成毒土，将毒土均匀撒于作物幼苗上或幼苗周围的地面上，每667米^{2}用农药1～1.5千克。

②毒饵诱杀　用80%的敌百虫粉0.5千克，加水3～5升，拌鲜草50千克，于傍晚撒于作物育苗床上及周围行间，能防治4龄以上的幼虫。

③药剂灌根　每667米^{2}用50%辛硫磷0.2～0.3千克，对水400～500升灌根。

21. 八字地老虎

【发生规律】　在我国北方1年发生2代，以老熟幼虫在土中

越冬。麦田可以见到，但一般不造成明显危害。

【防治方法】 参照小地老虎的防治方法。

22. 东亚飞蝗

【发生规律】 在陕西关中地区1年发生2代。无滞育现象，以卵在土中越冬。越冬卵于4月底至5月上中旬孵化为夏蝻，经35～40天羽化为夏蝗，夏蝗寿命55～60天。羽化后10天交尾，交尾7天后产卵，卵期15～20天，7月上中旬进入产卵盛期，孵出若虫称为秋蝻，经25～30天羽化为秋蝗。秋蝗生活15～20天又交尾产卵，9月份进入产卵盛期，后开始越冬。在个别高温干旱的年份，于8月下旬至9月下旬又孵出第三代蝗蝻，多在冬季被冻死，仅有个别能羽化为成虫产卵越冬。成虫产卵时对地形、土壤性状、土面坚实度、植被等有明显的选择性。每只雌蝗一般产4～5个卵块，每卵块含卵约65粒。飞蝗密度小时为散居型，密度大了以后，个体间相互接触，可逐渐聚集成群居型。群居型飞蝗有远距离迁飞的习性，迁飞多发生在羽化后5～10天、性器官成熟之前。迁飞时可在空中持续飞1～3天。至于散居型飞蝗，当每11米^{2}有虫多于10头时，有时也会出现迁飞现象。群居型飞蝗体内脂肪含量多，水分含量少，活动力强；但卵巢管数少，产卵量低；而散居型则相反。飞蝗喜欢栖息在地势低洼、易涝易旱或水位不稳定的海滩或湖滩，以及大面积荒滩或耕作粗放的夹荒地上，或生有低矮芦苇、茅草或盐蒿、莎草等嗜食的植物地。遇有干旱年份，这种荒地随天气干旱水面缩小而面积增大时，利于蝗虫生育，宜蝗面积增加，容易酿成蝗灾，因此，每遇大旱年份，要注意防治蝗虫。

【防治方法】 防治策略为做好蝗情普查，掌握有利时机，采取以药剂防治为主、其他防治方法为辅的原则，猛攻巧打，合理用药，节约用药，将蝗蝻消灭在扩散之前，达到安全、有效防治目的。

(1)农业防治 注意兴修水利，疏通河道，排灌配套，做到旱涝保丰收；提倡垦荒种植，大搞植树造林，创造不利于蝗虫发生的生

态条件，使蝗虫失去产卵的适宜场所。坚决贯彻执行“改治并举、根除蝗患”的方针，做到从根本上控制蝗灾。

(2)药剂防治

①喷药防治　当每 10 米^2 有飞蝗 5 头时，在蝗蝻进入 3 龄盛期时及时用 75%马拉硫磷乳油进行超低容量或低容量喷雾。利用飞机喷药时，每 667 米^2 用药 60～70 克。也可用 40%阿麦尔乳油、2.5%抗虫敌乳油、40%乐果乳油等进行地面超低容量喷雾，每 667 米^2 用药 75～100 克。此外，也可选用 5%S-氰戊菊酯(来福灵)乳油或 2.5%敌杀死等菊酯类杀虫剂，每 667 米^2 用药 50 克进行超低容量喷雾。

②毒饵诱杀　植被稀疏时用毒饵诱杀效果较好。方法是将麸皮(或米糠、玉米、高粱等其他粮食碎粒及皮)、清水、90%敌百虫按 100∶100∶0.15 的比例混合均匀，每 667 米^2 用 1～1.5 千克(以干麸皮计)。也可以用蝗虫喜欢取食的青草代替麸皮，按上述比例加水适量拌匀，每 667 米^2 用草 10 千克。毒饵要随拌随用，不宜过夜。

(3)生物防治　东亚飞蝗的天敌主要有寄生蜂、寄生蝇、鸟类、蛙类等，创造有利于上述天敌繁衍生息的环境，最大限度地利用自然天敌减害消灾。

此外，近年国内外开展用廉价培养基在细胞反应器中大量繁殖昆虫细胞来生产昆虫病毒，已取得初步成果。优点是低毒，用蝗虫活体即可繁殖出大量孢子，但需混用化学杀虫剂才能达到速效。展望 21 世纪，人类对农业的可持续发展和环境质量要求愈来愈高，开发亚蝗微粒子虫治蝗将有良好的前景。

23. 笨　蝗

【发生规律】　1 年发生 1 代，以卵在土中越冬。雌虫在 6 月上旬至 7 月中旬产卵，每头雌虫产卵 2～6 块，每块卵 8～10 粒。卵块多产在向阳、干燥的田埂、沟渠、河岸坡及耕作粗放的田间。虫卵在

翌年3月上旬至4月中旬孵化出土。低龄笨蝗有群集习性，3龄以后开始扩散到田间危害，5月中旬进入为害盛期。

【防治方法】 坚持农艺措施和药剂防治互相配合的防治策略。药剂防治可参照东亚飞蝗的防治方法。

24. 短额负蝗

【发生规律】 在我国东部地区发生居多。在华北1年发生1代，在江西1年发生2代，以卵在沟边土中越冬。翌年5月下旬至6月中旬为孵化盛期，7～8月份羽化为成虫。喜栖于植被多、湿度大、双子叶植物茂密的环境，因此在灌渠两侧发生多。

【防治方法】

(1)农业防治　在短额负蝗发生严重地区，在秋春季铲除田埂、地边5厘米以上厚的土及杂草，把卵块暴露在地面晒干或冻死，也可重新加厚地埂，增加盖土厚度，使孵化后的蝗蝻不能出土。

(2)药剂防治　初孵蝗蝻在田埂、渠堰集中危害双子叶杂草，且扩散能力极弱，抓住这个有利时机，对蝗蝻密度较大的田埂、渠堰喷洒农药。使用的药剂和方法：每667米^{2}喷撒敌马粉剂1.5～2千克，也可用20%速灭杀丁乳油15毫升，对水400升喷雾。

(3)生物防治　保护利用麻雀、青蛙、大寄生蝇等天敌进行生物防治。

25. 北京油葫芦

【发生规律】 在我国北方地区1年发生1代。以卵在土中越冬，翌年4～5月份孵化为若虫，经6次蜕皮，于5月下旬至8月份陆续羽化为成虫。成虫9～10月份进入交配产卵期，交尾后2～6天产卵，卵散产在杂草丛、田埂或坟地，深2厘米，每雌产卵34～114粒。成虫和若虫昼间隐蔽，夜间觅食、交尾。成虫产卵期较长，在适温下可达120多天。雄虫性成熟后开始鸣叫，其发声靠左右前翅摩擦产生，声音悦耳。

【防治方法】

(1)农业防治

①秋耕灭卵　秋播前深耕,可将虫卵深埋,使孵化的若虫无法出土危害,窒息死亡。

②中耕除草　勤中耕,铲除杂草,减少害虫食料。

(2)物理防治

①堆草诱杀　利用北京油葫芦喜阴怕光的习性,在田间地头堆放青草诱集、杀灭成虫和若虫。

②黑光灯诱杀　在地头安装黑光灯诱杀。可在灯下放鸡鸭啄食,一举两得。

(3)生物防治　保护利用寄生螨和青蛙、蟾蜍等天敌。可在北京油葫芦3龄盛期时田间放鸡,每667米^{2}放100只左右,有很好的效果。

(4)药剂防治

①毒饵诱杀　苗期每667米^{2}用50%辛硫磷乳油25～40毫升,拌30～40千克炒香的麸皮或豆饼或棉籽饼,适当加水拌和,然后撒施于田间。也可用50%辛硫磷乳油50～60毫升,拌细土75千克,撒入田中,杀虫效果达90%以上。施药时要从田块四周开始,逐渐向中间推进,效果好。

②喷药防治　虫口数量大的田块,可参照东亚飞蝗和短额负蝗的防治方法进行。

26. 绿麦秆蝇

【发生规律】　成虫夜间及清晨栖息在麦株下部叶背面,白天在麦株上部飞舞,在叶片下交尾。中午光强,温度高,又潜伏于麦株下部。成虫对糖蜜有较强的趋性,喜产卵于有4～5片叶的麦株上,一般在拔节末期产卵及幼虫蛀茎的最多。卵多产在叶面距叶基部4毫米范围内。幼虫有转株为害的习性,1头幼虫可危害4个分蘖。幼虫老熟后,爬至叶鞘上部外层化蛹。

在冬麦区1年发生4代，危害秋苗的为第四代(越冬代)幼虫。以幼虫态在小麦秋苗中越冬，翌年2～3月份越冬代幼虫开始化蛹，蛹期10～12天。4月中下旬为越冬代成虫羽化盛期，羽化成虫在返青的冬麦上产卵，第一代幼虫危害小麦。第一代成虫羽化时，冬麦已达生育后期，第二、三代幼虫寄生于冬麦的无效分蘖、野生寄主或自生麦苗上，不影响小麦产量。第三代成虫羽化后，在秋播麦苗或野生寄主上产卵，第四代幼虫危害秋苗并越冬。

【防治方法】

(1)农业防治

①调节播期，培育壮苗　适期播种可使小麦避过被害期，具体播期各地应因地制宜确定。壮苗茎秆坚实老化，不利于麦秆蝇产卵。

②加强栽培管理　以小麦增产为前提，因地制宜，创造对小麦生长发育有利和对麦秆蝇发生为害不利的条件。具体防治措施应包括深翻土地、增施肥料、适期播种、浅播、合理密植等。从而促进小麦的生长发育，提高其抗虫能力。精细收获，铲除杂草，可减少其越夏场所。

(2)选用抗虫品种　选用生育期短、分蘖力强、叶片多毛而窄的品种，可躲避麦秆蝇产卵，并不利于其幼虫存活，以减轻危害。叶鞘密生茸毛较长的品种，茸毛有阻止成虫产卵的作用。

(3)药剂防治

①播前种子处理　可用10%呋喃丹种衣剂按药物与种子1∶50的比例进行包衣，或75% 3911按种子重量0.2%～0.3%的用量拌种，或50%的1605按种子重量0.1%～0.2%的用量拌种。

②药剂防治　麦秆蝇喷药防治的关键时期，应在越冬代成虫开始盛发至第一代幼虫孵化入茎之前。可用50%辛硫磷乳油2000倍液喷雾，或用80%敌敌畏与40%乐果乳剂1∶1混合2000倍液喷雾，对麦秆蝇成、幼虫效果均很好。

27. 麦茎蜂

【发生规律】 麦茎蜂1年发生1代。以老熟幼虫在小麦根茎内做茧越冬，翌年4月份，当10厘米深地温上升至10℃后开始化蛹，5月上旬达化蛹高峰，同时进入羽化初期，5月中下旬成虫盛发。成虫羽化后数小时即可交尾产卵。雌虫选择晴朗无风天气，在小麦茎秆倒数第一至三节间合适部位的茎腔内产卵，一般在每茎上产卵1枚，偶尔也有数枚的，约1周后孵化成幼虫，在茎腔内上下活动，取食幼嫩组织，将茎秆内壁咬成环状伤痕。小麦成熟收割前，茎内幼虫达到成熟并下移至地表处，之后形成茧袋在根茬中越冬，翌年条件合适时化蛹羽化出土。麦茎蜂对小麦的危害主要在幼虫期。由于幼虫在茎内取食，尤其3龄期进入暴食期后，大量啃食薄壁和维管束组织，影响茎的正常运输功能，导致粒重下降，同时籽粒品质也变差。遭虫害的茎，穗粒重一般降低10克左右。更为严重的是，老熟幼虫在茎基部啃食常使茎秆折断倒伏，造成收获困难，机械收获时损失极大。

【防治方法】

(1)培育抗虫品种　抗虫品种被认为是最有效的防治措施。到目前为止，在麦茎蜂的防治中，最有成效的仍是对麦茎蜂具有抗性的实心秆品种的使用。实心秆抗麦茎蜂品种的育成与推广，曾经大大降低了麦茎蜂对小麦的危害。

(2)农业防治　秋后深翻根茬，适时连根拔麦以将越冬幼虫带出田外，碾茬灭幼虫，焚烧残茬。另外，调整播期或对麦茎蜂严重的地块提前收获，以及小麦与不感染麦茎蜂的其他作物轮作，也可收到一定的防治效果。

(3)生物防治　生物防治基本上局限于寄生蜂的研究和利用。姬蜂是麦茎蜂的天敌，目前已有少数用其控制麦茎蜂成功的例子。

(4)药剂防治　成虫发生期，喷施常用低毒农药防治。

28. 小麦叶蜂

【发生规律】 1年发生1代。以蛹在土中20厘米左右深处越冬,翌年3月下旬后羽化为成虫。成虫在麦田产卵,卵多产在叶背主脉两侧组织中,在叶面上呈一长2毫米、宽1毫米的突起。在每叶上产卵1～2粒或5～6粒,连成一串,卵期10天。幼虫共5龄。1～2龄幼虫日夜在麦叶上取食;3龄后畏惧强光,白天常潜伏在麦丛里或附近土表下,傍晚后开始食害麦叶;4龄后食量大增,可将整株的麦叶吃光。4月上旬至5月初是幼虫为害盛期。幼虫为害期约20余天。幼虫有假死性,稍遇振动即行落地,把虫体缩成一团,约20分钟后再爬上麦株继续食害。小麦抽穗时,幼虫老熟入土,分泌黏液将周围土粒粘成土茧,在内滞育越夏,至9～10月份才蜕皮化蛹越冬。冬季温暖、土内水分充足、翌年3月份降水量少而春季气候凉湿时,有利于麦叶蜂发生为害;如冬季寒冷、土壤干旱、3月份又降大雨,麦叶蜂发生轻。此外,砂质土麦田比粘性土受害重。幼虫咬食小麦叶片,从叶边缘向内咬成缺刻,严重时可将麦叶吃光,使麦粒灌浆不足,影响产量。近年来有逐年加重的趋势,成为小麦主要害虫之一。

【防治方法】

(1)农业防治 在播种前和麦收后深耕整地,破坏小麦叶蜂化蛹越冬场所,把土中休眠的幼虫翻出,使其不能正常化蛹而死。

(2)人工防治 利用麦叶蜂的假死性,可在傍晚持脸盆顺麦垄敲打麦株,将其振落在盆中,集中捕杀。

(3)药剂防治 麦叶蜂抗药力较弱,一般不造成明显危害,严重地块可结合防治麦蚜兼治,也可在幼虫3龄前每667米^{2}用1.5%乐果粉或2.5%敌百虫粉1.5～2千克喷施,或用25%乐果乳剂1 500倍液或50%辛硫磷1 500倍液喷雾,效果均好。喷药时间以傍晚或上午10时以前为好。

29. 麦岩螨

【发生规律】 1年发生3～4个重叠世代。以成螨或卵在麦田土块下、土缝中越冬。翌年月平均气温达8℃左右时，越冬成虫开始活动为害。4月中旬至5月上旬，小麦孕穗至抽穗期，虫量最多，危害最重。5月中下旬小麦黄熟，气温上升，螨量急剧下降，并产滞育卵越夏。小麦秋苗出土后，越夏卵陆续孵化，在秋苗上完成1代，12月份以后即产越冬卵，以越冬卵或成螨越冬。部分越夏卵也能直接越冬。完成1代需24～46天，平均32.1天。小麦植株受害后，叶面呈现出黄白色斑点，重者斑点合并成斑块，光合作用被破坏，蒸腾作用增大，叶子极易干枯死亡，小麦产量下降，特重者则颗粒无收。

麦岩螨喜干燥温暖，最适温度为14℃～20℃，最适相对湿度在50%以下。因此，在干旱少雨的旱塬区和向阳干燥的地块发生较重。每天活动的时间以中午前后为最盛，但温度过高时则潜伏在土粒下，遇不良气候条件也入土潜伏。麦岩螨以孤雌生殖为主，很少见雄螨。

冬季及春季干旱、气温偏高的年份常导致麦岩螨的发生，造成小麦苗期大面积严重受害。

【防治方法】

(1)农业防治

其一，轮作倒茬。由于麦岩螨主要危害小麦，发生严重的地区和田块可轮作其他作物，1年轮作即可控制其危害。

其二，合理灌溉，麦收后浅耕灭茬等，可减少虫源。

(2)药剂防治

①药剂拌种　用75%甲拌磷乳油100～200毫升，对水5升，喷拌于50千克麦种上，可使小麦全生育期不受危害。此方法简便，易于推广，成本低，经济效益显著；兼治麦蚜和地下害虫效果好；有利于保护天敌，保持生态平衡；残留量低，对人、畜无害。

②田间施药

喷粉：每667米^{2}喷1.5%乐果粉剂1.5～2千克。

喷雾：可用40%三氯杀螨醇1 500倍液，或15%扫螨净乳油2 000倍液，或20%哒螨灵可湿性粉剂2 000倍液，或20%螨克乳油1 500倍液，每667米^{2}喷施75升药液。

撒毒土：每667米^{2}用40%乐果乳油75毫升，混拌20千克细土，撒于田间。

30. 麦圆叶爪螨

【发生规律】 1年发生2～3代。以卵和成螨在麦株或田间杂草上越冬，翌年2月中下旬成螨开始活动并产卵繁殖，越冬卵也陆续孵化。8℃～15℃时繁殖最快，3月下旬至4月上旬田间虫口密度最大，也是为害盛期。气温20℃以上时，产卵密度很快下降，至夏收时成螨已很少见。小麦秋苗出土后，越夏卵陆续孵化危害麦苗，在秋苗上可完成1代，11月上旬出现成螨，并陆续产卵，后随气温下降进入越冬阶段。完成1代需46～80天，平均57.8天。

成、若螨行动活泼，爬行速度很快，稍受惊动，便迅速向下爬行或落入土面隐藏于小麦根际或土缝内，以此保护自己。麦圆叶爪螨3～4月份多在上午9时前、下午4时后在麦株上活动为害，尤其是傍晚活动最盛；遇到阴天或温度较低，以及冬季晴暖天气，则多在中午前后到麦株上活动，有群集为害的习性。早晨和傍晚潜伏于麦株基部或土缝中。

麦圆叶爪螨有孤雌生殖的习性，每雌产卵20～160粒，平均32粒。卵散产或成堆，常连成一串，多产于小麦根际土表或土缝中。性喜阴湿，怕干热，低洼且地下水位高的麦田和密植透光性差的麦田，发生重。不耐高温，当气温稳定在20℃以上时，数量急速下降。抗寒性较强，一般年份可安全越冬。

【防治方法】

(1)农业防治　麦收后深耕灭茬，特别是及时机耕，可大量消

灭越夏卵，显著压低小麦秋苗期和翌年春季虫口密度。早春耙耱，可消灭大量虫子。有灌溉条件的麦田，可在灌水时振动麦株，并在入水口搅动流水，使水带泥浆，虫子会落水沾泥而死，效果可达80%以上。

(2)药剂防治　每667米^{2}用1.5%乐果粉1.5～2千克喷粉，或掺细土30千克拌匀后撒施，也可用15%哒螨灵1500～2000倍液喷雾，均有较好效果，并可兼治麦蚜。如麦圆叶爪螨单独发生，可用25%单甲脒和20%双甲脒1500倍液，每667米^{2}喷75升，杀螨效果可达90%以上，而对其天敌瓢虫没有杀伤作用。

31. 小麦红吸浆虫

【发生规律】　1年发生1代。以老熟幼虫在土中结茧过夏、越冬，翌年早春气候适宜时，破茧为活动幼虫上升土表化蛹、羽化。由于幼虫有多年休眠习性，部分幼虫仍继续处于休眠状态，以致有隔年或多年羽化的现象。越冬幼虫在小麦进入拔节期开始破茧上升，小麦进入孕穗期，幼虫陆续在约3厘米深的土层中做土室化蛹。蛹期8～12天，当小麦进入抽穗期，成虫盛发产卵于已抽穗但尚未扬花的麦穗上。卵期3～5天，小麦扬花灌浆期又与幼虫孵化为害期相吻合。幼虫期20天左右，至小麦渐近黄熟，遇降雨离穗落地入土，在6～10厘米深处经3～10天结圆茧休眠。

【防治方法】

(1)选种抗虫品种　种植抗虫品种，是防治小麦吸浆虫经济有效的措施。各地可根据当地条件，因地制宜选用适合当地种植的抗虫丰产品种。

(2)农业防治　在重发区，可调整作物布局，实行轮作倒茬，使吸浆虫失去寄主。可因地制宜地实行小麦与油菜、马铃薯、豆类、棉花等非寄主作物轮作。

(3)保护利用自然天敌防治　小麦吸浆虫的天敌种类很多，特别是寄生蜂对吸浆虫种群变动有明显的调节作用，要注意保护利

用。

(4)药剂防治　药剂防治的关键时期为小麦抽穗期，而此时也正是吸浆虫天敌和麦田其他天敌最活跃的时期，用药要慎之又慎。吸浆虫对药剂极为敏感，不得不施药防治时，应首选对天敌安全并可兼治麦田其他害虫的生物源农药或低毒化学农药，如烟碱、川楝素、苦皮藤制剂及吡虫啉等。小麦吸浆虫成虫身体脆弱，对药剂又较为敏感，关键是要抓住小麦抽穗到扬花之间1周左右的有利防治时机。如小麦扬花、幼虫已侵入麦粒后，可使用50%甲基对硫磷乳油或其混剂喷雾，对幼虫有较好的防治效果。这种方法可作为防治失时后的补救措施，一般不应提倡。

32. 小麦黄吸浆虫

【发生规律】　麦黄吸浆虫主要发生在海拔较高或气候较凉爽的麦区，1年发生1代，冬麦区部分可1年发生2代。以成长的幼虫在土中结茧越夏、越冬，翌年春季由土壤深层向表土移动，然后化蛹羽化。在小麦拔节期，幼虫破茧上升，至孕穗期幼虫逐渐上升到土表化蛹。小麦开始抽穗时，蛹开始羽化为成虫，小麦抽穗盛期，成虫盛发。成虫羽化后1天即交配，并在麦穗上产卵。卵孵化后，幼虫即以口器锉破麦粒果皮吸吮浆液或危害花器，造成瘪粒或空壳，一般麦田减产50%左右，严重的会绝收。

【防治方法】　参照麦红吸浆虫的防治方法。

33. 细茎潜叶蝇

【发生规律】　在新疆巴里坤县1年发生1代，在陕西杨陵1年发生2代。以老熟幼虫在寄主根际附近入土1～4厘米深处化蛹，进行越夏、越冬。在陕西，翌年3月中旬越冬蛹开始羽化，小麦拔节期出现危害。成虫较活跃，喜飞到生长茂盛的麦田植株叶片上取食、产卵，卵期10天左右。在巴里坤县，为害高峰期主要在5月中下旬，发生面积占春小麦播种面积的70%，受害株率为21.5%，

最重受害株率高达61%。

【防治方法】

(1)农业防治　麦收后及时耕翻灭茬，将蛹深埋入25厘米以下深处，阻碍成虫羽化出土；实行轮作倒茬，减少连作，降低虫源基数，减轻危害。

(2)药剂防治　根据田间定点调查，叶片上发现被害状时，用40%乐果乳油1 500～2 000倍液喷雾，也可用40%乐果乳油14倍液进行超低量喷雾，喷后隔10～12天再喷一次，消灭成虫或潜入叶内的幼虫。

(3)保护天敌　据调查，金小蜂和茧蜂对该蝇蛹的寄生率可达5%～11%，应加以保护利用。

34. 粘　虫

【发生规律】　粘虫是一种迁飞性害虫，无滞育现象，只要条件适合可连续繁殖和生长发育。我国由南至北1年发生多代。我国粘虫越冬地带北至北纬33°，相当于1月份0℃的等温线。此线以南粘虫冬季可以生存，北纬27°以南冬季可继续为害。成虫喜花蜜、糖类及甜酸味及发酵木浆等，对甜酸液趋性很强。白天多栖息在隐蔽处，黄昏后出来活动取食、交尾、产卵。成虫在22℃～25℃时平均寿命15天左右。一般每雌可产卵300～500粒，最多可达2 400粒。卵产在禾本科植物的枯叶上。产卵后趋化性减弱而趋光性增强。

粘虫对温度、湿度条件要求比较严格，成虫产卵适温为15℃～30℃，相对湿度在90%左右。雌蛾产卵具有较强的选择性，喜欢在生长茂密的禾谷类作物田产卵，卵粒排列成行以块状产下，并分泌出粘液将卵块裹在叶尖里。每块卵一般数十粒，多者数百粒，温度适宜3～4天即可孵化。成虫具有远距离迁飞习性。

幼虫共有6个龄期。初孵幼虫怕阳光，白天常躲在草丛基部或土缝、石块下，群集在裹叶内，夜间出来危害植物；多聚集为害，数

小时后扩散开；并有吐丝下垂习性，随风飘散或爬行至心叶啃食叶肉，留下条状透明表皮。低龄（1～2龄期）幼虫仅食叶肉，形成小孔，将草叶啃成条条白纹。3龄后开始食害叶边缘，咬成不规则缺刻，密度大时将叶肉吃光，只剩主脉。低龄幼虫食量较低，3龄后开始增多，5～6龄幼虫进入暴食期，占总食量的85%以上。因此，防治粘虫在3龄前进行为宜。幼虫有假死性，一经触动，卷缩在地，稍停后再爬行为害。大发生年虫口密度大时，可群体转移为害。幼虫老熟后停止取食，顺植株下移至根部地下3～4厘米深处做土茧化蛹。前蛹期1～2天，蛹期9～11天。粘虫抗寒力较低，在0℃条件下，各虫态分别在30～40天后即行死亡。－5℃时仅有数天生存能力。

【防治方法】

(1)诱杀成虫

①糖醋液诱杀　从成虫数量开始上升时起，采用糖醋液诱杀成虫。每块田放1盆液体。盆要高出作物30厘米左右，诱剂保持3厘米深左右。每天早晨取出蛾子，白天将盆盖好，傍晚开盖，5～7天换诱剂1次，连续18天。

②草把诱蛾灭卵　自成虫开始产卵直到产卵末期止，利用芦苇及其他禾本科杂草，切成长约30厘米左右的段，每10余根捆成一草把，均匀插在草地上，每100米^{2}插1～2个草把，以诱蛾产卵，每3～4天更换1次，把带卵的草把处理掉，消灭卵块。

(2)人工捕杀　在大发生时，如虫龄已大，可利用幼虫的假死性击落捕杀和挖沟阻杀，防止幼虫迁移，扩大为害。

(3)药剂防治　在幼虫3龄前，用50%辛硫磷乳油0.7升加水10升，稀释后拌入50千克煤渣颗粒，顺垄撒施，或用20%灭多威乳油或20%杀虫特乳油1 000～1 500倍液喷雾，也可用25%快杀灵1 000倍液喷雾防治。对第四代也可每667米^{2}用1605粉或甲敌粉1.5～2千克喷粉防治。

(4)保护利用天敌防治　粘虫的天敌有金星步行虫，还有寄生

于卵上的黑卵蜂，寄生于幼虫的绒茧蜂，寄生于蛹的姬蜂，以及蜘蛛、鸟等。为保护天敌，可以在虫口密度较低、发现较早时，选用特异性杀虫剂如20%灭幼脲1号悬浮剂10～20毫升/升或25%灭幼脲3号悬浮剂50～100毫升/升喷雾。另外，喷洒苏云金杆菌(B.t.)乳剂400～500倍液，或每667米^{2}用除虫精粉1.5～5千克，也有很好的效果。

35. 棉铃虫

【发生规律】 棉铃虫分布于我国各棉区，因气候条件的差异，其发生过程各不相同。以黄河流域棉区为例：9月下旬至10月中旬老熟幼虫入土在5～15厘米深处筑土室化蛹越冬。翌年4月下旬至5月中旬当气温升至15℃以上时，越冬代成虫羽化，并产卵。第一代幼虫主要在小麦、豌豆、苜蓿、春玉米、番茄等作物上为害。6月上中旬入土化蛹，6月中下旬第一代成虫盛发，此时棉花进入现蕾期，大量成虫迁入棉田产卵和为害。6月底至7月中下旬为化蛹盛期，7月下旬至8月上旬成虫盛发，仍主要集中于棉花上产卵和为害，少量的迁至番茄、玉米上产卵和为害，为害盛期在8月上中旬。第三代成虫盛发期在8月下旬至9月上旬，大部分成虫仍在棉花上产卵、为害，一部分转移至夏玉米、番茄、辣椒、高粱等作物上产卵、为害，通常直到9月下旬开始陆续进入越冬。

越冬代成虫产卵量，一般平均每头雌蛾可产400粒左右。卵一般产于小麦小穗的外颖内侧和穗轴、麦芒、旗叶上。着卵部位，穗的中上部大致占2/3，穗的下部大致占1/3，少数在麦芒、旗叶上。卵散产，每处1～5粒不等。卵初产为乳白色，半球形，表面有纵脊纹和横格，顶部稍隆起；卵高0.5～0.55毫米，宽0.4～0.5毫米。麦田棉铃虫1龄幼虫体长1.3～2毫米，头宽0.2～0.3毫米，头纯黑色，体白色，体长毛，并有黑色小点。2龄幼虫体长3.3～4.5毫米，头宽0.4毫米左右，头黑褐色，体淡黄色。3龄幼虫体长6～9毫米，头淡褐色，头宽0.6毫米，体棕黑色。4龄幼虫体长12～15毫

米，头宽 0.9 毫米，头淡褐色带白色，有褐色纵斑，体淡绿色。5 龄幼虫体长 16～22 毫米，头宽 1.5 毫米，头壳淡黄色，体浅黄色。6 龄幼虫体长 25～30 毫米，头宽 2.5 毫米，头淡黄色，有白色网纹，体浅黄绿色。幼虫主要危害麦粒。幼虫孵化后，先食掉卵壳，在原处停留一段时间后，钻入小穗内、外颖之间，取食正在灌浆的麦粒。2 龄前不食表皮和内颖。3 龄后食量增加，钻出颖壳在麦头上啃食，将表皮和内颖吃尽，留下外颖。有转株为害的现象，1 头幼虫 1 生可将 9 粒麦食尽，危害小麦 16 天。在小麦生长后期，有取食小麦叶子的现象。

【防治方法】

(1)生态调控

其一，耕翻灭茬，改善土壤，消灭虫蛹，抑制发生。一是实行秋耕冬灌消灭越冬虫蛹，二是进行麦田夏耕消灭 1 代蛹。

其二，种植豌豆等诱杀植物，集中灭杀幼虫，最大限度地减少用药面积和次数，保护天敌。

其三，利用棉铃虫的趋性，消灭成虫。做法有：一是安装高压汞灯，二是利用杨树枝把，三是利用性诱剂诱杀成虫。

其四，保护与利用天敌昆虫。一是粮棉合理搭配，插花种植。二是保护与利用天敌昆虫。三是选用对天敌低毒的农药，可因虫制宜选用辟蚜雾、苏云金杆菌乳剂、抑太保等治害虫保益虫的农药。

(2)科学用药　一般年份或者一般发生的麦田，可结合其他害虫的防治同时进行。大发生年和虫口数量大的田块，可单独施药防治。

一是掌握好防治适期。应在初龄幼虫盛期施药。

二是使用低毒、对天敌较安全的农药。提倡使用苏云金杆菌复合剂等生物源农药。

三是改进用药方法。现使用的农药多是接触剂，必须喷洒均匀周到而接触虫体效果才好。最好用动力药械喷洒药液，增强雾粒在株叶间的穿透力和均匀度，切实保证治虫质量，并按照农药使用操

作规程安全用药。

麦田既是第一代棉铃虫繁衍危害的场所，同时也是多种天敌越冬后恢复种群的基地。因此，麦田施药有利有弊，施药不当往往会大量杀伤天敌，使天敌种群难以恢复，从而使害虫失去自然控制，造成害虫后季猖獗危害。所以，麦田施药要慎之又慎，非施药不可时，可选用对天敌安全的生物源农药。

36. 花蓟马

【发生规律】 在我国南方 1 年发生 11～14 代，以成虫越冬。成虫有趋花性，故卵产于花瓣、花丝、花膜、花柄等组织中，一般产在花瓣上。每雌产卵约 180 粒。产卵历期长达 20～50 天。在小麦上发生较少，但在小麦花期可采到花蓟马。

花蓟马的寄主广泛，虫源多，繁殖量大。早春可危害萝卜、大葱等蔬菜，以及小蓟、野蒜等杂草。主要活动于植物花内，多者 1 朵花内达数十头。

【防治方法】

(1)农业防治　因地制宜选育、选用抗虫作物品种。

(2)生物防治　保护利用自然天敌。花蓟马的天敌有蜘蛛、捕食性蓟马、南方小花蝽等。

(3)药剂防治　在蓟马为害初期用药物防治。每 667 米^2 用 40%乐果乳油 60 毫升对水喷雾，或 90%敌百虫原粉 50 克对水 75 升喷雾，或 10%吡虫啉可湿性粉剂 20～30 克对水喷雾，或 70%艾美乐水分散粒剂 2 克对水喷雾。

37. 小麦皮蓟马

【发生规律】 1 年发生 1 代。以若虫在麦茬、麦根及晒场地下 10 厘米左右深处越冬，翌年春季日平均温度 8℃时开始活动，约 5 月中旬进入化蛹盛期，5 月中下旬开始羽化，6 月上旬为羽化盛期，羽化后大批成虫飞至麦株，在上部叶片内侧、叶耳、叶舌处吸食汁

液，逐渐从旗叶叶鞘顶部或叶鞘裂缝处侵入尚未抽出的麦穗，破坏花器。一旗叶内有时可群集数十头至数百头成虫。当穗头抽出后，成虫又飞至未抽出及半抽出的麦穗内。成虫为害及产卵时间仅2～3天。成虫羽化后7～15天开始产卵，多为不规则的卵块，被胶质粘固。卵块在麦穗上的部位较固定，多产在小穗基部和护颖的尖端内侧。每小穗一般有卵4～55粒。卵期6～8天。幼虫在6月上中旬小麦灌浆期为害最重，7月上中旬陆续离开麦穗停止为害。

小麦皮蓟马的发生程度与前作及邻作有关，凡连作麦田或邻作也是麦田，则发生重。另与小麦生育期有关，抽穗期越晚的受害越重，反之则轻。一般早熟品种受害比晚熟品种轻，春麦比冬麦受害重。

【防治方法】

(1)农业防治

其一，实行合理轮作倒茬。

其二，适时早播。在不影响产量的情况下，适时早播或种植早熟品种。

其三，小麦收获后及时进行深耕，消灭越冬虫源；清除麦场周围杂草，破坏其越冬场所。

(2)药剂防治

①防治适期　一是小麦孕穗期，大量蓟马迁飞到麦穗上为害产卵，是防治成虫的有利时期；二是小麦扬花期是防治初孵若虫的有利时期。

②选用药剂　用绿先锋(20%吡唑乳油)2 000倍液，或4%阿维·啶虫3 000倍液喷雾，或每667米^{2}用10%吡虫啉10～20克，对水50升喷雾。

38. 麦　蛾

【发生规律】　在陕西关中地区1年发生4～5代。以幼虫在被害麦粒内越冬，翌年4月中旬化蛹，4月下旬至5月上旬羽化为成

虫，部分成虫在粮仓内产卵繁殖，部分飞到田间在大、小麦穗缝隙间产卵。幼虫孵化后在籽粒内为害，随收获而入仓，在仓内繁殖2～3代后，8～9月份又有部分成虫飞往田间，产卵于水稻或玉米穗部，又随收获而被带回。关中地区1年发生4～5代。成虫喜阴暗环境，具弱趋光性，每雌平均产卵133粒。雌蛾在田间一般就近选择寄主产卵。初孵幼虫多从籽粒胚部及种皮裂开处入侵，除玉米外，一般1籽1虫。幼虫老熟后多从籽粒顶部咬一羽化孔，种皮呈透明状。

【防治方法】

(1)田间药剂防治　尽管麦蛾1年发生多代，防治困难，但只要抓好小麦大田期第一代麦蛾的防治，就可控制其全年的危害。即大田期1次用药，不但能减少大田期麦蛾的危害，而且可以控制其在小麦贮藏期的为害。从而解决了长期以来麦蛾防治的难题，开辟了治蛾新途径。

小麦大田期麦蛾的防治适期，是第一代麦蛾的产卵高峰期至产卵高峰后2～3天，若推迟到卵孵化高峰后用药，幼虫已经蛀入颖壳或麦粒内危害，防治效果不理想。在防治适期，每667米^{2}用50%甲胺磷乳油50毫升，用手压喷雾器喷药时对水40～50升，用机动弥雾机喷雾时对水10升。

麦蛾在小麦田间的防治适期，正值小麦抽穗扬花至灌浆初期，也是小麦穗蚜的防治适期，通过防治麦蛾，还可以兼治小麦穗蚜和叶面害虫，取得更为显著的增产效果。

(2)贮粮期的防治

①坚持粮食晒干入仓　粮食经曝晒既可杀死粮粒中麦蛾的卵、幼虫、蛹，也可杀死其他贮藏谷物害虫。进仓粮食含水量必须符合安全水分要求。

②物理及工程技术防治　采用移顶法(第一次15～20厘米，第二次10～15厘米)和压盖，可防治麦蛾成虫、幼虫及蛹。

③生物防治　在自然生态中，谷蠹可食掉麦蛾幼虫。麦蛾茧蜂

寄生于麦蛾，并蜇死2龄以上的麦蛾幼虫。双环猎蝽捕食粮粒外麦蛾幼虫。生物制剂苏云金杆菌可限制麦蛾种群的增殖，以该制剂处理钻入麦粒的麦蛾，其下一代虫体有2/3变小。

④气调防治　可用低氧大气、二氧化碳、生物气体、高压气体杀虫。

⑤植物杀虫剂防治　用柳叶、艾叶（1：1）拌粮，防治麦蛾效果显著，用植物提取物如肉桂、齿叶黄皮、八角茴香、猪毛蒿等的精油和大蒜油防治小麦中的麦蛾，也均有很好的效果。

⑥熏蒸剂防治　参照有关仓库害虫的防治方法。

39. 草地螟

【发生规律】　在陕西省1年发生3代，以老熟幼虫在地表下5厘米左右深处做土茧越冬。越冬代成虫于翌年4月中旬始见，第一代成虫6月中旬发生。第二代幼虫于9月上中旬入土做茧越冬。成虫喜在潮湿洼地活动，有较强的趋光性。卵单产或块产。每头雌虫产卵83～210粒，最多可达294粒。成虫还有较强的群集性和迁移性，因此易出现田间短期内虫口迅速升高或下降的现象。

【防治方法】

(1)农业防治

①消除越冬虫源　通过秋耕、耙磨、冬灌消除越冬虫源，核心是减少荒地、草滩面积，破坏草地螟集中越冬场所生态条件，这是综合防治的一项战略性措施。

②灭卵除虫　在越冬代成虫产卵期，展开大面积中耕除草，破坏草地螟产卵场所，铲除作物地内、地边的杂草，有效减少作物上的落卵量及幼虫的危害。

③深耕灭虫、灭蛹　根据第二代幼虫在农田分布的特点，集中时间，抓住第一代幼虫化蛹期和第二代幼虫入土结茧后的时机，展开大面积深耕灭蛹和灭虫工作。

④设置药剂隔离带　严重发生年或发生地，在未受害田或田

间幼虫量尚未达到防治指标的地块周边挖沟，沟上宽30厘米，下宽20厘米，深40厘米，中间立一道高60厘米的地膜屏障，纵向每隔约10米用木棍加固，或在地块周围设置4～5米宽的药带，以阻止地块外的幼虫迁入为害。在一些龄期较大的幼虫集中为害的地块，当药剂防治效果不好时，也可在该地块四周挖沟或设置药带封闭，以防止害虫扩散危害。

(2)物理防治　黑光灯对草地螟有一定的引诱作用，在有电力条件的地区采用黑光灯诱杀成虫，同时可以减少产卵量。

(3)生物防治　在幼虫发生期，应用微孢子虫、轮枝菌等生物制剂及植物提取剂防治，以减少对人体和环境的危害。

(4)药剂防治　药剂防治必须在幼虫3龄前，即以卵孵化盛期后10～12天内为宜。对达到防治指标的田块，宜选用高效、低毒、击倒速度快且经济的药剂。可选用4.5%高效氯氰菊酯乳油1 500～2 000倍液，或2.5%三氟氯氰菊酯（功夫）乳油，或2.5%溴氰菊酯乳油或5%S-氰戊菊酯乳油3 000～4 000倍液，或90%晶体敌百虫1 000～1 500倍液喷雾。

40. 绿盲蝽

【发生规律】　在陕西关中地区1年发生5代。雌虫产卵于苜蓿朽茬，在朽秆及苜蓿田的土壤缝隙内越冬，以朽茬尤其是直径2毫米以上有髓的朽茬内为最多。越冬卵于翌年3月下旬至4月上旬孵化，若虫期约30天。4月下旬成虫开始出现，5月上中旬为成虫发生盛期，此时部分成虫由越冬寄主迁至小麦上为害。第一、二代于6～7月份危害棉花，第三代发生于8月份。当棉花受害长势衰退时，大量成虫又迁回苜蓿上再繁殖1代后产卵越冬。

【防治方法】

(1)农业防治

①清除越冬寄主　在早春及时清除田边和渠边的蒿类、地肤等越冬寄主，防止越冬卵孵化，同时可截断若虫的食料链。

②改进苜蓿收割方法　秋季最后一次收割苜蓿的时间要晚，割茬要低，减少越冬卵量；而翌年第一次收割苜蓿的时间适当提早，防止迁移扩散。

(2)药剂防治　在麦田，一般可结合防治其他害虫兼治，不必单独施药防治。

41. 赤须盲蝽

【发生规律】　在华北地区 1 年发生 3 代，以卵越冬。翌年第一代若虫于 5 月上旬进入孵化盛期，5 月中下旬羽化；第二代若虫 6 月中旬盛发，6 月下旬羽化；第三代若虫于 7 月中下旬盛发，8 月下旬至 9 月上旬雌虫在杂草茎叶组织内产卵越冬。该虫产卵期较长，有世代重叠现象。每雌产卵一般 5～10 粒。初孵若虫在卵壳附近停留片刻后，便开始活动取食。成虫于上午 9 时至下午 5 时前活跃，夜间或阴雨天多潜伏在植株中下部叶背面。

【防治方法】　据中国农业科学院植物保护研究所试验，喷洒 16%顺丰 3 号乳油 2 000～3 000 倍液，或 2.5%中保 4 号乳油 1 000倍液，效果很好。此外，还可喷施 50%辛硫磷可湿性粉剂 1 500倍液，或 10%吡虫啉可湿性粉剂 2 000 倍液，或 16%氯·灭乳油(顺风 3 号)2 000～3 000 倍液。

42. 斑须蝽

【发生规律】 1 年发生 2～3 代。以成虫在田间杂草、石缝、土块下、枯枝落叶、栓皮裂缝中及房檐下越冬，翌年 3 月下旬至 4 月上旬开始活动，4 月中旬交尾产卵，4 月下旬至 5 月上旬孵化出第一代幼虫。第一代成虫于 6 月上旬羽化，羽化的成虫于 6 月中下旬产卵，7 月上旬孵化出第二代若虫，8 月中旬羽化为第三代成虫。成虫多将卵产在植物上部叶片正面或花蕾或果实的包片上，多行整齐纵列。初孵若虫群集为害，2 龄以后分散为害，成虫于 10 月上中旬陆续越冬。

【防治方法】 虫口较小时，一般不需要进行专门防治，况且成虫有较强的迁移和飞翔能力，药剂防治难以奏效。因此，生产上可结合田间管理摘除卵块和群集的初孵若虫。只有当发生较重时，可结合防治其他害虫，喷施20%杀灭菊酯或2.5%溴氰菊酯等乳油3 000～4 000倍液，或5%来福灵乳油4 000～5 000倍液。由于高龄幼虫抗药性强，防治必须在3龄虫以前用药，一般选用80%敌敌畏乳剂800～1 000倍液，或90%敌百虫1 000倍液，或2.5%鱼藤精500～800倍液喷雾，均有较好的防治效果。

43. 稻绿蝽

【发生规律】 在我国北方地区1年发生1代，在四川、江西等地1年发生3代，在广东1年发生4代，少数5代。以成虫在杂草、土缝、灌木丛中越冬。卵的发育起点温度为12.2℃，若虫为11.6℃，有效发育积温为668日·℃。卵成块产于寄主叶片上，规则地排成3～9行，每块60～70粒。1～2龄若虫有群集性，若虫和成虫有假死性，成虫并有趋光性和趋绿性。

【防治方法】 冬季清除田园杂草，消灭部分成虫。用灯光诱杀成虫。在成虫和若虫为害期，喷洒广谱杀虫剂。

44. 紫翅果蝽

【发生规律】 6～7月份发生于麦田，在叶片及穗部吸食为害。其寄主尚有梨树。

【防治方法】可在防治其他害虫时予以兼治。

45. 横纹菜蝽

【发生规律】 在我国北方1年发生2～3代，南方1年发生5～6代，均以成虫在石块下、土缝、落叶、枯草中越冬。翌年3月下旬开始活动，4月下旬开始交配产卵。越冬成虫历期很长，可延续到8月中旬，产卵末期延至8月上旬者，仅能发育完成1代。早期

产的卵至6月中下旬发育为第一代成虫，7月下旬前后出现第二代成虫，大部分为越冬个体；少数可发育至第三代，但难于越冬。5～9月份为成虫和若虫的主要为害时期。若虫和成虫喜在叶背面活动，早晨、傍晚或阴天时，成虫有时爬到叶面上。

【防治方法】

(1)农业防治　及时清除枯枝，人工采摘卵块。

(2)药剂防治　选用2.5%溴氰菊酯乳油3 000倍液，或2.5%功夫乳油3 000倍液，或用灭杀毙(21%增效氰·马乳油)3 000～4 000倍液，或50%辛·氰乳油3 000倍液，或50%乐果乳油1 000倍液喷雾，都有较好的防治效果。

46. 华麦蝽

【发生规律】　1年发生1代，以成、若虫在杂草丛中、落叶下、土缝内越冬。在陕西渭北地区，越冬虫于翌年5月由越冬场所迁入麦田为害，武功地区成虫4月中旬开始发生于麦田，在叶面及穗上吸食为害。卵产于叶面或穗部，排列整齐。初孵若虫群集在卵壳周围，不活动，蜕皮后逐渐分散为害。卵期约6天。在小麦成熟时迁至杂草、树木上活动取食，7～8月份在禾本科杂草及杨树上可见到成虫。

【防治方法】　参照横纹菜蝽的防治方法。

47. 小麦沟牙甲

【发生规律】　在陕西局部地区发生，其中以稻麦两熟区的小麦受害较为严重。1年发生1代。秋季，随小麦开始播种，在水田田埂土壤中越夏的成虫陆续爬出，于麦田土壤中产卵，10月上旬为产卵盛期。卵期15天左右，10月中下旬为卵孵化盛期。初孵幼虫即在土表5厘米左右深处危害秋播麦苗。冬季，越冬幼虫无明显的冬眠或滞育习性，整个冬季仍可活动、为害，尤其是上午气温较高时活动剧烈；室内饲养有明显的自相残杀习性。幼虫期6个月左

右，至翌年3月下旬始于土深10～15厘米处做土室化蛹，盛期在4月上中旬。蛹期14～21天，4月中旬始见初羽化成虫，5月上旬成虫大量出现。成虫飞翔力弱，具假死性，随田间插秧放水浆田，随浪渣泥浆转移至田埂土壤中越夏，至秋季又复活动，寿命长达6个月左右。

小麦沟牙甲是比较典型的单食性地下害虫，仅发现其严重危害小麦，偶见危害看麦娘等少数禾本科杂草。小麦发芽即见幼虫为害，初萌幼芽受害后完全不能出苗；3叶期前受害，整株枯萎死亡；3叶期后受害，初期心叶枯黄，后成枯心苗，类似金针虫危害状，最终死亡。成虫食性不详，室内用麦叶短期饲养未见取食现象，田间也未见直接食害其他任何作物。

【防治方法】

(1)农业防治

①合理轮作倒茬　在有条件的地方，可采用水稻—小麦—水稻—油菜两年轮作制或其他轮作方式，避免水稻—小麦连年轮作，以恶化小麦沟牙甲的生存环境，减少自然虫源。

②合理施肥　农家肥腐熟后作基肥深施，秋冬春初降水前追施化肥，不仅可提高药效，促进麦苗生长健壮，增强抗耐虫性，而且对小麦沟牙甲有明显的不利影响。

(2)人工捕杀成虫　夏初插秧放水浆田时打捞浪渣，捕杀成虫，可有效地减少秋季麦田虫源。

(3)药剂防治

①种子处理　选用50%辛硫磷乳油，用药量为种子量的0.1%～0.2%，用种子量10%的水稀释后均匀喷拌于种子上，堆闷12小时，待药液被种子充分吸收后播种。试验结果表明，保苗效果达85%以上。

②土壤处理　选用3%呋喃丹颗粒剂或3.5%甲敌粉，每667米^{2}用1.5～2.5千克，加450千克细土制成毒土，均匀撒施后再播种，保苗效果达90%以上。

48. 麦茎叶甲

【发生规律】 在我国北方麦区1年发生1代，以卵在土壤内2~6厘米深处越冬。越冬卵于翌年3月中下旬开始孵化，4月上旬为成虫孵化盛期，4月下旬为幼虫为害盛期，5月中旬为幼虫化蛹盛期，5月下旬为成虫羽化盛期，6月上旬为成虫产卵盛期。卵散产或块产于麦田土块缝隙中4～6厘米深处，并在土中越夏、越冬。卵很耐寒，可在−23.8℃的土壤中存活。幼虫孵化后，从小麦根茎处蛀入嫩茎，头向上蛀食。当蛀食约1厘米长时便从原孔口爬出，转株继续为害。1头幼虫1生可危害7～17株小麦。幼虫有假死性。老熟幼虫在土壤5～7厘米深处做室化蛹，成虫羽化后在原处停留6小时左右才飞翔取食，约经20天后开始交配，30天后产卵。成虫亦有假死性。在1天中，成虫中午活动，早、晚则静伏于植株上。小蓟上常有群集的成虫取食，叶片被食成孔洞，甚至仅留主脉。

该虫在沿河两岸和低洼地带发生较重；红粘壤与黄粘壤比砂壤地发生重；阴坡地较阳坡地发生重；晚播地块比早播地块重；管理粗放、小蓟等杂草多的地块比管理精细的发生重。主要危害小麦、大麦、玉米等作物，以幼虫在表土下1.5厘米深处钻入麦茎内危害嫩茎与心叶，造成枯心苗、白穗和无效分蘖。若在多雨潮湿的条件下，虫株易腐烂，受害严重的地块可造成绝收。

【防治方法】

(1)农业防治

①适时早播，合理轮作 在麦茎叶甲危害严重的地方，小麦适时早播可减轻危害。此外，实行玉米、大豆、红薯、棉花、油菜、芝麻等秋播作物轮作可压低虫口密度，减少繁殖数量。

②精耕细作，合理灌水 秋季深耕25～30厘米，可灭卵；清除小蓟等田间杂草，以减少成虫产卵机会；对已发生虫害的田块及时灌水，可有效地抑制其危害。

(2)药剂防治

①药剂拌种　每667米^{2}用50%辛硫磷乳油10毫升，加水1 000毫升拌种10千克，拌后闷3～5小时后播种，可有效防治此虫危害。

②喷粉　在成虫盛发期用2.5%敌百虫粉剂或杀螟松粉剂，每667米^{2}用1.5～2千克，结合中耕将药翻入土中，还可防治转株幼虫。

③喷雾　在成虫盛发期可用90%晶体敌百虫1 500倍液，或50%敌敌畏1 000倍液，或2.5%溴氰菊酯乳油2 000倍液，每667米^{2}用50～60升药液喷雾。要喷布小蓟等杂草。